校精品教材

U0193072

嵌入式
人工智能

QIANRUSHI
RENGONG ZHINENG

杨　峰　主　编

胡友进　副主编

电子科技大学出版社
University of Electronic Science and Technology of China Press

·成都·

图书在版编目(CIP)数据

嵌入式人工智能 / 杨峰主编. — 成都：电子科技
大学出版社，2023.3
ISBN 978-7-5647-9358-6

Ⅰ.①嵌… Ⅱ.①杨… Ⅲ.①微处理器 Ⅳ.
①TP332

中国版本图书馆 CIP 数据核字（2021）第 262954 号

嵌入式人工智能

杨　峰　主　编
胡友进　　副主编

策划编辑　万晓桐
责任编辑　万晓桐

出版发行　电子科技大学出版社
　　　　　成都市一环路东一段159号电子信息产业大厦九楼　邮编　610051
主　　页　www.uestcp.com.cn
服务电话　028-83203399
邮购电话　028-83201495

印　　刷　四川煤田地质制图印务有限责任公司
成品尺寸　185mm×260mm
印　　张　18.25
字　　数　425千字
版　　次　2023年3月第1版
印　　次　2023年3月第1次印刷
书　　号　ISBN 978-7-5647-9358-6
定　　价　88.00元

前言 // FOREWORD

嵌入式系统是以应用为中心，以计算机技术为基础，软硬件可裁剪，适应应用系统对功能、可靠性、成本、体积、功耗有严格要求的专用计算机系统，比如在日常生活中常见的智能手机、无人机控制系统、智能电视、汽车控制系统等。传统的嵌入式系统基于固定规律，比如信号均值和方差或者它的频域变换等分析、理解信号等。随着应用的拓展，人们需要让嵌入式系统理解更加复杂的或者有变化的场景，比如让交通摄像头识别汽车的违法行为等，这一类感知和识别需要依赖更加复杂的分析和判断智能。

人类智力是知识基础上的能力表现，而人工智能是研究、开发用于模拟、延伸和扩展人的智能的理论、方法、技术及应用系统的一门技术科学。人工智能的三个发展阶段包括感知智能、认知智能和通用人工智能。感知智能指语音、语言、图像、手势等；认知智能指理解、记忆、知识、推理、规划、决策、创造等；通用人工智能指类似人类的思维。

长期以来，嵌入式系统实现人的行为仿真，人工智能实现人的思考仿真。进入物联网时代，随着嵌入式系统与人工智能的交叉融合，行为仿真与思考仿真出现了统一的可能。例如，利用机器人的视觉与控制能力可以给阿尔法狗添加下棋的行为能力，而通过增量式机器学习能够使嵌入式系统具有进化的可能。随着科技的不断发展，越来越多的人工智能技术和嵌入式技术一起作为各类应用出现在人们的生活工作中，从而推动两种技术的深度融合，形成嵌入式人工智能。

本书从嵌入式人工智能基础概念入手，阐述了嵌入式人工智能实现和部署的各项核心技术。主要阐述了：第一，涉及嵌入式人工智能的基本概念和理论基础，包括嵌入式人工智能概述、机器学习基础、深度学习与卷积神经网络、神经网络模型压缩和加速；第二，涉及嵌入式人工智能的软件编程优化，包括嵌入式C编程优化、CPU相关编程及优化、内存相关编程及优化、通信相关编程及优化；第三，以华为昇腾系列（Ascend）AI处理器和CANN基础软件为背景，阐述嵌入式人工智能落地部署的软硬件平台及开发要点，包括嵌入式AI硬件开发平台、嵌入式AI软件开发平台、昇腾AI算子开发、昇腾AI应用开发等内容。同时，为了便于学习者进行实践练习，本书提供了相应的案例代码。

本书由电子科技大学杨峰、华为技术有限公司成都研究所胡友进共同编写。华为技术有限公司成都研究所隆沉庭、杨勇等完成实践案例的代码实现和验证。电子科技大学研究生何彩诗、吴思佳、窦梓豪、潘盛涛、李思雨、张祎文、余正涛等进行了插图的绘制和数据的整理。在本书的编写过程中，引用了一些网上资料和图片，以及参考文献中的部分内容，特向其作者表示真诚的谢意。同时，本书出版得到了电子科技大学"研究生产教融合示范课程建设"和"研究生精品课程配套教材建设"项目的资助，在此表示衷心感谢！

由于相关技术领域发展很快，加之作者水平有限，本书难免存在疏漏和不足之处，敬请读者给予指正。

目录 // CONTENTS

第1章 嵌入式人工智能概述 ··01

1.1 嵌入式人工智能概念 ··01
 1.1.1 嵌入式系统 ··01
 1.1.2 人工智能 ··03
 1.1.3 嵌入式人工智能 ··07

1.2 嵌入式AI实现手段 ··08
 1.2.1 嵌入式AI实现途径 ··09
 1.2.2 边缘计算 ··09
 1.2.3 嵌入式AI部署 ··11

1.3 中国AI芯片发展状况 ··18
 1.3.1 地平线 ··19
 1.3.2 寒武纪 ··19
 1.3.3 比特大陆 ··20
 1.3.4 黑芝麻智能 ··20
 1.3.5 知存科技 ··20

1.4 嵌入式AI的典型应用 ··21
习题1 ··21

第2章 机器学习基础 ··22

2.1 相关概念 ··22
 2.1.1 专家系统 ··23
 2.1.2 机器学习 ··25
 2.1.3 人工神经网络 ··25
 2.1.4 深度学习 ··27

2.2 机器学习 ··28
 2.2.1 监督学习 ··29
 2.2.2 非监督学习 ··34
 2.2.3 强化学习 ··38
习题2 ··41

第3章 深度学习与卷积神经网络 ··42

3.1 深度学习 ··42
 3.1.1 深度学习方法 ··42

3.1.2 多层感知机 ···43
3.1.3 反向传播 ···43
3.2 卷积神经网络 ··44
3.2.1 发展历史 ··44
3.2.2 网络结构 ··45
3.2.3 卷积运算 ··46
3.2.4 池化层 ··48
3.2.5 激活层 ··49
3.2.6 损失函数 ··52
3.2.7 优化器 ··56
3.2.8 网络训练问题及处理 ··59
习题3 ··62

第4章 神经网络模型的压缩和加速 ·····························63
4.1 模型压缩和加速概述 ··63
4.1.1 模型压缩和加速的必要性 ····································63
4.1.2 常用的模型压缩和加速方法 ··································64
4.2 低秩分解和模型剪枝 ··64
4.2.1 低秩分解 ··65
4.2.2 模型剪枝 ··66
4.3 权值共享和模型量化 ··70
4.3.1 权值共享 ··70
4.3.2 模型量化 ··71
4.4 知识蒸馏 ···74
4.4.1 基于Logits的知识蒸馏 ·······································74
4.4.2 基于Feature的知识蒸馏 ·······································75
4.4.3 基于Relation的知识蒸馏 ······································75
4.5 精简网络结构 ···76
4.5.1 精简网络的基本特征 ···76
4.5.2 常用的精简网络 ···77
4.6 算法优化 ···81
4.6.1 计算库加速 ··81
4.6.2 算法加速 ··81
习题4 ··82

第5章 嵌入式C编程优化 ···83
5.1 基本语句 ···83
5.1.1 循环优化技术 ··83
5.1.2 使用频率高的分支放在外层 ··································85
5.1.3 使用数组替换条件语句 ······································86
5.1.4 使用递归避免重复计算 ······································87
5.1.5 使用switch语句替代if语句 ···································88

5.2　函数 ···89

5.2.1　函数中变量用到时才初始化 ··89

5.2.2　使用结构体指针作为函数入参 ··90

5.2.3　使用宏/inline 函数替代简短的函数 ··91

5.2.4　使用简单方法来减少函数调用 ··93

5.2.5　使用硬件/新指令提供的高性能函数 ··95

5.3　内存操作 ··96

5.3.1　使用 memset 完成连续内存的赋值 ···97

5.3.2　避免内存拷贝 ··98

习题5 ··99

第6章　CPU 相关编程及优化···100

6.1　CPU 流水线 ···100

6.1.1　无流水线和流水线对比 ···101

6.1.2　超标量流水线 ···101

6.1.3　流水线阻塞 ···102

6.1.4　流水线的 Flush、Stall 和 Redirect 机制 ····································103

6.1.5　流水线阻塞实例分析 ···104

6.1.6　CPU 指令乱序 ···105

6.2　Cache（高速缓冲存储器）···106

6.2.1　Cache 分类 ···107

6.2.2　主存块和 Cache 之间的映射方式 ··108

6.2.3　Cache 替换策略 ···110

6.2.4　Cache 预取（prefetch）技术 ···111

6.2.5　Cache 一致性（Cache coherence）···113

6.2.6　Cache 性能优化 ···115

6.2.7　CacheLine 对齐 ··119

6.2.8　CacheLine 伪共享 ··120

6.2.9　CacheLine 对齐性能优化案例 ···121

6.3　CPU 亲和性 ···123

6.3.1　多核处理器结构 ···123

6.3.2　逻辑CPU与超线程技术 ···124

6.3.3　CPU 亲和性（affinity）···125

6.3.4　CPU 亲和性使用 ···126

6.4　CPU 特有指令 ···127

习题6 ··127

第7章　内存相关优化及编程···128

7.1　内存虚拟地址 ··128

7.1.1　程序直接使用物理地址的问题 ··128

7.1.2　虚拟内存原理 ···129

7.1.3　Linux 虚拟内存 ···132

7.2　内存分配原理 ……………………………………………………134

7.3　静态内存和动态内存 ……………………………………………138

　　7.3.1　静态内存分配 ……………………………………………138

　　7.3.2　动态内存分配 ……………………………………………138

　　7.3.3　内存分配的说明 …………………………………………141

7.4　内存拷贝 …………………………………………………………141

　　7.4.1　总线带宽 …………………………………………………141

　　7.4.2　内存读取流程 ……………………………………………142

　　7.4.3　内存拷贝 …………………………………………………143

　　7.4.4　跨态拷贝 …………………………………………………144

　　7.4.5　零拷贝 ……………………………………………………145

习题7 …………………………………………………………………147

第8章　通信相关编程及优化 ………………………………………148

8.1　进程间通信方法 …………………………………………………148

　　8.1.1　进程概念 …………………………………………………148

　　8.1.2　进程与内核关系 …………………………………………148

　　8.1.3　进程间通信 ………………………………………………149

　　8.1.4　进程通信分类 ……………………………………………150

　　8.1.5　共享内存的进程通信 ……………………………………151

　　8.1.6　SOCKET进程通信 ………………………………………152

　　8.1.7　进程间通信实例 …………………………………………154

8.2　线程间通信 ………………………………………………………154

　　8.2.1　线程概念 …………………………………………………154

　　8.2.2　线程间通信 ………………………………………………155

　　8.2.3　多进程和多线程应用部署比较 …………………………156

　　8.2.4　多线程通信实例 …………………………………………156

8.3　RDMA ……………………………………………………………157

　　8.3.1　DMA与RDMA概念 ………………………………………157

　　8.3.2　RDMA与传统TCP/IP ……………………………………159

　　8.3.3　RDMA协议栈 ……………………………………………160

　　8.3.4　RDMA通信模型 …………………………………………161

　　8.3.5　RDMA操作流程 …………………………………………161

　　8.3.6　RDMA内存注册（MR）……………………………………163

　　8.3.7　RDMA优势及应用 ………………………………………164

8.4　epoll ………………………………………………………………164

　　8.4.1　epoll原理 …………………………………………………164

　　8.4.2　epoll使用方式 ……………………………………………166

　　8.4.3　epoll实例 …………………………………………………167

习题8 …………………………………………………………………168

第9章　嵌入式AI硬件平台 …………………………………………169

9.1　AI芯片发展历程 …………………………………………………169

9.1.1　AI芯片分类 ································ 170

9.1.2　CPU ······································ 171

9.1.3　GPU ······································ 172

9.1.4　TPU ······································ 174

9.1.5　FPGA ····································· 178

9.1.6　SOC ······································ 179

9.2　华为昇腾310处理器 ····························· 180

9.2.1　昇腾310处理器结构 ······················· 180

9.2.2　达芬奇架构 ···························· 181

9.2.3　DVPP数字视频预处理模块 ················· 187

9.2.4　昇腾AI芯片推理中的数据流 ················ 188

9.3　Atlas 200DK开发者套件 ························· 189

9.3.1　Atlas 200DK外观和参数 ··················· 189

9.3.2　Atlas 200DK系统架构 ···················· 190

习题9 ··· 191

第10章　嵌入式AI软件开发平台 ························· 192

10.1　CANN异构计算架构 ························· 192

10.1.1　AI异构计算架构 ······················· 192

10.1.2　CANN软件栈 ·························· 193

10.1.3　ACL子系统 ·························· 194

10.1.4　GE子系统 ··························· 195

10.1.5　FE子系统 ··························· 196

10.1.6　TBE子系统 ·························· 197

10.1.7　Runtime&TS子系统 ···················· 199

10.1.8　AI CPU子系统 ······················· 200

10.1.9　DVPP子系统 ························· 202

10.2　基于AscendCL的开发方法 ···················· 203

10.2.1　ACL概述 ··························· 203

10.2.2　相关概念 ··························· 204

10.2.3　ACL接口调用流程 ····················· 205

10.2.4　推理应用开发流程 ····················· 208

10.3　Mindstudio集成开发环境 ····················· 213

10.3.1　MindStudio功能框架 ···················· 213

10.3.2　MindStudio安装方式 ···················· 215

10.3.3　MindStudio开发步骤 ···················· 216

10.3.4　MindStudio工具 ······················ 221

习题10 ·· 228

第11章　昇腾AI算子开发 ····························· 229

11.1　相关概念 ································· 229

11.1.1　算子 ···························· 229

11.1.2　算子名称（Name）和类型（Type）……………………………230

11.1.3　张量（Tensor）………………………………………………………230

11.1.4　轴（Axis）……………………………………………………………231

11.1.5　广播………………………………………………………………………232

11.1.6　降维（Reduction）……………………………………………………233

11.1.7　NCHW和NHWC数据排布格式……………………………………233

11.1.8　NC1HWC0………………………………………………………………234

11.2　算子开发方法………………………………………………………………235

11.2.1　TBE简介…………………………………………………………………235

11.2.2　算子编译流程……………………………………………………………236

11.2.3　TBE算子开发方式………………………………………………………237

11.3　算子开发过程………………………………………………………………238

11.3.1　算子开发场景……………………………………………………………238

11.3.2　算子开发步骤……………………………………………………………239

11.4　TBE算子开发示例…………………………………………………………240

11.4.1　算子开发准备……………………………………………………………240

11.4.2　工程创建…………………………………………………………………243

11.4.3　算子原型定义……………………………………………………………244

11.4.4　算子实现（TIK方式）…………………………………………………245

11.4.5　算子信息库定义…………………………………………………………252

11.4.6　算子适配…………………………………………………………………253

11.4.7　算子工程编译部署………………………………………………………254

11.5　算子测试……………………………………………………………………256

11.5.1　UT测试……………………………………………………………………256

11.5.2　ST测试……………………………………………………………………257

习题11…………………………………………………………………………………258

第12章　昇腾AI应用开发………………………………………………………259

12.1　开发流程简介………………………………………………………………259

12.2　应用开发要点解析…………………………………………………………260

12.2.1　ACL应用流程……………………………………………………………260

12.2.2　创建新项目………………………………………………………………261

12.2.3　代码逻辑分析……………………………………………………………262

12.3　无人驾驶小车开发实现……………………………………………………267

12.3.1　项目简介…………………………………………………………………267

12.3.2　算法开发…………………………………………………………………268

12.3.3　数据预处理………………………………………………………………270

12.3.4　数据后处理………………………………………………………………271

12.3.5　硬件组装…………………………………………………………………272

12.3.6　软件运行…………………………………………………………………274

习题12…………………………………………………………………………………277

参考文献………………………………………………………………………………278

第1章 嵌入式人工智能概述

1956年，约翰·麦卡锡（John McCarthy）、马文·闵斯基（Marvin Minsky）等科学家在美国汉诺思小镇的达特茅斯学院聚会，利用暑假期间的两个月进行封闭式讨论和研究，首次正式提出人工智能一词：Artificial Intelligence（AI）。随着计算机处理器技术的不断发展，越来越多的人工智能技术和嵌入式技术一起作为各类应用出现在人们的生活工作中，从而推动两种技术的深度融合，形成嵌入式人工智能。

1.1 嵌入式人工智能概念

1.1.1 嵌入式系统

1.1.1.1 嵌入式系统定义

20世纪70年代发展起来的微型计算机，由于具有体积小、功耗低、结构简单、可靠性高、使用方便、性价比高等一系列优点，得到了广泛应用和迅速普及。微型机表现出的智能化水平引起了控制专业人士的兴趣，将微型机嵌入一个对象体系中，可实现对象体系的智能化控制。例如，将微型计算机经电气加固和机械加固，并配置各种外围接口电路，安装到汽车中构成自动驾驶系统。这样一来，计算机便失去了原来的形态和通用的计算机功能。为了区别原有的通用计算机系统，把嵌入对象体系中实现对象体系智能化控制的计算机称为嵌入式计算机系统。

根据美国电气电子工程师学会（IEEE）的定义，嵌入式系统是控制、监视或者辅助设备、机器或工厂运行的装置。而国内普遍被认同的定义是：以应用为中心，以计算机技术为基础，软硬件可裁剪，适应应用系统对功能、可靠性、成本、体积、功耗严格要求的专用计算机系统。比如，日常生活中常见的手机、智能音箱、车载终端等。

具体可从以下几方面来理解嵌入式系统。

（1）嵌入式系统是面向用户、面向产品、面向应用的，它必须与具体应用相结合才会具有生命力，才更具有优势。可以这样理解上述三个面向的含义，即嵌入式系统是与应用紧密结合的，它具有很强的专用性，必须结合实际系统需求进行合理的裁剪利用。

（2）嵌入式系统是将计算机技术、半导体技术、电子技术和各个行业的具体应用相结合的产物，这决定了它必然是一个技术密集、资金密集、高度分散、不断创新的知识集成系统，所以介入嵌入式系统行业必须有一个基于应用的正确定位。例如，2021年5月15日，中国火星探测器"祝融号"成功着陆火星，其使用自主研发的麒麟操作系统（Kylin OS），实时响应精度可达8ms，从而满足航天探索中对操作系统实时性、可靠性的严苛要求。

（3）嵌入式系统必须根据应用需求对软硬件进行裁剪，满足应用系统的功能、可靠性、成本、体积等要求。所以建立相对通用的软硬件基础，然后在其上开发出适应各种需要的系统，是一个比较好的发展模式。目前，嵌入式系统的软件核心往往是一个只有几千字节到几十千字节的微内核，需要根据实际使用进行功能扩展或者裁剪，微内核的存在使得这种扩展能够非常顺利地进行。

实际上，嵌入式系统本身是一个外延极广的名词，凡是与产品结合在一起的具有嵌入式特点的控制系统都可以称为嵌入式系统，而且有时很难给它下一个准确的定义。现在人们谈到嵌入式系统时，某种程度上是指具有操作系统的嵌入式系统，而多数嵌入式设备的应用软件和操作系统都是紧密结合的，这也是嵌入式系统和Windows桌面系统最大的区别。同时，嵌入式系统作为一种专用的计算机系统，通常涉及嵌入式微处理器、外围硬件设备、嵌入式操作系统和嵌入式应用程序等多个环节。

1.1.1.2 嵌入式系统开发特点

嵌入式系统开发一般是指在嵌入式操作系统和嵌入式处理器上进行开发。目前，常用的嵌入式操作系统有Linux、Android等，嵌入式处理器有ARM、MIPS等。与通过编译CPU指令或者GPU指令就可以完成高效代码编写的桌面应用开发不同，嵌入式开发环境更加复杂。

嵌入式通用指令集一般授权主要来自ARM、MIPS等大型公司，但通用指令集的作用仅仅跟PC指令集一样，作为一些通用计算和任务调度存在，其性能和功耗之比很低。如果嵌入式系统仅仅依靠通用指令集做运算，那功耗以及性能和PC巨头x86指令集相差无几，并不能体现出嵌入式的优势。

为了实现更低的功耗和更专一的功能，嵌入式处理器设计厂家往往会加入专有的IP核、DSP、ASIC等来实现特定的运算加速。例如，人工智能芯片NPU可用于加速矩阵运算、卷积运算；2D图像加速单元，可用于加速二维图像的拷贝、格式转换、旋转、合并等常用图形操作；硬件编解码单元，可用于加速常见的视频格式（例如H.264、H.265、MJPEG等）的编解码操作等。

这些运算加速单元通常要求专用的指令集，而上层软件开发就会因为这些不通用的指令集变得比通用指令集的开发更为烦琐。一般来说，通用指令集开发单纯依靠高级的编程语言（C、C++、Java、Python等）编码并编译即可实现。而这些特殊的核心，有些依靠自己的指令集，有些依靠驱动程序配置寄存器和控制时序来使用。正是由于这些嵌入式指令集的不通用性，大大提高了嵌入式开发的复杂度。

相比PC上通用应用的开发，嵌入式专用芯片的效率远远高于PC，而成本和功耗又大大低于通用CPU，这其中的差距大大推动了嵌入式系统的发展，使其成为现代新技术应用的重要平台，其中就包括人工智能。

1.1.2　人工智能

1.1.2.1　人工智能概念

人工智能（Artificial Intelligence，AI）是研究、开发用于模拟、延伸和扩展人的智能的理论、方法、技术及应用系统的一门技术科学，即研究如何让计算机去完成以往需要人的智力才能胜任的工作。

人的智能涉及诸如意识（consciousness）、自我（self）、思维（mind）等问题。人唯一了解的智能是人本身的智能，但是人类对自身智能的理解非常有限，对构成人的智能的必要元素也了解有限，所以就很难定义什么是"人工"制造的"智能"。因此，人工智能的研究往往会涉及对人的智能本身、动物或其他人造系统的研究。总体而言，人工智能企图了解智能的实质，并生产出一种新的能以人类智能相似的方式做出反应的智能机器，该领域的研究包括机器人、语言识别、图像识别、自然语言处理和专家系统等等，其涉及的行业领域如图1-1所示。

人工智能就其本质而言，是对人的思维信息过程的模拟。业界普遍认为人工智能的三个发展阶段包括感知智能、认知智能和通用人工智能（Artificial General Intelligence，AGI）。感知智能指语音、语言、图像、手势等，认知智能指理解、记忆、知识、推理、规划、决策、创造等，通用人工智能指类似人类的思维。其中，感知是人机交互中最重要的一环，为人工智能提供数据基础。目前，人工智能的目标并不是让机器模拟人的全部行为，而是在某些特定领域超过人类专家的水平，有能力高效地解决专业问题，从而对人类提供实用的服务。

1.1.2.2　人工智能流派

人工智能的研究发展已有六十多年的历史。这期间，不同学科或学科背景的学者对人工智能做出了各自的解释，提出了不同观点，由此产生了三个不同的学术流派，如图1-2所示。

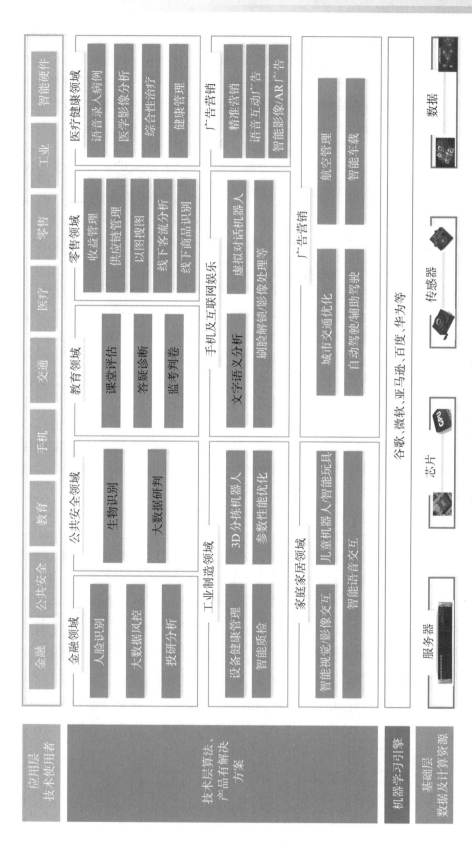

图 1-1　人工智能的行业领域

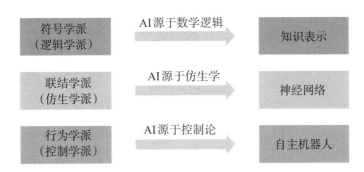

图1-2　人工智能学术流派

（1）符号主义（symbolism）学派

符号主义的主要思想就是应用逻辑推理法则，从公理出发推演整个理论体系。实现基础是艾伦·纽威尔（Allen Newell）和霍尔伯特·西蒙（Herbert Simon）提出的物理符号系统假设（physical symbol system hypothesis，1955—1956）。该学派认为：人类认知和思维的基本单元是符号，而认知过程就是在符号表示上的一种运算。它认为人是一个物理符号系统，计算机也是一个物理符号系统，因此就能够用计算机来模拟人的智能行为，即用计算机的符号操作来模拟人的认知过程。这种方法的实质就是模拟人的左脑抽象逻辑思维，通过研究人类认知系统的功能机理，用某种符号来描述人类的认知过程，并把这种符号输入能处理符号的计算机中，就可以模拟人类的认知过程，从而实现人工智能。可以把符号主义的思想简单归结为"认知即计算"。

符号主义者在1956年首先采用"人工智能"这个术语。后来又发展了启发式算法→专家系统→知识工程理论与技术，并在20世纪80年代取得了较大发展。尤其是专家系统的成功开发与应用，为人工智能走向工程应用并实现理论联系实际具有特别重要的意义。

但是人脑是极其复杂的，它能够解决的问题可以说无所不包，虽然其中的某些问题可以被形式化，但是很多问题往往无法被形式化，比如常识问题、人类语言、人类情感等。即使是已经被形式化的问题，要找出一个可以实现的算法也是极其困难的，比如组合爆炸难题。正如鲍亨斯基（Bochenski）所说："要牢牢记住形式系统总是抽象的，决不可把它与实在画等号。"

（2）联结主义（connectionism）学派

联结主义认为人工智能源于仿生学，特别是对人脑模型的研究，其主要体现为神经网络及神经网络间的连接机制与学习算法。它的代表性成果是1943年由生理学家麦卡洛克（McCulloch）和数理逻辑学家皮茨（Pitts）创立的脑模型，即如图1-3所示的M-P模型（McCulloch-Pitts Model），其开创了用电子装置模仿人脑结构和功能的新途径。

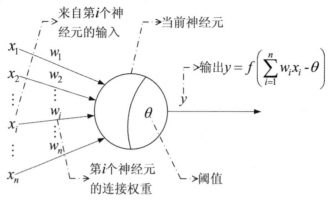

图1-3 MP神经元模型

20世纪六七十年代，联结主义，尤其是对以感知机（perceptron）为代表的脑模型研究出现过热潮。遗憾的是MP神经元没有解决异或分类这样的非线性问题，导致神经网络的研究步入寒冬。直到约翰·霍普菲尔德（Hopfield）在1982年和1984年发表两篇重要论文，提出用硬件模拟神经网络以后，联结主义才又重新抬头。1986年，鲁梅尔哈特（Rumelhart）等人提出多层网络中的反向传播（BP）算法后，联结主义势头大振。现在所说的深度神经网络（图1-4），就是一类典型的联结主义的算法，或者说是工具。

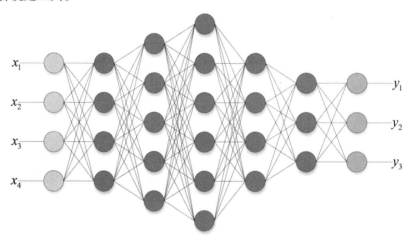

图1-4 深度神经网络

（3）行为主义（actionism）学派

行为主义是20世纪末才以人工智能新学派的面孔出现的，其提出智能取决于感知与行为，以及智能取决于对外界环境的自适应能力的观点。其主要体现为控制论及感知-动作型控制系统。

行为主义认为人工智能源于控制论。控制论思想早在20世纪四五十年代就成为时代思潮的重要部分，维纳（Wiener）和麦卡洛克（McCulloch）等人提出的控制论和自组织系统，以及钱学森等人提出的工程控制论和生物控制论（图1-5），影响了早期的人工智能工作者。

图1-5　控制论思想及著作

控制论把神经系统的工作原理与信息理论、控制理论、逻辑以及计算机联系起来。早期的研究工作重点是模拟人在控制过程中的智能行为和作用，如对自寻优、自适应、自镇定、自组织和自学习等控制论系统的研究，并进行"控制论动物"的研制。到20世纪六七十年代，上述这些控制论系统的研究取得了一定进展，播下了智能控制和智能机器人的种子，并在20世纪80年代诞生了智能控制和智能机器人系统。

人工智能领域的派系之争由来已久。三个流派都提出了自己的观点，它们的发展趋势也反映了时代发展的特点。斯坦福大学人工智能实验室的创办人麦卡锡是典型的符号派，但后来该人工智能实验室的主任却分别是联结主义派的吴恩达和李飞飞。这真实地反映了符号主义派转向联结主义派的发展趋势。从2012年开始，深度学习成为AI行业主导。人工智能在深度学习的推动下，取得了巨大的成就，目前主流的人工智能网络模型几乎全是基于深度学习搭建而来的。

1.1.3　嵌入式人工智能

1.1.3.1　嵌入式人工智能的概念

人类智力是知识基础上的能力表现，人工智能以人工方式在外部实现人类智力仿真。半导体微处理器诞生后，微处理器的存储空间可以存储数字化知识，其机器指令系统基础上的程序设计可以将这些知识转化为能力，这样借助于微处理器就可以实现人类智力仿真。

人类智力有"行为智力"与"思考智力"之分。"统一"和"进化"是人类智力的基本特征。统一是指人类行为中包含有思考的内容，经过思考通常会落实到具体行动中；进化则表示人类通过知识学习智力会不断提升。当前，人工智能尚处于人类智力仿真的初级阶段，具有行为仿真和思考仿真分离、智力非进化的特征。例如，扫地机器人虽然有具体行为，但不会思考；阿尔法狗（AlphaGo）尽管会思考，却没有行为能力等。

长期以来，嵌入式系统实现行为仿真，通用计算机软件实现思考仿真。进入物联网时代，随着嵌入式系统与通用计算机的交叉融合，行为仿真与思考仿真出现了统一的可能。例如，利用机器人的视觉与控制能力可以给AlphaGo添加下棋的行为能力，而通过机器学习能够使嵌入式智能系统具有进化的可能。这种嵌入式智能系统中行为仿真与通用计算机软件思考仿真的交叉融合，就是嵌入式人工智能。

伴随着物联网时代的到来，人工智能进入云计算、大数据时代。云计算从集中计算到分布式计算不断优化，而分布到嵌入式系统前端的计算就是边缘计算。云计算从通用计算机的服务计算延伸到嵌入式系统的感知与控制，从而实现了智力仿真与行为仿真的统一。与此同时，不断进化的服务计算将机器学习、深度学习算法移植到嵌入式系统中，使嵌入式系统有了自主进化能力。

边缘计算、机器学习都要求嵌入式系统不仅要保持原有感知、控制功能，还要具备边缘计算、进化计算能力。而所有这些最终都要转化为芯片能力，即AI芯片。因此，边缘计算和AI芯片是嵌入式人工智能的两个重要研究领域。

1.1.3.2　嵌入式人工智能的特点

嵌入式人工智能不同于云端人工智能，云端人工智能需要进行联网，把数据提交到云端数据中心进行计算，然后将计算结果返回。若把算法都部署在云平台上进行，会给网络通信带来不小的压力，并且会面临数据传输的延迟性以及安全性等问题。嵌入式人工智能，即使不连接互联网，也可进行实时环境感知、人机交互和决策控制。其形式体现为在智能终端上直接运行算法的边缘计算。

边缘计算相对于云平台有如下优势：（1）实时性高，不需要传输数据从而减少反应延迟；（2）可靠性高，即使网络断开也能正常工作；（3）安全性高，避免隐私数据被上传；（4）部署灵活，可在各种终端灵活部署；（5）更加节能，嵌入式系统低功耗特性以及减少了传输过程的能耗等；（6）网络流量低，有效抑制了网络拥塞；（7）类人化，因为人就是作为独立的智能体生存在社会网络中的。

1.1.3.3　嵌入式人工智能面临的挑战

第一，深度神经网络对计算能力和资源的要求较高，这必然导致系统功耗的增加。如何平衡计算性能和能量消耗是一个很大的挑战，需要依靠有限的计算能力和存储资源来充分发挥神经网络的功能并保证其准确性。

第二，在某些情况下，多个智能设备需要与边缘设备甚至云端设备协作。如何动态地调度边缘端和设备端的任务、如何实现设备间的任务协作，也为嵌入式AI带来了不小的挑战。

第三，嵌入式的人工智能设备，不但具有自主学习能力还具有执行能力，一旦这些设备受到黑客入侵，会导致非常严重的安全威胁。如何防范对嵌入式AI系统的传感器、数据和学习方法的攻击，将是系统面临的严峻挑战。

1.2　嵌入式AI实现手段

在把人工智能系统部署到终端设备的过程中，嵌入式技术至关重要。随着智能移动终端和轻量化神经网络技术的发展，将AI算法部署到嵌入式设备成为可能。简单来说，这一过程需要对芯片进行全方位考量以评估芯片的性能，然后根据神经网络算法做特殊化处理，即既不浪费运算单元，又最大可能地体现算法的精度。

1.2.1　嵌入式 AI 实现途径

目前，嵌入式 AI 面临三大挑战，分别为运算能力、功耗及散热。这些也是经典嵌入式设备所面临的问题。此外，还需要考虑算法新增的神经网络处理单元与原有 DSP、GPU 计算架构的算法精度二者之间的平衡问题，以及如何对传统运算力较低的智能硬件设备进行升级，或者怎样为传统硬件添加 SOC（System On Chip）以实现智能化转型等问题。

在具体操作上，工程师不仅需要剪裁优化出最佳的计算模型并集成到终端设备上，还要保证操作系统向下驱动底层硬件，向上支持软件算法，从而保证整个嵌入式 AI 算法模型经济、高效的运算。为了解决这些问题，目前主要采取三种实现路径，分别是"压缩算法模型""挖掘硬件潜力"以及"在压缩模型的同时针对现有芯片进行优化"。但三种路径不是截然分开的，比如优化到一定程度遇到瓶颈时，就需要回过头去提高硬件性能。

1.2.2　边缘计算

所谓的边缘计算就是在嵌入式平台上有效地运行各种智能算法，从而使终端具有类似人一样的智能。如图 1-6 所示，智能算法大致可以归为三类：（1）认知环境，包括物体识别、目标检测、语义分割和特征提取等功能，涉及了模式识别、机器学习和深度学习等技术；（2）显示场景，包括复原算法、三维点云显示和场景生成，涉及了最优化、虚拟现实、深度学习 GAN 网络等技术；（3）控制机构，包括智能控制，涉及了强化学习、神经网络控制等技术。

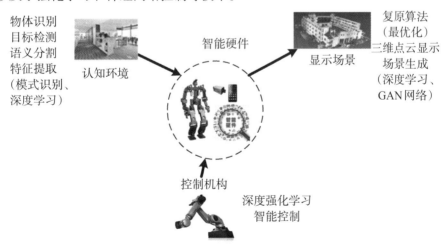

图 1-6　边缘计算的智能算法

（一）边缘计算环境下的硬件架构

人工智能从云端走向边缘端，需要嵌入式硬件有较好的运算能力，因此各芯片厂家在芯片内部集成了便于加速运算的硬件模块，从而与CPU一起形成异构多核处理架构，使其能够提供适合各种应用的处理器性能，以及更有效的功耗和更少的物理空间。常见的加速模块有以下几类。

（1）嵌入式GPU。嵌入式芯片内部集成GPU，从而在边缘计算环境下实现并行加速计算，主要有两种方式：增加更多的核，如ARM芯片中集成Mali GPU；采用功能更强的核，如高通公司采用Adreno GPU。

（2）神经网络处理器（NPU）。与传统冯·诺依曼计算机架构不同，其采用"数据驱动并行计算"架构，从而可以加速深度学习算法。例如，瑞芯微RK3399Pro、寒武纪MLU100、华为麒麟980和高通骁龙855等芯片。

（3）数字信号处理器（DSP）。DSP内部集成了硬件乘法器、多总线和信号处理单元，通过DSP指令集可实现算法的硬件加速。例如，TI、ADI等公司专用的DSP芯片，Xilinx公司FPGA集成的DSP单元。

（4）基于算法定制化的ASIC——XPU和DLA。根据需求设计特定人工智能算法芯片"xPU"，例如APU、BPU等，以及Google公司推出的张量处理器TPU。而英伟达提供的DLA（深度学习加速器）也定位于嵌入式和IoT市场。

（5）芯片内核加速单元——ARM核NEON。ARM NEON是单指令多数据流（SIMD）技术，可用于加速多媒体和信号处理算法。例如，针对ARM芯片的前端部署方案NCNN采用NEON对深度学习的卷积运算进行加速。

（6）类人脑芯片。类脑芯片是模拟人脑的新型芯片架构，这一系统可以模拟人脑功能进行感知、行为和思考。简单来讲，就是复制人类大脑。例如，IBM公司的TrueNorth（真北），就是在脉冲神经网络（Spiking Neural Networks，SNN）基础上设计的芯片系统，数据处理能力已经相当于包含6400万个神经细胞和160亿个神经突触的类脑功能。

嵌入式CPU结合上述一类或者几类加速模块形成终端AI芯片，即可用于手机、安防摄像、汽车、智能家居、各种IoT等执行边缘计算推理的智能设备。其特点是体积小、耗电少，而且性能不需要特别强大，通常只需要支持一两种AI能力。相比训练平台而言，其计算量更小，精度要求更低和算法部署灵活多变。

从CPU到GPU，再到FPGA和ASIC，计算效率依次递增，但灵活性也是依次递减的。在推理方面，目前业界越来越多地使用专用性更强的FPGA和ASIC平台。FP-GA通过在芯片内集成大量的基本门电路，允许用户后期烧写配置文件来更改芯片功能实现可更改半定制化。与GPU相比，FPGA在延迟和功耗方面都有显著优势，在延迟需求较高比如语音识别和图像识别上，相比GPU而言是一个更好的选择。

ASIC是专用的定制化集成电路，能在开发阶段就针对特定的算法做优化，效率很高。ASIC虽然初期成本高，但是在大规模量产的情况下有规模经济效应，反而能在总体成本上占优。因为设计完成后无法更改，故ASIC的通用性比较差，市场风险高。总体而言，FPGA在通用性/兼容性方面占有优势，而ASIC在成本、性能、能效上更有优势。

（二）边缘计算算法设计

设计适合于边缘计算环境下运行的算法，如图1-7所示，主要从以下几方面进行考虑：

（1）在对外界环境认知的过程中，如何有效地提取特征很重要，从边缘特征提取方法到压缩感知理论以及到基于深度学习的特征提取方法，都是在研究一种有效特征提取方法。而针对嵌入式平台，应该考虑在精度和速度上相互兼顾的方法。

（2）嵌入式系统往往是针对一个具体的应用，而算法研究要考虑到普适性，所以在边缘计算环境下可以结合具体的应用对算法进行改进，从而减少计算量提高运算速度。例如，可以把面向未知场景的全局优化搜索问题转为针对某个具体场景的局部优化问题。

（3）利用传感器直接采集数据代替算法对此信息的估计过程，从而降低算法运算量。例如，相对于单独根据视觉计算出相机的位姿，可以通过结合惯性传感器（IMU）来降低计算量使其适合于边缘计算环境下运行。

（4）对神经网络模型进行压缩和加速，主要包括：（a）剪枝和低秩分解；（b）量化和权值共享；（c）知识蒸馏；（d）设计轻量级网络结构等。例如，谷歌公司的MobileNet、伯克利与斯坦福大学的SqueezeNet和Face++公司的ShuffleNet等，都属于轻量级的网络结构。

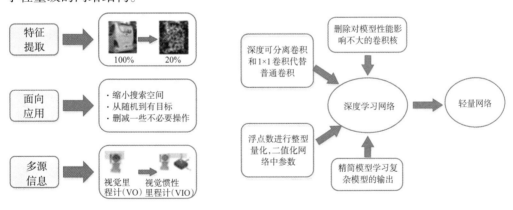

图1-7 边缘计算算法设计

1.2.3 嵌入式AI部署

通常，深度学习根据不同任务需求设计对应的网络模型，目前主流的网络模型设计框架有谷歌的Tensorflow、微软的CNTK、伯克利大学的Caffe、脸书的PyTorch、百度的PaddlePaddle、华为的MindSpore等。通过这些深度学习框架完成模型的设计和训练，之后再将训练好的模型在设备上进行部署推理。

（一）网络模型部署的方式

网络模型部署分为两种情况：一种是服务器云端部署，另一种是边缘设备端部署，如图1-8所示。

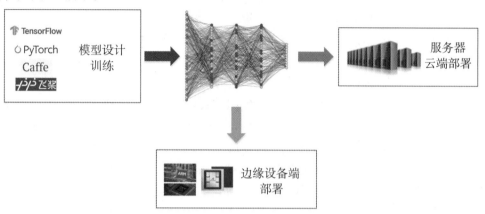

图1-8　网络模型训练及部署

将模型部署到服务器云端较为简单，因为云端具有充足的算力和存储空间，训练好的模型基本都能很好地完成推理任务。边缘设备端则会受到算力和存储空间的影响，模型的部署需要经过多个复杂流程。两种部署方式的比较见表1-1所列。

表1-1　两种部署方式的区别

部署对象	服务器云端部署	边缘设备端部署
部署环境	同训练框架	SDK引擎
模型语义转换	框架内部转换	需要进行模型前后处理和算子重实现
算子	共用算子	训练部署两套算子,两套算子数值对齐
计算优化	利用引擎已有训练优化能力	偏向于挖掘芯片编译器的深度优化能力

（二）嵌入式边缘/端侧部署

边缘计算算法可以借助硬件加速来提高运行效率，例如瑞芯微RK3399、高通骁龙855或华为麒麟980芯片都基于ARM核，可采用多核、MaliGPU以及支持ARM NEON加速。在异构多核处理器调度方面，针对优化目标分别从满足性能、功耗优化，满足公平性和并发程序瓶颈优化等方面进行部署。

除了利用多核特性实现对算法的整体调度优化外，深度学习等智能算法也需要硬件加速。如图1-9所示，可以利用ARM NEON单元实现卷积运算的加速。每次1×1卷积操作时，将输出特征图按照8个一组，使用OpenMP平分给设备可调用的每个CPU，以充分利用硬件资源。之后针对每8个输出特征图，以1×8的小块为单位同时进行8个输出特征图的计算。

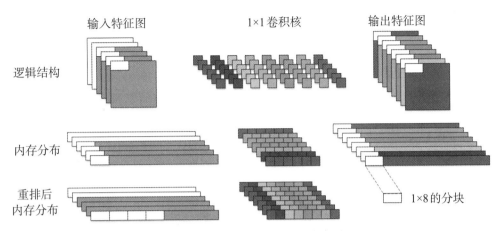

图1-9　1×1卷积利用NEON进行加速

在软件方面，不少公司也开发了前端部署方案。例如，ARM公司OPEN AI LAB的Tengine框架、Google公司的TensorFlow Lite、腾讯公司的NCNN框架，小米公司的MACE框架和百度公司的Mobile-deep-learning、Apache软件基金会的TVM和美国高通公司的SNPE等，都是通过借助多核和加速单元实现卷积的快速计算，从而在移动设备上有效地实现深度学习算法。同时，针对具体硬件平台，ARM公司OPEN AI LAB开发了基于RK3399芯片的EAIDK开发套件、中科创达公司开发了基于高通骁龙845芯片Thunder comm Turbo XAI Kit开发套件、英伟达开发了NVIDIA Jetson Nano开发套件等。

下面对几种常见的方案进行介绍：

（1）华为昇腾架构

华为在2018年推出了AI加速专用的达芬奇架构（图1-10）和基于该架构的边缘端推理芯片Ascend310，之后将Ascend（昇腾）针对不同场景分别开发了Max、Mini、Lite、Tiny和Nano五大系列。

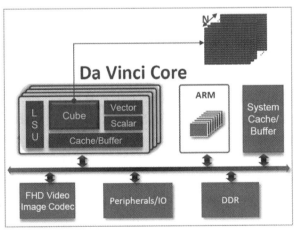

图1-10　达芬奇核心架构

为了方便开发者使用相关的芯片进行产品研发，华为针对昇腾系列芯片提出了昇腾 AI 软件栈，即 CANN（Compute Architecture for Neural Networks），如图 1-11 所示。同时，提供 AscendCL 统一编程接口，包含了编程模型、硬件资源抽象、AI 任务及内核管理、内存管理、模型和算子调用、媒体预处理接口、加速库调用等一系列功能，充分释放昇腾系统多样化算力，使能开发者快速开发 AI 应用。此外，还提供 TBE 算子开发工具，其预置丰富的 API 接口，支持用户自定义算子开发和自动化调优，缩短工期，节省人力。

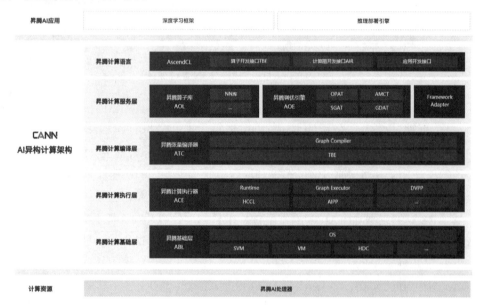

图 1-11　CANN 的全场景开发

在昇腾平台上，边缘或者端侧的 AI 模型部署步骤如下：

①使用 ATC 转换工具将训练好的模型转换为部署端环境所需模型文件；

②通过 CANN API 给模型输入数据，然后读取模型推理后的输出数据；

③输出数据解码和其他处理。

（2）针对 ARM 的 OPEN AI LAB

目前，嵌入式设备中使用最多的依然为 ARM 系列处理器，因此 ARM 公司设计了针对 ARM 嵌入式设备的推理框架 ARM NN，由于缺乏文档及教程，该框架在国内推广的程度不高。而 OPEN AI LAB 针对 ARM 处理器开发的 AI 神经网络推理引擎 Tengine 和 Tengine-Lite 却广为使用，其结构框架如图 1-12 所示。

（3）腾讯 NCNN

专注于 Android 平台的腾讯 NCNN 是一个为手机端极致优化的高性能神经网络前向计算框架。从设计之初就深刻考虑手机端的部署和使用，无第三方依赖、跨平台。其在手机端 CPU 的速度快于目前所有已知的开源框架。主要优点如下：

● 支持卷积神经网络，支持多输入和多分支结构，可计算部分分支；

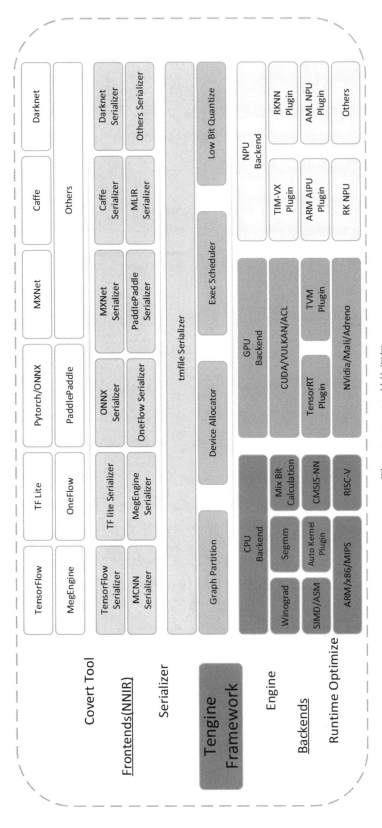

图1-12 Tengine 结构框架

- 纯C/C++实现，无第三方依赖，库体积很小（小于700KB），部署方便；
- ARM NEON汇编级优化，采用OpenMP多核并行技术，计算速度极快；
- 精细的内存管理和数据结构设计，内存占用极低；
- 提供Caffe、Tensorflow等框架模型的转换；
- 支持直接内存零拷贝引用加载网络模型。

基于NCNN，开发者能够将深度学习算法轻松移植到手机端高效执行，从而开发出各种支持人工智能的App。如QQ、微信、天天P图等。

（4）阿里MNN

阿里开源的专注于Linux/Android平台的MNN是一个高效、轻量的深度学习框架。MNN的结构框架如图1-13所示。

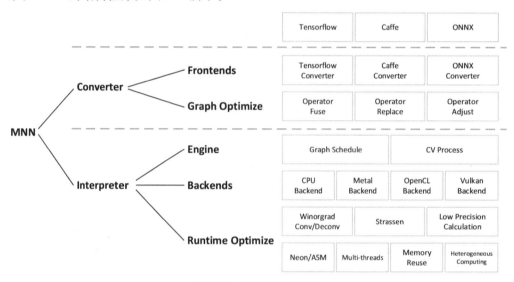

图1-13　MNN结构框架

MNN分为Converter和Interpreter两部分。Converter由Frontends和Graph Optimize构成。Frontends负责支持不同的训练框架，当前支持Tensorflow（Lite）、Caffe和ONNX；Graph Optimize通过算子融合、算子替代、布局调整等方式优化图。Interpreter由Engine、Backends和Runtime optimize构成。Engine负责模型的加载、计算图的调度；Backends包含各计算设备下的内存分配、Op实现。在Runtime optimize中，MNN应用了多种优化方案，包括在卷积和反卷积中应用Winograd算法、在矩阵乘法中应用Strassen算法、低精度计算、Neon优化、手写汇编、多线程优化、内存复用、异构计算等。

目前，MNN已经在阿里巴巴的手机淘宝、手机天猫、优酷、钉钉、闲鱼等二十多个App中使用，覆盖直播、短视频、搜索推荐、商品图像搜索、互动营销、权益发放、安全风控等70多个场景。此外，在IoT等场景下也有若干应用。

（5）百度 Paddle Lite

百度的 Paddle Lite 是一个高性能、轻量级、灵活性强且易于扩展的深度学习推理框架，定位支持包括移动端、嵌入式以及服务器端在内的多硬件平台。Paddle Lite 框架直接支持模型结构为 PaddlePaddle 深度学习框架产出的模型格式，同时为了支持 Caffe、Tensorflow、PyTorch 等框架生成的模型，提供了 X2Paddle 工具将模型转换为 PadddlePaddle 格式。Paddle Lite 框架如图 1-14 所示。

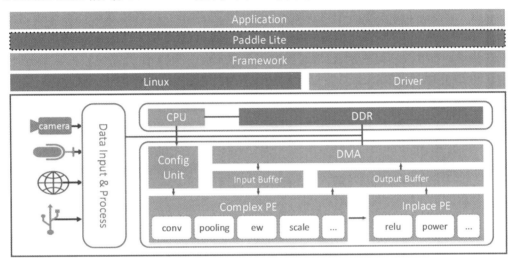

图 1-14　Paddle Lite 框架

（6）谷歌 Tensorflow Lite

谷歌公司的 Tensorflow 为支持所训练的模型在边缘设备上部署设计了 Tensorflow Lite，用于直接转换 TensorFlow 模型，并提供在移动端、嵌入式和物联网设备上运行 TensorFlow 模型所需的所有工具。其提供的 Tengine Lite 转换器如图 1-15 所示。

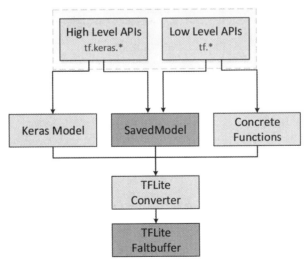

图 1-15　Tengine Lite 转换器

由于 Android、TensorFlow 和 TensorFlow Lite 都是 Google 所开发的产品，因此 TensorFlow Lite 对 Android 设备有天然兼容性，在 Android 平台使用得比较多。

目前，主流的部署框架都只针对某一系列芯片或者针对某些系统平台，并不具有完全的通用性。因此，在项目开发时首先需要根据需求合理选择软硬件平台，再根据计算平台确定部署框架，最后才能完成整个模型的部署工作。

（三）ONNX 交换格式

在嵌入式 AI 系统中，各种框架模型之间的转换可能不直接支持，但是可以通过生成中间文件的形式来解决该问题。开放神经网络格式（Open Neural Network Exchange，ONNX）是一种 AI 神经网络模型的通用中间文件保存方法，各种 AI 框架、推理引擎，甚至 OpenCV 里面的 DNN 相关的模块都可以解析 ONNX 文件，并生成特定平台和运行框架所支持的神经网络模型。目前，ONNX 支持的框架如图 1-16 所示。

图 1-16　ONNX 支持的框架

ONNX 本身不是 AI 神经网络运行框架，只是 AI 神经网络模型通用中间描述文件格式。比如，使用 PyTorch 生成的模型，可以先转换为 ONNX 文件形式，再转换为 MNN 所支持的文件格式。

1.3　中国 AI 芯片发展状况

应用需求加速了人工智能产业发展进程，AI 芯片作为人工智能的基础硬件，需求更加迫切。与此同时，国家政策也持续加码发展集成电路产业，芯片国产化进程全面提速。在政策、市场、技术等合力作用下，中国 AI 芯片行业正在快速发展（图 1-17）。

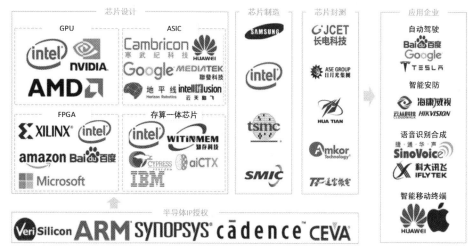

图1-17　AI芯片产业链

1.3.1　地平线

地平线基于自研的BPU 2.0架构，针对高级别辅助驾驶场景推出了高效能车规级AI芯片——征程系列。征程芯片不仅支持基于深度学习的图像检测、分类、像素级分割等功能，也支持对H.264和H.265视频格式的高效编码，是实现多通道AI计算和多通道数字视频录像的理想平台。

征程芯片具有超高性能计算能力，其采用双核BPU AI引擎，算力最高可达128TOPS，采用的4核Arm Cortex-A53主频最高达1.2GHz。同时，征程芯片具备强大的图像处理单元，支持4K@30fps图像处理，HDR宽动态，3D降噪，畸变矫正功能，3A（AE/AWB/AF）功能。具有完整的软件API和AI开发套件，适配主流的训练框架Caffe、MXNet、TensorFlow和PyTorch等。支持多种应用场景，如ADAS高级驾驶辅助系统、DMS驾驶员监控系统和APA自动泊车辅助系统等。

1.3.2　寒武纪

寒武纪思元290芯片，采用创新性的MLUv02扩展架构，使用台积电7 nm先进制程工艺制造，在一颗芯片上集成了高达460亿的晶体管。芯片具备多项关键性技术创新，MLU-Link™多芯互联技术，提供高带宽多链接的互联解决方案；HBM2内存提供AI训练中所需的高内存带宽；vMLU帮助客户实现云端虚拟化及容器级的资源隔离。多种全新技术帮助AI计算应对性能、效率、扩展性、可靠性等多样化的挑战。

思元290采用寒武纪自适应精度训练方法。自适应精度训练可自适应调整深度学习模型不同层、不同数据类型的量化参数，同时量化参数调整周期也是自适应的，可在保证精度要求的基础上提高能效比。寒武纪NeuWare软件栈采用端云一体架构，支持寒武纪全系列产品共享同样的软件接口和完备生态，可方便地进行AI应用的开发、迁移和调优，轻松实现云端开发训练模型，终端部署应用。

1.3.3　比特大陆

比特大陆成立于2013年，致力于提供高速、低功耗的专用定制芯片，高性能、高密度的计算服务器，大规模并行计算及云服务等。2017年年底，比特大陆正式发布TPU芯片BM1680，这是一款面向深度学习应用的张量计算加速处理专用定制芯片，适用于CNN、RNN、DNN等深度神经网络的推理预测和训练。

BM1684是BM系列的最新版，内置张量计算模块TPU，该TPU模块包含64个NPU运算单元，每个NPU包括16个EU单元，总共有1024个EU运算单元，数十亿颗晶体管。BM1684聚焦于云端及边缘应用的人工智能推理，采用的是台积电12 nm工艺，在典型功耗16W的前提下，FP32精度算力达到2.2TFlops，INT8算力可高达17.6TOPS，在Winograd卷积加速下INT8算力更提升至35.2TOPS，并集成高清解码和编码算法，实现了低功耗、高性能、全定制。其可广泛应用于自动驾驶、城市大脑、智能政务、智能安防、智能医疗等诸多AI场景。

1.3.4　黑芝麻智能

黑芝麻智能全力打造两大重要自研核心算法IP：NeuralIQ ISP图像信号处理器及高性能深度神经网络算法平台DynamAI NN引擎。基于自研核心IP和车规级芯片设计能力，2020年6月，黑芝麻智能发布了华山二号A1000芯片。A1000具备40～70TOPS的强大算力，小于8W的功耗及优越的算力利用率，是目前能支持L2+及以上级别自动驾驶的国产芯片。同年9月，黑芝麻智能推出的FAD（Full Autonomous Driving）全自动驾驶计算平台，基于华山二号A1000芯片的双芯级联方案打造，算力最高可达140TOPS，支持L2+/L3级别自动驾驶场景。2021年，黑芝麻智能投片华山三号芯片。华山三号采用7nm先进制程，算力超过200TOPS，全面支持L4/L5级别的自动驾驶，成为国内算力领先的自动驾驶芯片。

1.3.5　知存科技

知存科技成立于2017年，专注于模拟存算一体的终端智能芯片设计。随着5G、大数据、云计算等新型基础设施建设的进一步完善，万物智联时代将加速到来，高运算力、低功耗的存算一体AI芯片产品需求将日益强烈。知存科技于2019年推出国际首个存算一体的AI芯片，创新地使用eFlash存储器完成神经网络存储和运算一体化，突破了AI的存储墙问题，能够有效地提升AI运算效率，降低成本。相比于基于冯·诺依曼架构的AI芯片，更契合终端应用场景对高算力、低功耗、低成本、低时延的要求。知存科技自主研发的产品不仅在技术上实现了引领，还有望走在量产商用的前列。

1.4　嵌入式AI的典型应用

在未来走向万物互联的阶段，嵌入式和AI相辅相成将带来更多的新机会，其中自动驾驶就是一个非常典型的代表。

中国《汽车驾驶自动化分级》基于驾驶自动化系统能够执行动态驾驶任务的程度，根据在执行动态驾驶任务中的角色分配以及有无设计运行条件限制，将驾驶自动化分成0～5级。在高级别的自动驾驶中，驾驶员的角色向乘客转变。在通常情况下，自动驾驶等级每增加一级，所需要的芯片算力就会呈现十数倍的上升，L2级自动驾驶的算力需求仅要求2～2.5TOPS，但是L3级自动驾驶算力需求就需要20～30TOPS，到L4级需要200TOPS以上，L5级算力需求则超过2000TOPS。

根据Intel公司推算，全自动驾驶时代，每辆汽车每天产生的数据量高达4000GB。为了有更好的智能驾驶表现，计算平台成为汽车设计重点，车载半导体价值量快速提升，汽车行业掀起算力竞赛。例如特斯拉正与博通合作研发新款HW4.0自动驾驶芯片，算力有望达到432TOPS以上，将可用于ADAS、电动车动力传动、车载娱乐系统和车身电子四大领域的计算，成为真正的"汽车大脑"。

汽车主控芯片结构形式也由MCU向SOC异构芯片方向发展。现阶段用于汽车决策控制芯片和汽车智能计算平台的主要由三部分构成：智能运算为主的AI计算单元、CPU单元和控制单元。主控SOC常由CPU+GPU+DSP+NPU+各种外设接口、存储器件等电子元件组成，现阶段主要应用于座舱信息娱乐系统（In-Vehicle Infotainment，IVI）、域控制、ADAS等较复杂的领域。现有车载智能计算平台产品如奥迪zFAS、特斯拉FSD、英伟达Xavier等硬件均主要由AI单元、计算单元和控制单元三部分组成，每个单元完成各自所定位的功能。

随着自动驾驶渗透率快速提升，预计车载AI芯片市场规模将会超过手机AI芯片规模。随着智能化对算力需求的指数级增长，ADAS功能逐步成为智能汽车标配，预计到2025年70%的中国汽车将搭载L2～L3级别的自动驾驶功能。预测全球自动驾驶汽车上的AI推理芯片，其市场规模将从2017年的1.42亿美元，年均增长135%至2022年的102亿美元，相比之下手机AI芯片市场规模为34亿美元，汽车AI芯片市场规模远超手机AI芯片。

在其他领域，比如医疗保健、虚拟/增强现实（VR/AR）、零售、自动化、制造业及农业等各行业垂直领域，嵌入式人工智能同样具有巨大的潜力。在目前的生活中，应用于各个领域的人脸识别系统、智能居家机器人、智能冰箱、交通监控等都是典型的嵌入式人工智能技术的产物。

习题1

1.1　什么是嵌入式人工智能？试从学科和工业界实现等方面加以说明。

1.2　如何理解嵌入式AI的功耗挑战，以野生动物监测的嵌入式AI设备为例进行说明。

1.3　分析TensorFlow Lite在嵌入式系统上的部署流程。

1.4　什么是ONNX交互格式？其在嵌入式AI中能够起到什么作用？

1.5　分析地平线公司征程芯片的BPU架构特点，及其在自动驾驶领域的竞争优势。

1.6　分析存算一体AI芯片的基本工作原理。其与冯·诺依曼体系结构相比较，优势在什么地方？

第2章 机器学习基础

机器学习是人工智能领域中的一个重要分支，主要研究计算机怎样模拟或实现人类的学习行为，以获取新的知识或技能，重新组织已有的知识结构使之不断改善自身的性能。

2.1 相关概念

人工智能的最终目标是使计算机能够模拟人的思维方式和行为。专家系统、机器学习、深度学习、神经网络是该领域经常提到的基本概念。这几者之间既有一定的联系，又有明显的区别。如图2-1所示，图中最外面的大圆代表人工智能，中间一层表示机器学习，而基于多层神经网络的深度学习处于中心位置。可以简单地理解为：机器学习是人工智能领域中的一个重要分支（另一个重要的分支是专家系统），深度学习是实现机器学习的一种重要方法（其他机器学习方法还包括：SVM、决策树、随机森林等），而深度学习通常都是基于多层人工神经网络模型的。

图2-1　相关概念的包含关系

2.1.1　专家系统

专家系统是一个含有大量某个领域专家水平的知识与经验的智能计算机程序系统，能够利用人类专家的知识和解决问题的方法来处理该领域问题。即专家系统是一种模拟人类专家解决领域问题的计算机程序系统。可以从以下两点来理解：

● 专家系统是一个具有大量的专门知识与经验的程序系统，解决需要人类专家才能处理好的复杂问题。

● 专家系统的基本功能取决于它所含有的知识，因此，有时也把专家系统称为"基于知识的系统（knowledge-based system）"。

常规计算机应用程序与专家系统的区别见表2-1所列。

表2-1　常规计算机应用程序与专家系统的区别

一般应用程序	专家系统
把问题求解的知识隐含地编入程序	把应用领域的问题求解知识单独组成一个实体(知识库)
把知识组织为两级：数据级和程序级	将知识组织成三级：数据、知识库和控制

由表2-1可知，专家系统与常规计算机应用程序相比最大的区别是有专门的知识库。比如基于规则的专家系统（图2-2）通常包括：

● 知识库：以一套规则建立人的长期存储器模型。

● 工作存储器：建立人的短期存储器模型，存放问题事实和由规则激发而推断出的新事实。

● 推理机：把存放在工作存储器内的问题事实和存放在知识库内的规则结合起来，建立人的推理模型，以推断出新的信息。

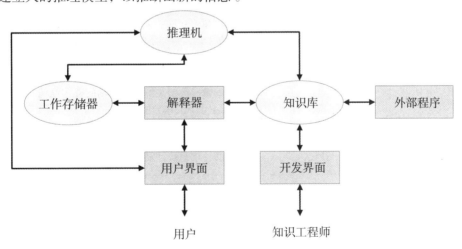

图2-2　基于规则的专家系统

1965年，费根鲍姆等人在总结通用问题求解系统的成功与失败经验的基础上，结合化学领域的专门知识，研制了世界上第一个专家系统dendral，可以推断化学分子结构。20多年来，知识工程、专家系统的理论和技术不断发展，应用渗透到几乎各个领域，包括化学、数学、物理、生物、医学、农业、气象、地质勘探、军事、工程技术、法律、商业、空间技术、自动控制、计算机设计和制造等众多领域，开发了几千个专家系统，其中不少在功能上已达到，甚至超过同领域中人类专家的水平，并在实际应用中产生了巨大的经济效益。不同应用领域常见的专家系统见表2-2所列。

表2-2 不同应用领域的专家系统

领 域	系 统	功 能
医学	MYCIN CASNET PIP INTERNIST PUFF ONCOCN VM	细菌感染性疾病诊断和治疗 青光眼的论断和治疗 肾脏病诊断 内科病论断 肺功能试验结果解释 癌症化学治疗咨询 人工肺心机监控
地质学	PROSPECTOR DIPMETER ADVISOR DRILLING ADVISOR MUD HYDRO ELAS	帮助地质学家评估某一地区的矿物储量 油井记录分析 诊断和处理石油钻井设备的"钻头粘着"问题 诊断和处理与钻探泥浆有关的问题 水深总量咨询 油井记录解释
计算机系统	DART RI/XCON YES/MVS PTRANS IDT	计算机硬件系统故障诊断 配置 VAX 计算机 监控和控制 MVS 操作系统 管理 DEC 计算机系统的建造和配置 定位 PDP 计算机中有缺陷的单元
化学	DENDRAL MOLGEN CRYSALIS SECS SPEX	根据质谱数据来推断化合物的分子结构 DNA 分子结构分析和合成 通过电子云密度图推断一个蛋白质的三维结构 帮助化学家制订有机合成规划 帮助科学家设计复杂的分子生物学的实验
数学	MACSYMA AM	数学问题求解 从基本的数学和集合论中发现概念
工程	SACON DELTA REACTOR	帮助工程师发现结构分析问题的分析策略 帮助识别和排除机车故障 帮助操作人员检测和处理核反应堆事故
军事	AIRPLAN HASP TATR RTC	用于航空母舰周围的空中交通运输计划的安排 海洋声纳信号识别和服役跟踪 帮助空军制订攻击敌方机场的计划 通过解释雷达图像进行舰船分类

2.1.2 机器学习

学习就是系统在不断重复的工作中对本身能力的增强或者改进，使得系统在下一次执行同样任务或类似任务时，会比现在做得更好或效率更高。而机器学习（Machine Learning， ML）就是研究如何使用机器来模拟人类学习活动的一门学科。其严格的定义为：机器学习是一门研究机器获取新知识和新技能，并识别现有知识的学问。在通常情况下，"机器"指的是计算机，现在指电子计算机，将来还可能是量子计算机、光子计算机或神经计算机等等。

机器学习与为解决特定任务、硬编码的专家系统软件程序不同。如图2-3所示，机器学习中的知识来源于历史数据，而不是人类专家。机器学习最基本的做法，是使用算法来解析数据，从中学习建立模型，然后根据模型对真实世界中的事件做出决策和预测。其核心是用大量的数据来"训练"，通过各种算法从数据中学习如何完成任务。

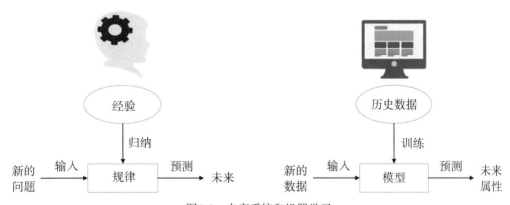

图2-3 专家系统和机器学习

机器学习系统是训练出来的，而不是明确地用程序编写出来的。将与某个任务相关的许多示例，输入机器学习系统，机器学习系统会在这些示例中找到统计结构，从而最终找到规则将任务自动化。机器学习的特点包括：

（1）机器学习速度极快。

（2）机器学习可以把学习不断地延续下去，避免大量重复学习，使知识积累达到新高度。

（3）机器学习有利于知识的传播。一台计算机获取的知识很容易复制给任何其他机器。

（4）可以克服人的存储少、效率低、注意力分散、难以传送所获取知识等局限性。

2.1.3 人工神经网络

人工神经网络即由人工神经元互连组成的网络，它是从微观结构和功能上对人脑的抽象、简化，是模拟人类智能的一条重要途径。人工神经网络反映了人脑功能的若干基本特征，如并行信息处理、学习、联想、模式分类、记忆等。

传统机器学习的主要障碍是特征工程这个步骤，这需要领域专家在进入训练过程之前就要找到非常重要的特征。特征工程步骤要靠手动完成，而且需要大量的领域专业知识，因此它成为大多数传统机器学习任务的主要瓶颈，如图2-4所示。

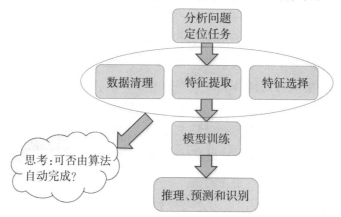

图2-4　传统机器学习的主要障碍

而神经网络可以将原始数据（例如RGB像素值）直接输入，而不需要创建任何域特定的输入功能。通过多层神经元，可以"自动"通过每一层产生适当的特征，最后提供一个非常好的预测，如图2-5所示。这极大地消除了寻找"特征工程"的麻烦。

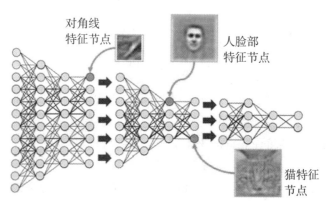

图2-5　神经网络的特征提取

基于神经网络的推理是通过网络计算实现的，即把用户提供的初始数据用作网络的输入，通过网络计算最终得到输出结果。一般来说，正向网络推理的步骤如下：

（1）把已知数据输入网络输入层的各个节点；

（2）利用特性函数分别计算网络中各层的输出；

（3）用阈值函数对输出层的输出进行判定，从而得到输出结果。

2.1.4 深度学习

最初的人工神经网络被称作多层感知机，但实际是只含有一层隐层节点的浅层模型。这种浅层模型在有限样本和计算单元的情况下对复杂函数的表示能力有限，针对复杂分类问题其泛化能力受限。因此，加拿大多伦多大学教授、机器学习领域的泰斗杰弗里·辛顿（Geoffrey Hinton）（图2-6）于2006年在《科学》（*Science*）期刊上发表论文提出深度学习的观点：

（1）多隐层的人工神经网络具有优异的特征学习能力，学习得到的特征对数据有更本质的刻画，从而有利于可视化或分类；

（2）深度神经网络在训练上的难度，可以通过"逐层初始化（Layer-wise Pre-training）"来有效克服，逐层初始化可通过无监督学习实现。

这篇文章是一个分水岭，拉开了深度学习大幕，标志着深度学习的诞生。一般将从感知机提出，到BP算法应用以及2006年以前的历史被称为浅层学习，以后的历史被称为深度学习。

图2-6　2018年图灵奖获得者（中间为杰弗里·辛顿）

深度学习通过组合低层特征形成更加抽象的高层表示属性类别或特征，以发现数据的分布式特征表示。其要点包括：

（1）强调了模型结构的深度，通常有5～100多层的隐层节点；

（2）明确突出了特征学习的重要性，通过逐层特征变换，将样本在原空间的特征表示变换到一个新特征空间，从而使分类或预测更加容易；

（3）与人工规则构造特征的方法相比，利用大数据来学习特征，更能够刻画数据的丰富内在信息。

深度学习神经网络DNN（Deep Neural Network）目前已演变成许多不同的网络拓扑结构。CNN（卷积神经网络）、RNN（循环神经网络）、LSTM（长期短期记忆）、GAN（生成对抗网络）、转移学习、注意模型（Attention Model）所有的这些被统称为深度学习。神经网络与深度学习的关系如图2-7所示。

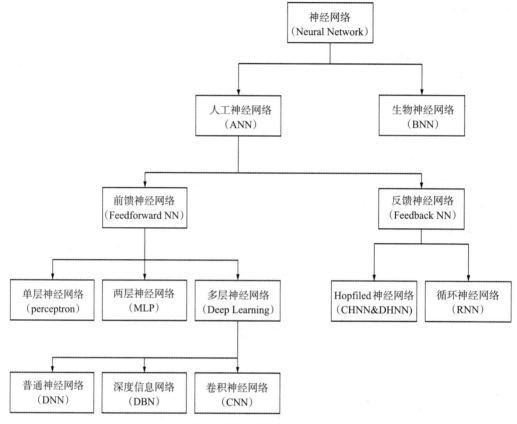

图2-7 神经网络与深度学习

2.2 机器学习

图灵于1950年发表了具有里程碑意义的论文 *Computing Machinery and Intelligence*，其中介绍了图灵测试以及人工智能所包含的重要概念，同时还提出一个问题：通用计算机能否学习和创新？机器学习的概念就来自于图灵的这个问题：让计算机不仅能够完成人类设定的任务，也能通过自我学习完成没有设定的任务，从而实现计算机类似人的思考和行动。

经典的程序设计（即符号主义人工智能）认为只要能够编写出足够多的明确规则来处理知识，就能实现与人类水平相当的人工智能。即设计好程序规则和需要根据这些程序规则进行处理的数据，系统就能够得到答案。

在机器学习中，人们输入数据和这些数据对应的预期答案，让系统学习到相应的规则。这些规则能够应用于新的数据，并使计算机自动生成答案。两者流程对比如图2-8所示。

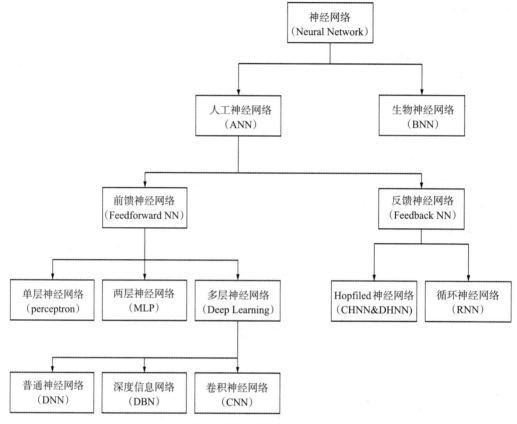

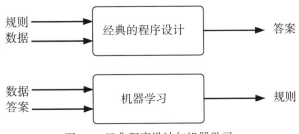

图2-8　经典程序设计与机器学习

机器学习系统是通过数据训练出来的，而不是明确地用程序编写出来的。将某个任务相关的许多示例输入机器学习系统，它会在这些示例中找到共同特征，从而找到规则将任务自动化。根据学习方式的不同，机器学习主要分为下面三类：

第一类：监督学习。通过先选择一个适合目标任务的数学模型，将一部分已知的"问题和答案（训练集）"给机器去学习，模型通过学习找到问题与答案的内在关联，从而对新的问题进行解答。监督学习主要有分类和回归两种问题。

第二类：非监督学习。其指在没有类别信息情况下，通过对所研究对象的大量样本的数据分析实现对样本分类的一种数据处理方式。它是一类用于在数据中寻找模式的机器学习技术。非监督学习主要分为数据集变换和聚类两种问题。

第三类：强化学习。其指可以用来支持人们去做决策和规划的一种学习方式，它是对动作、行为产生奖励的回馈机制，通过这个回馈机制促进机器学习，这种方式与人类的学习相似。

2.2.1　监督学习

监督学习是指利用一组已知类别的样本调整分类器的参数，使其达到所要求性能的过程。监督学习是从标记的训练数据来推断一个功能的机器学习任务，训练数据包括一套训练示例。在监督学习中，每个实例都是由一个输入对象（通常为矢量）和一个期望的输出值（也称为"监督信号"）组成的。监督学习算法分析该训练数据，并产生一个推断的功能，其可以用于映射出新的实例。

监督学习的目的是为了学习一个从输入特征空间到输出空间的映射，这一映射通过模型来表达。学习的目的就在于找到与数据集最相符的模型。

以周克华《机器学习》中西瓜分类为例。有一批西瓜的相关记录见表2-3所列。这批记录的集合称为数据集（data set），表中每个实体或每一行称为一个样本（sample）或数据点，除最后一列前面每一列（用来描述这些实体的属性）称为特征（feature）或属性（attribute），最后一列是每一个样本对应的类别标签。所有属性组成的集合称为样本空间或输入空间，若将此处的"色泽""根蒂""敲声"作为三个坐标轴，则构成一个用于描述西瓜的三维空间，每个西瓜都有与之对应的唯一存在的坐标位置。由于空间中每个点对应一个坐标向量，因此把一个样本称为一个"特征向量"（feature vector）。

从数据中学得模型的过程称为学习或训练，这个过程通过执行某个学习算法来完成。模型所学习到的关于数据的某种潜在的规律称为假设（hypothesis）。所有样本对应类别标签组成的集合称为标记空间或输出空间。如图2-9所示，学习过程就是在假设空间挑选最优假设，也就是估计模型参数的过程。

表2-3 西瓜数据集

编号	色泽	根蒂	敲声	好瓜
1	青绿	蜷缩	浊响	是
2	乌黑	蜷缩	沉闷	是
3	青绿	硬挺	清脆	否
4	乌黑	稍蜷	沉闷	否

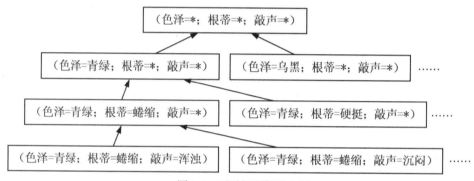

图2-9 西瓜问题假设空间

监督学习一般使用两种类型的目标变量：标称型和数值型。标称型目标变量的结果只在有限目标数据集中取值，如真和假、西瓜好和坏、七种基本情绪类别（高兴、悲伤、厌烦、惊讶、生气、害怕、中性）；数值型目标变量则可以从无限的数值集合中取值，如0.122、42.444、1200.001等。两种类型变量对应于不同类型问题的分析：标称型目标变量主要用于分类问题，数值型目标变量主要用于回归问题。

分类问题的目标是预测类别标签，这些标签一般是标称型目标变量。分类问题可以分为二分类和多分类问题。二分类问题即在两个类别之间进行区分，通常将其中一个类别称为正类（positive class），另一个类别称为反类（negative class）。两个类别中哪个类别作为"正类"，往往是主观判断，与具体的领域有关。多分类问题如情绪识别问题一般有七种情绪类别作为标签。

回归任务的目标是预测一个连续值。例如：根据受教育程度、年龄和居住地预测某个人年收入水平，预测的收入值是金额，可以在给定范围内取值，这里的收入值便是一个连续值。分类和回归问题的主要不同就在于目标变量是不是连续性数值。如果结果之间具有连续性，那么它就是一个回归问题。

监督学习主要算法有：k近邻、决策树、朴素贝叶斯、支持向量机和神经网络。下面逐一介绍。

1. k近邻

k近邻工作原理：存在一个样本数据集，也称作"训练样本集"，并且样本集中每个数据都存在标签，即知道样本集中每一数据与所属分类的对应关系。输入没有标签的新数据后，将新数据的每一个特征与样本集中数据对应的特征进行对比，然后算法提取样本集中特征最相似的数据（最近邻）的分类标签。一般来说，只选择样本集中前 k 个最相似的数据，这就是 k 近邻算法中 k 的由来，通常 k 是不大于20的整数。最后选择 k 个最相似数据中出现次数最多的类别，作为新数据集的分类。简单地说，k 近邻算法采用测量不同特征值之间的距离方法进行分类。

k 近邻的主要优点：1）模型容易理解，通常不需要过多调节就可以得到不错的性能。2）构建最近邻模型速度通常很快。3）对异常值不敏感。k 近邻的主要缺点：1）k 近邻算法是基于实例的学习，使用算法时必须有接近实际数据的训练样本数据，这就导致如果训练集很大，保存全部数据集需要使用大量的存储空间，同时需要对数据集中每个数据计算距离值，时间成本很高。2）它无法给出任何数据的基础结构信息，因此无法知晓平均实例样本和典型实例样本具有什么特征。

2. 决策树

决策树通过将样本按一个个问题进行逐层判定，最终得到结论。仍以西瓜问题为例，如图2-10所示，首先对西瓜的色泽进行判断，将样本分成多个类别后，从色泽为青绿的样本集里对根蒂进行判断进一步分成子类别，再对色泽为青绿、根蒂为蜷缩的样本集里对敲声进行判断，通过这样逐层的进行if/else判断，最终得到好瓜对应的特征。在这张图中，树的每个节点代表一个问题或一个包含答案的叶节点。树边将问题的答案与下一个问题连接起来，形似一棵树，故称决策树。

决策树的一个重要任务是为了理解数据中所蕴含的知识信息，因此决策树可以使用不熟悉的数据集合，并从中提取出一系列规则，这些机器根据数据集创建规则的过程，就是机器学习的过程。专家系统中经常使用决策树，而且决策树给出的结果往往可以匹敌在当前领域具有几十年工作经验的人类专家。

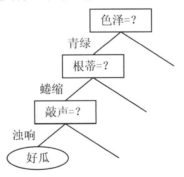

图2-10 西瓜问题的一棵决策树

决策树生成是一个递归过程。在决策树基本算法中，有三种情形会导致递归返回：1）当前节点包含的样本都属于同一类别，无须划分；2）当前属性集为空，或是所有样本在所有属性上取值相同，无法划分；3）当前节点包含的样本集为空，不能划分。通常来说，构造决策树直到所有叶节点都是纯的叶节点（叶节点所包含数据点的目标值相同），这会导致模型非常复杂，并且对训练数据高度过拟合。

防止决策树过拟合有两种常见的策略：一种是及早停止树的生长，也叫"预剪枝";另一种是先构造树,随后删除或折叠信息量很少的节点,也叫"后剪枝或剪枝"。预剪枝的限制条件可以包含限制树的最大深度、限制叶节点的最大数目,或者规定一个节点中数据点的最小数目来防止继续划分。

决策树的主要优点有:1)计算复杂度不高;2)输出结果易于理解;3)对中间值的缺失不敏感;4)可以处理不相关特征数据。但决策树容易产生过度匹配问题。为了划分出最好的结果,需要找到决定性的特征,这要求初始特征能表征该分类问题。

3. 朴素贝叶斯

朴素贝叶斯方法是在贝叶斯方法的基础上进行了简化,采用"属性条件独立性假设":对已知类别,假设所有属性相互独立。换言之,假设每个属性独立地对分类结果产生影响。独立性假设是指统计意义上的独立,如文档分类问题,一个单词的出现概率并不依赖文档中其他词,即一种特征的出现与否不受其他特征影响,但这种假设往往过于简单,因此称为朴素贝叶斯。

朴素贝叶斯模型假定了数据集属性之间是相互独立的,因此算法逻辑性简单,训练和预测速度都很快,训练过程也容易理解。当数据属性之间差异性较大或相关性较小时,其分类性能也不会有太大差异,对高维稀疏数据的鲁棒性较高。但属性独立性的条件同时也是朴素贝叶斯分类器的不足之处。数据集属性的独立性在很多情况下是很难满足的,往往数据属性之间都相互关联。因此,朴素贝叶斯多用于属性不相关的文本分类、垃圾邮件分类、网络信息过滤和信用评估等。

4. 支持向量机

如图2-11所示,对于样本集,通过在样本空间中找到一个划分超平面,将不同类别的样本分开。对于超平面的选择,需要选择对训练样本局部扰动的"容忍"性最好,泛化能力最强的划分超平面。图中距离超平面最近的训练样本称为"支持向量",不同类别支持向量到超平面的距离之和称为"间隔"。为了获取"最大间隔"的划分超平面,需要最小化w,这就是支持向量机(简称SVM)的基本原理。

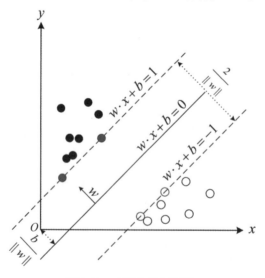

图2-11 支持向量与间隔

SVM的求解是一个二次规划问题，可以用通用的二次规划算法计算，但由于SVM问题的规模正比于训练样本数，这导致实际计算开销太大。为了解决这个问题，研究者提出了很多高效算法，序列最小优化（简称SMO）是其中一个著名的代表。SMO算法将大的优化问题分解成多个小优化问题来求解。这些小优化问题往往很容易求解，并且对它们进行顺序求解的结果与将它们作为整体来求解的结果是完全一致的。在结果完全相同的同时，SMO算法的求解时间短很多。

图2-11中训练样本是线性可分的，即存在一个划分超平面能将训练样本正确分类。然而在现实任务中，原始样本空间内也许并不存在一个能正确划分两类样本的超平面。对于这样的问题，可以将样本从原始空间映射到一个更高维的特征空间，使得样本在这个特征空间内线性可分。

核函数可以将样本从一个低维空间映射到一个高维空间。常见核函数见表2-4所列。需要注意的是，在不知道特征映射的形式时，往往并不知道选择什么样的核函数最合适。因此，核函数选择成为SVM的最大变数。若核函数选择不合适，则意味着将样本映射到了一个不合适的特征空间，很可能导致性能不佳。

表2-4 常用核函数

名称	表达式	参数
线性核	$k(x_i, y_j) = x_i^T y_j$	—
多项式核	$k(x_i, y_j) = (x_i^T y_j)^d$	$d \geqslant 1$ 为多项式的次数
高斯核	$k(x_i, y_j) = \exp\left(-\dfrac{\|x_i - y_j\|^2}{2\sigma^2}\right)$	$\sigma > 0$ 为高斯核的带宽
拉普拉斯核	$k(x_i, y_j) = \exp\left(-\dfrac{\|x_i - y_j\|}{\sigma}\right)$	$\sigma > 0$
Sigmoid核	$k(x_i, y_j) = \tanh(\beta x_i^T y_j + \theta)$	Tanh为双曲正切函数，$\beta > 0$，$\theta < 0$

SVM主要优点有：1）泛化错误率低；2）计算开销不大，且结果易解释。但缺点是对参数调节和核函数的选择敏感，核函数的选择直接决定了SVM的最终性能。SVM原始分类器仅适用于二分类问题，对于多分类问题，需要额外的方法对其进行扩展。

5. 神经网络

神经网络，广泛的定义是指由具有适应性的简单单元组成的并行互连的网络，它的组织能够模拟生物神经系统对真实世界所做出的交互反应。神经网络作为目前机器学习分支中最广泛研究和应用的方法，已经是人工智能发展的主要技术手段。

在生物神经网络中，每个神经元与其他神经元相连，当它"兴奋"时，就会向相连的神经元发送化学物质，从而改变这些神经元内的电位；如果某神经元的电位超过了一个阈值，那么它就会被激活，即"兴奋"起来，向其他神经元发送化学物质。基于这样的思想，人工神经网络也由类似的人工神经元组成。图2-12为一个神经元，当前神经元接收到来自 n 个其他神经元传递过来的输入信号，这些输入信号通过带权重的连接进行传递，神经元接收到的总输入值将与神经元的阈值进行比较，然后通过"激活函数"处理得到该神经元的输出。

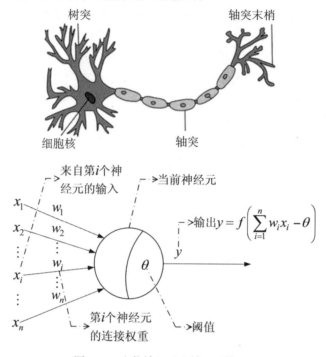

图2-12　生物神经元和神经元模型

　　将多个这样的神经元按一定的层次结构连接起来，就得到了神经网络。神经网络能够获取大量数据中包含的信息，并构建无比复杂的模型。只要模型足够大，理论上神经网络能够实现任何分类或回归问题。但复杂模型参数量太大，训练时间就会变长，同时需要大量经过预处理的数据，而且模型过大容易造成过拟合，使得泛化能力变低。

2.2.2　非监督学习

　　非监督学习是一种机器学习的训练方式，它本质上是一个统计手段，是在没有标签的数据里可以发现潜在的一些结构的一种训练方式。非监督学习算法使用的输入数据都是没有标注过的，这意味着数据只给出了输入变量（自变量 X）而没有给出相应的输出变量（因变量）。在无监督学习中，算法本身将发掘数据中有趣的结构。人工智能研究的领军人物 Yann LeCun，解释道：无监督学习能够自己进行学习，而不是被显式地告知它们所做的一切是否正确。

　　如图2-13所示，左图是监督学习数据集，可以看出数据集经过预先标注分为两个类别。而右图为非监督学习，数据并未被标注，只能根据特征对输入数据进行划分，并且根据数据所属的簇进行预测。

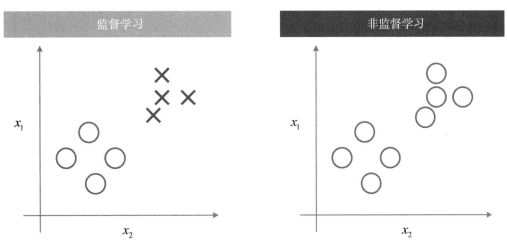

图2-13　监督学习与非监督学习

　　监督学习是一种目的明确的训练方式，知道得到的是什么；而非监督学习则是没有明确目的的训练方式，无法提前知道结果是什么。非监督学习不需要给数据打标签，也几乎无法量化最后的效果如何。监督学习与非监督学习的区别见表2-5所列。

表2.5　监督学习与非监督学习的区别

监督学习	非监督学习
目标明确	目标不明确
需要带标签的训练数据	不需要带标签的训练数据
效果容易评估	效果很难评估

　　非监督学习主要分为数据集变换和聚类两类，比较常见的应用是作为监督算法的预处理步骤。数据集变换指将数据集通过某种方式变换成新的数据集，新数据集更容易被人或者机器学习算法所理解。常见应用就是降维，将含有很多特征的数据高维表示通过变换使其仅需较少的特征就能概括其重要特性，在降低数据复杂性的同时，保留数据最主要特征。一般降维是将数据降为二维数据，方便可视化分析。

　　聚类算法是将数据自动划分成不同类别，每个类别中数据类型相似。简单地说就是一种自动分类的方法。例如，很多人都喜欢在社交媒体网站中上传照片。为了方便用户整理照片，网站可能会将同一个人的照片分在一组。但网站并不知道每张照片是谁，也不知道照片集中出现了多少个人。聪明的做法是提取所有人的人脸，并将看起来相似的人脸分在一组。希望这些人脸对应同一个人，这样图片分组就完成了。

　　非监督学习没有数据标注的预处理操作，虽然节省了时间，但严重影响了模型的有效性。因为无法知道模型是否学习到了有用的特征，无法通过输出来判断一个模型的性能好坏。此外，在模型表现上，不同模型的对比很困难，不知道什么样的表征是好的表征，甚至对判定非监督学习工作好坏的合适的目标函数都没有一个明确的定义。因此，唯一能够评价无监督算法结果的方法就是人工检查。

　　下面介绍非监督学习相应算法，降维方法主要有：主成分分析（简称PCA）、因子分析（简称FA）、独立成分分析（ICA）。聚类方法主要有：k均值聚类、分层聚类、基于密度的扫描聚类、高斯聚类模型。

1. 主成分分析（PCA）

PCA主要思想是将n维特征映射到k维上，这k维是全新的正交特征也称为"主成分"，是在原有n维特征的基础上重新构造出来的k维特征。PCA的工作就是从原始的空间中按顺序找一组相互正交的坐标轴，新的坐标轴的选择与数据本身是密切相关的。其中，第一个新坐标轴选择是原始数据中方差最大的方向，第二个新坐标轴选取是与第一个坐标轴正交的平面使得方差最大的方向，第三个轴是与第一、第二个轴正交的平面中方差最大的方向。依次类推，可以得到n个这样的坐标轴。通过这样的方式获取新的坐标轴，大部分方差都包含在前面k个坐标轴中，后面的坐标轴所含的方差几乎为零。于是忽略后面的坐标轴，只保留前面k个含有绝大部分方差的坐标轴。事实上，这相当于只保留包含绝大部分方差的维度特征，而忽略包含方差几乎为零的特征维度，实现对数据特征的降维处理。

PCA中主成分方向选定可以通过计算数据矩阵的协方差矩阵，得到其特征值和特征向量，将特征值降序排序，选择前k个最大特征值所对应的特征向量便是所需要的主成分。协方差矩阵计算特征值和特征向量有两种方法：特征值分解和奇异值分解，具体推导请参阅其他相关资料，本书不做过多介绍。

PCA能够有效地降低数据的复杂性，识别最重要的多个特征。但识别的特征不一定都是需要的，且有可能丢失有用信息。

2. 因子分析（FA）

FA是从假设出发，它是假设所有的自变量出现的原因是因为背后存在一个潜变量（也称"因子"），在这个因子的作用下，自变量能够被观察到。在FA中，假定在观察数据的生成中有一些观察不到的隐变量。假设观察数据是这些隐变量和某些噪声的线性组合，那么隐变量的数据可能比观察数据的数目少，也就是说通过找到隐变量就可以实现数据的降维。

因子分析是通过研究变量间的相关系数矩阵，把这些变量间错综复杂的关系归结成少数几个综合因子，并据此对变量进行分类的一种统计分析方法。它将原始变量转化为新的因子，这些因子之间的相关性较低，而因子内部的变量相关程度较高。例如，一个学生考试，数学、化学、物理都考了满分，那么可以认为这个学生的理性思维比较强，理性思维就是一个因子。在这个因子的作用下，偏理科的成绩才会那么高。

FA主要目的有：1）探索结构，在变量之间存在高度相关性的时候可以用较少的因子来概括其信息；2）简化数据，将原始变量转化为因子得分后，使用因子得分进行其他分析，如聚类分析、回归分析等；3）综合评价，通过每个因子得分计算出综合得分，对分析对象进行综合评价。

FA不同于PCA，不是对原有变量的取舍，而是根据原始变量的信息进行重新组合，找出影响变量的共同因子，化简数据。同时，它通过旋转使得因子变量更具有可解释性，命名清晰性高。但在计算因子得分时采用的是最小二乘法，此法有时可能失效。

3. 独立成分分析（ICA）

ICA假设数据是从n个数据源生成的，这一点与FA有些类似。假设数据为多个数据源的混合观察结果，这些数据源之间在统计上是相互独立的，而在PCA中只假设数据是不相关的。与因子分析一样，如果数据源数目少于观察数据的数目，则可以实现降维过程。

ICA与PCA的主要区别有：1）PCA是将原始数据降维并提取不相关的属性，而ICA是将原始数据降维并提取出相互独立的属性。2）ICA要求找到最大独立的方向，各个成分是独立的，而PCA要求找到最大方差的方向，各个成分是正交的。3）ICA认为观测信号是若干个统计独立的分量的线性组合，ICA要做的是一个解混过程。而PCA是一个信息提取的过程，将原始数据降维，其现已成为ICA将数据标准化的预处理过程。

4. k均值聚类

聚类是将数据集中的样本划分为若干个通常是不相交的子集，每个子集称为一个"簇"。每个簇内的数据非常相似，而不同簇内的数据大不相同。k均值聚类能发现k个不同的簇，簇个数k是用户给定的，每个簇通过其质心，即簇的所有点的中心描述。

k均值算法的工作流程是这样的。首先，随机确定k个初始点作为质心。然后，将数据集中每一个数据分配到一个簇中。具体来讲，为每一个点找距离最近的质心，并将其分配给该质心所对应的簇。所有数据点分配好后，再重新计算每个簇中所有数据点的平均值，将其设置为新的质心。重复上述步骤，直到簇的分配不再发生变化，那么算法结束。算法流程如下所示：

```
创建k个点作为起始质心（通常是随机选择）
当任意一个点的簇分配结果发生变化时
    对数据集中的每一个数据点
        对每一个质心
            计算质心与数据点之间的距离
        将数据点分配到距其最近的簇
    对每一个簇，计算簇中所有点的均值并作为新的质心
```

以图2-14为例，图中灰色为任意选择的初始质心，计算所有点到两个质心距离后选择最近的，得到A、B两点属于右上质心的簇，C、D、E属于右下质心的簇；重新计算簇内质心位置如第三图所示；再重复上述过程得到最终结果如第五图所示。

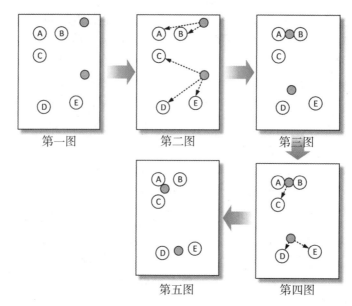

图2.14　k均值聚类实例

　　k均值聚类中距离计算选择欧氏距离作为相似度指标，结合最小二乘法和拉格朗日原理，聚类中心为对应类别中各数据点的平均值。k均值不仅相对容易理解和实现，而且运行速度也相对较快。但它的缺点也很明显：可能收敛到局部最小值，在大规模数据集上训练较慢，很容易受到初始簇质心的影响。

　　为了克服局部最小值问题，获得更好的聚类效果，研究者提出了一种称为二分k均值的改进聚类算法。二分k均值算法首先将所有的数据点作为一个簇，然后将该簇一分为二。之后选择一个簇继续进行划分，选择哪个簇进行划分取决于对其划分是否可以实现最大程度降低误差平方和的值。通过这样不断迭代直到k个簇创建成功。二分k均值的聚类效果要好于k均值聚类。

2.2.3　强化学习

　　强化学习最早于1954年Minsky的博士毕业论文中提出，前期强化学习的研究主要分两个方向：一个是源于动物学习的心理学，通过不断试错试验来进行学习；另一个是使用值函数和动态规划的最优控制问题及其解决方案。现代强化学习则是在20世纪80年代后期汇集了多个方向的研究所形成的新领域。

　　20世纪50年代后期，理查德·贝尔曼（Richard Bellman）和其他人通过扩展汉密尔顿和雅可比理论提出了"最优控制"。该方法使用动态系统的状态和值函数或"最优返回函数"的概念来定义函数方程，即Bellman方程。求解Bellman方程来解决最优控制问题的方法被称为动态规划。并在1957年引入了马尔可夫决策过程（MDPs）的最优控制问题的离散随机版本。该方法的求解采用了类似强化学习试错迭代求解的机制，最终马尔可夫决策过程成为定义强化学习问题的最普遍形式。

　　如图2-15所示，强化学习是智能体（Agent）以"试错"的方式进行学习，通过环境进行交互获得的奖赏指导行为，目标是使智能体获得最大的奖赏。简单地说，通过让智能体不断改变行为动作，根据之后的环境状态给智能体相应的奖励，通过使获得的奖励最大化来实现智能体的学习。以游戏为例，玩家总是在不断进行策略的变换调整，来尝试获得游戏的胜利。这里的策略对应行为，游戏对应环境。当某种策略能获得游戏胜利，则玩家会强化这种策略。

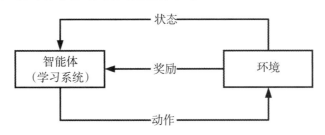

图2-15 强化学习原理

最简单的强化学习数学模型，是马尔科夫决策过程（Markov Decision Process，MDP）。马尔科夫决策过程是对完全可观测的环境进行描述，也就是说观测到的状态内容完整地决定了决策需要的特征。几乎所有的强化学习问题都可以转化为MDP。

1. 马尔科夫决策过程

马尔可夫决策过程可以概述为智能体（Agent）通过策略选择执行动作（Action），智能体执行动作自身状态（State）发生改变，并获得奖励（Reward）的一个不断循环的过程。该过程可以简化为公式（2-1）的形式：

$$M=(S,A,P_{s,a},R) \tag{2-1}$$

S为状态集合；A为动作集合；$P_{s,a}$表示智能体在状态s下执行动作a后转移到其他状态的概率，即状态转移概率；R为奖励函数。在马尔可夫的整个过程中状态S、动作A、奖励函数R都可以获取或者设计，需要求取的是状态转移概率P。

2. 马尔科夫求解

马尔可夫的求解就是找到一种策略使得奖励最大，其状态价值函数和行为价值函数分析如下。

状态价值函数如式（2-2）所示。

$$V_\pi(s)=E_\pi[G_0 \mid S_0=s]=E_\pi[\sum_{t=0}^{\infty}\gamma^t R_{t+1} \mid S_0=s] \tag{2-2}$$

将式（2-2）展开如式（2-3）所示。

$$V_\pi(s)=\sum_{s'\in S}p(s' \mid s,a)[r(s' \mid s,a)+\gamma V_\pi(s')] \tag{2-3}$$

$V_\pi(s)$表示在策略π下，状态s的值函数。s'为智能体执行动作a后获得的新状态。$p(s'\mid s,a)$表示状态s执行动作a转移到s'的概率，即状态转移概率。$\gamma \in [0,1]$为折合因子。

行为价值函数如式（2-4）所示。

$$Q_\pi(s,a) = E_\pi[\sum_{t=0}^{\infty} \gamma^t R_{t+1} \mid S_0 = s, A_0 = a] \tag{2-4}$$

将式（2-4）展开如式（2-5）所示。

$$Q_\pi(s,a) = \sum_{s' \in S} p(s' \mid s,a)[r(s' \mid s,a) + \gamma V_\pi(s')] \tag{2-5}$$

式（2-5）表示在给定状态 s 和动作 a 的情况下，并一直遵循 π 策略，系统将以转移概率 p 转移到下一个状态 s'。

上面给出了马尔可夫决策过程中最核心的两个价值函数 V 函数和 Q 函数。求解便是要找出最优策略使 V 和 Q 函数最大化，即求解最优价值函数和最优行动价值函数。

最优价值函数如式（2-6）所示：

$$V_*(s) = \max_\pi V_\pi(s) \tag{2-6}$$

最优行为价值函数如式（2-7）所示：

$$Q_*(s,a) = \max_\pi Q_\pi(s,a) \tag{2-7}$$

求解最优 Bellman 方程主要有两种方法，即策略迭代（Policy Iteration）和价值迭代（Value Iteration）。

策略迭代主要有三个步骤：

第一步：策略评估（Policy Evaluation），根据当前的策略计算 V 函数；

第二步：策略改进（Policy Improvement），计算当前状态最好的动作，并更新策略。

第三步：不断对第一步和第二步进行迭代，以获得满足需要的策略。

价值迭代的优化原理：当且仅当状态 s 达到任意能到达的状态 s' 时，价值函数 V 能在当前策略下达到最优，即 $V_\pi(s') = V_*(s')$，同时也满足 $V_\pi(s) = V_*(s)$。其价值函数满足式（2-8）：

$$V_*(s) \leftarrow \max_{a \in A} R_s^a + \gamma \sum_{s' \in S} P_{ss'}^a V_*(s') \tag{2-8}$$

强化学习作为机器学习的一大分支，在许多其他学科中得到研究，如博弈论、控制理论、运筹学、信息论、基于仿真的优化、多智能体系统、统计和遗传算法等。一些复杂的强化学习算法在一定程度上具备解决复杂问题的通用智能，可以在围棋和电子游戏中达到人类水平甚至超越人类水平。

强化学习根据智能体是否完整了解或学习到所在环境的模型可分成两个大类：有模型学习（model-based）和无模型学习（model-free）。有模型学习对环境有提前的认知，可以提前考虑规划，通常通过高斯过程或贝叶斯网络等对具体问题进行建模，再对该模型进行求解；其主要缺点是有模型学习往往环境较固定，问题也相对单一，无法与真实世界环境相匹配，因此在实际应用中表现结果不具有通用性。无模型学习不需要对具体问题进行建模，更加容易实现，也容易在真实场景下调整到很好的状态，因此更加通用和受欢迎；其缺点是效率不如前者，训练时样本利用率低，训练往往需要很高的成本。

习题2

2.1　人工智能、机器学习、深度学习这三者的联系和区别是什么？

2.2　如何构建一个农业专家系统？其最核心的部分是什么？

2.3　机器学习与专家系统的最大区别是什么？影响机器学习效果的因素有哪些？

2.4　与传统机器学习相比较，深度学习主要解决了什么问题？其为什么能够解决这些问题？

2.5　在支持向量机中，如果不存在一个能正确划分两类样本的超平面，应该怎么办？

2.6　已知8个点A1（3，10），A2（2，5），A3（8，4），B1（6，8），B2（7，5），B3（6，4），C1（2，2），C2（4，7），假设初始选择A2，B2，C2分别作为每个聚类的中心，距离函数是欧几里得距离。用k均值聚类算法给出：

（1）第一次循环执行后的三个聚类中心；

（2）最后的三个簇。

第3章 深度学习与卷积神经网络

60余年来，人工智能实现技术不断的演进，从最初的专家系统，演变到传统机器学习，直到现代人工神经网络。2012年，深度学习的出现，使得人工智能的应用落地变成了现实。深度学习借鉴人脑的多分层结构、神经元的连接交互信息的逐层分析处理机制，在很多方面获得了突破性进展，其中最有代表性的是卷积神经网络。

3.1 深度学习

3.1.1 深度学习方法

深度学习的概念源于人工神经网络的研究，含多个隐藏层的多层感知器就是一种深度学习结构。深度学习通过组合低层特征形成更加抽象的高层表示属性类别或特征，以发现数据的分布式特征表示。

传统机器学习通过对原始数据进行转化使之成为模型的训练数据，其被称为特征工程。特征工程的目的是获取更好的训练数据特征，主要包括特征构建、特征提取、特征选择三个部分。传统机器学习的主要障碍是特征工程这个步骤，这需要领域专家在进行训练过程之前就要找到非常重要的特征。特征工程步骤需要手动完成，而且需要大量的专业知识。

而深度学习方法则将特征工程部分与训练过程都整合在一个黑匣子内，真正实现端到端的处理。例如，在人脸检测中，传统机器学习算法需要跟踪人脸的面部特征点或者纹理来判断人脸是否存在及其位置，这需要大量的专家知识及相应的算法设计，而深度学习只需要输入图片，便能够输出人脸个数及相应位置。传统机器学习与深度学习两者差别如图3-1所示。

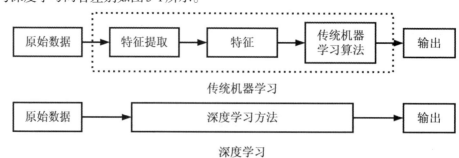

图3-1 传统机器学习与深度学习对比

3.1.2　多层感知机

　　深度学习中最主要的手段便是构建深层神经网络，利用深层的神经网络，模型处理得更为复杂，对数据的理解更加深入。前面已经介绍了单个神经元的组成，将多个单神经元进行相互连接就构成了神经网络。如图3-2所示，网络有多层结构，除了输入层和输出层，中间层神经元被称为隐含层，这种网络称为多层感知机（multi-layer perception）。多层感知机中层与层之间是全连接的，其中中间层（即隐含层）至少为一层。

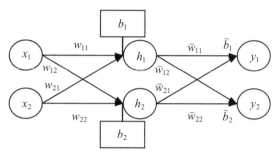

图3-2　包含一个隐含层的多层感知机

　　对于图3-2中隐含层第一个神经元的输出如式（3-1）所示，所有的输入与对应权重 w（也叫"连接系数"）相乘，再加上该神经元相应偏置（类似生物网络中阈值），最后通过特定的激活函数 f 进行激活得到隐含层神经元 h_1 的输出。

$$h_1 = f(w_{11}x_1 + w_{21}x_2 + b_1) \tag{3-1}$$

　　激活函数 f 对于人工神经网络模型具有十分重要的作用，它们将非线性特性引入网络中。如果不用激活函数，每一层节点的输入都是上层输出的线性函数，则无论神经网络有多少层，输出都是输入的线性组合，与没有隐含层效果相当，那么网络的逼近能力就相当有限。

3.1.3　反向传播

　　以图3-2为例，隐含层到输出层对应的权重和偏置如式（3-2）和式（3-3）所示，对于该模型输出则如式（3-4）所示。通过这样不断将前一层与后一层进行连接，逐层向后计算得到输入层与输出层之间的对应关系，这种网络被称为前馈神经网络。

$$\bar{W} = \begin{bmatrix} \bar{w}_{11} & \bar{w}_{21} \\ \bar{w}_{12} & \bar{w}_{22} \end{bmatrix} \tag{3-2}$$

$$\bar{B} = \begin{bmatrix} \bar{b}_1 & \bar{b}_2 \end{bmatrix}^{\mathrm{T}} \tag{3-3}$$

$$\begin{bmatrix} y_1 & y_2 \end{bmatrix}^{\mathrm{T}} = f(\bar{W}\begin{bmatrix} h_1 & h_2 \end{bmatrix}^{\mathrm{T}} + \bar{B}) \tag{3-4}$$

　　模型训练通过前向传播得到的模型输出值与实际值之间的差异来调整模型中各个参数，因此需要用到反向传播（back propagation，简称BP）算法。

　　BP算法是用于更新权值的方法，如式（3-5）所示。L 是定义的损失函数，后续会介绍，η 是设定的学习率，W 为对应需要计算的层的权值矩阵。

$$W_t = W_{t-1} - \eta \frac{\partial L}{\partial W_{t-1}} \tag{3-5}$$

从式（3-5）可知更新权值的关键在于如何计算权值矩阵的偏导 $\frac{\partial L}{\partial W_{t-1}}$。以图3-2 为例，对于隐含层权值矩阵偏导计算如式（3-6）所示，Y是式（3-4）对应的输出值矩阵，损失函数是关于输出值与真实值的已知函数。同理，对于输入层到隐含层的权值矩阵偏导计算如式（3-7）所示，其中H是隐含层输出值矩阵，W为输入层到隐含层权值矩阵。

$$\frac{\partial L}{\partial \bar{W}} = \frac{\partial L}{\partial Y} \frac{\partial Y}{\partial \bar{W}} \tag{3-6}$$

$$\frac{\partial L}{\partial W} = \frac{\partial L}{\partial Y} \frac{\partial Y}{\partial H} \frac{\partial H}{\partial W} \tag{3-7}$$

通过BP算法，就可以很好地根据模型输出调整相应参数。但由于多层感知机是全连接形式，导致参数量过大，使得训练难度大且训练效果不佳。因此，人们常常采用卷积神经网络。

3.2 卷积神经网络

由于多层感知机采用全连接前馈网络形式进行构建，参数太多，导致训练耗时长和网络难以调优等局限性。此外，由于全连接形式，网络重点关注图像的全局特征，而图像局部丰富的特征信息难以被捕捉。这些局限迫使人们寻求新的网络结构。

卷积神经网络（Convolutional Neural Network，CNN）是众多典型多层神经网络的代表。卷积神经网络是一种专门用来处理具有类似网格结构数据的神经网络。例如，时间序列数据（可以认为是在时间轴上有规律地采样形成的一维网格）和图像数据（可以看作二维的像素网格）。作为深度学习的代表算法，CNN网络是一类包含卷积计算且具有深度结构的前馈神经网络，被广泛应用于计算机视觉处理等。

3.2.1 发展历史

1980年，日本科学家福岛邦彦提出了"Neocognitron"模式识别机制，其目标是构建一个能够像人脑一样实现模式识别的网络结构从而帮助理解大脑的运作。在这项工作中，他创造性地从人类视觉系统引入了许多新的思想到人工神经网络，被许多人认为是CNN的雏形。

接下来10年间，CNN方面都没有出现大的突破，直到10年后，大概1989到1990年，杨立昆（Yann LeCun）将反向传播应用到了类似Neocoginitro的网络上来做有监督学习，CNN开始逐渐走向各个应用领域。

Yann LeCun在论文中将BP延展开来。在生成每个特征映射时，所有的感受野都只用单个神经元，那么整个卷积操作就等价于用一个小尺寸的卷积核去扫描这个输入，这个特性就是权值共享。这个操作减少了自由变量的数量，也就减少了过拟合的风险，提高了泛化能力。参数的减少同时也加速了训练过程。这篇文章还简化了卷积操作，便于将反向传播应用到CNN上。Yann LeCun在论述网络结构时首次使用了"卷积"一词，"卷积神经网络"也因此得名。

1992年，美籍华裔科学家翁巨扬发表了"Cresceptron"网络模型，这篇论文中的两个要点被广泛应用至今。其中，第一个要点是数据增强（Data Augmentation），即将训练的输入进行平移、旋转、缩放等变换操作然后加入训练集中，这一方面可以扩充训练集，另一方面也提高了算法的鲁棒性，减少了过拟合的风险。第二个要点是最大池化的提出，改变了千篇一律地用平均池化作降采样（downsampling）的状况。

1998年，Yann LeCun提出了LeNet-5，并成功应用于手写体识别。LeNet5网络通过交替连接的卷积层和降采样层，将原始图像逐渐转换为一系列的特征图，并且将这些特征传递给全连接的神经网络，以根据图像的特征对图像进行分类。LeNet-5使用了tanh作为激活函数，同时指出随机梯度下降以及mini-bath SGD能够极大加快拟合速度。学术界对于卷积神经网络的关注，也开始于LeNet5。

在LeNet5网络之后，卷积神经网络一直处于实验发展阶段。直到2012年AlexNet网络的提出才奠定了卷积神经网络在深度学习应用中的地位。AlexNet核心要点在于实现了Dropout层来避免过拟合，同时采用GPU进行训练。AlexNet在ImageNet的训练集上取得了图像分类的冠军，使得卷积神经网络成为计算机视觉中的重点研究对象，并且不断深入。在AlexNet之后，不断有新的卷积神经网络提出，包括牛津大学的VGG网络、微软的ResNet网络、谷歌的GoogLeNet网络等，这些网络的提出使得卷积神经网络逐步走向商业化应用。

3.2.2　网络结构

卷积神经网络的应用需要经过结构定义、网络模型训练和推理计算三个过程。针对实际的应用场景，首先需要进行卷积神经网络的层次结构定义，如输入层、卷积层、池化层、全连接层以及输出层。对这些主要层进行灵活排列或重复利用，再进行叠加，可以产生种类繁多的卷积神经网络。在定义好卷积神经网络结构后，采用训练数据集对网络进行训练，获得网络参数的最优权重。当训练完成后，就可利用最优网络结构的模型对新的输入数据进行推理计算。

常见的CNN结构如图3-3所示。输入层将样本输入，经过卷积层进行特征提取和过滤，再经过池化层降采样对特征进行压缩，重复这两个步骤进一步精确提取特征。在模型的最后将提取到的特征输入全连接层进行特征选择和分类，得到样本对应各个类别的概率分布。

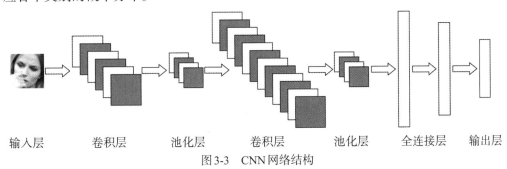

| 输入层 | 卷积层 | 池化层 | 卷积层 | 池化层 | 全连接层 | 输出层 |

图3-3　CNN网络结构

3.2.3　卷积运算

在一般形式中，卷积是对两个实变函数的一种数学运算。设 $x(t)$，$w(t)$ 是 R 上的两个可积函数，称 $(x*w)(t)$ 为 x 和 w 的卷积。

其连续的定义为

$$(x*w)(t) = \int_{-\infty}^{\infty} x(a)w(t-a)\mathrm{d}a \tag{3-8}$$

其离散的定义为

$$(x*w)(t) = \sum_{-\infty}^{\infty} x(a)w(t-a) \tag{3-9}$$

卷积与傅里叶变换有着密切的关系。例如，两函数的傅里叶变换的乘积等于它们卷积后的傅里叶变换。在卷积网络的术语中，卷积的第一个参数（函数 x）通常叫作输入，第二个参数（函数 w）叫作核函数。输出有时被称作特征映射。一般来讲，当用计算机处理数据时，时间会被离散化，所以在卷积神经网络中，通常采用卷积的离散形式。

人们经常一次在多个维度上进行卷积运算。例如，如果把一张二维的图像 I 作为输入，这时可以使用一个二维的核 K：

$$S(i, j) = (I*K)(i, j) = \sum_m \sum_n I(m, n)K(i-m, j-n) \tag{3-10}$$

卷积是可交换的，可以等价地写作：

$$S(i, j) = (I*K)(i, j) = \sum_m \sum_n I(i-m, j-n)K(m, n) \tag{3-11}$$

通常，式（3-11）在机器学习库中实现更为简单，因为 m 和 n 的有效取值范围相对较小。

卷积运算可交换性将核相对输入进行翻转，从 m 增大的角度来看，输入的索引在增大，但是卷积和的索引在减小。尽管可交换性在证明时很有用，但在神经网络的应用中却不是一个重要的性质。与之不同的是，许多神经网络框架库会实现一个相关的函数，称为互相关函数，和式（3-11）卷积运算几乎一样但是并没有对核进行翻转：

$$S(i, j) = (I*K)(i, j) = \sum_m \sum_n I(i+m, j+n)K(m, n) \tag{3-12}$$

许多神经网络框架库实现的是互相关函数，也被称为"卷积"。在本书中遵循把两种运算都叫作卷积的这个传统。

卷积层是一种在卷积神经网络中必不可少的网络层，主要用来提取图像的特征信息。浅层的卷积层提取的是图像的一些边缘和纹理等特征信息，而深层的卷积层对特征进行抽象，使得获取的特征具有更好的区分性。卷积层是由一组大小相同的卷积核组成的，一个卷积核能够提取图像的一种特征，不同的卷积核负责提取不同的特征。

卷积核，也被称为"滤波器"，是一个三维数字矩阵，在网络训练的过程中，通过反向传播算法不断调整优化矩阵的元素值，以提高卷积核的特征提取性能。特征提取操作对应的是卷积层的卷积运算，即先将卷积核的值和滑动窗口中对应像素的值进行相乘，并对所有乘积值进行求和得到该滑动窗口的特征值；然后再将卷积核在图像上滑动，并依次计算多个滑动窗口的特征值；最后把特征值连接起来，得到输出特征图。

2	1	0	3	1
9	5	4	0	5
2	3	4	6	7
1	2	3	0	2
0	4	4	8	2

−1	0	1
−1	0	1
−1	0	1

−5	0	5
−1	−1	3
8	−2	0

输入　　　　　　　　　卷积核　　　　　　　　　输出

图3-4　卷积操作示意

图3-4为垂直边缘的valid卷积操作过程示例。输入图像是一个大小为5×5的二维矩阵，卷积核的大小为3×3，滑动步长为1，填充数量为0，其第一个输出值计算过程为 $2×(-1)+1×0+0×1+9×(-1)+5×0+4×1+2×(-1)+3×0+4×1=-5$，其他计算值可以以此类推。经过卷积后，得到一个大小为3×3输出特征图。

在卷积层中，通过权值共享降低参数数量，减少计算开销。在一个卷积核中，所有参数固定，每个感受野采用的是相同的权重值，即对于输入图像每个位置都通过相同的卷积核进行卷积。每个卷积层的参数量为输入矩阵的深度、卷积核长宽和卷积核的个数四个量的乘积再加上偏置数，其中偏置数量与卷积核个数相同。

卷积运算有以下特点：

（1）稀疏连接

传统的神经网络使用矩阵乘法来建立输入与输出的全连接关系，其参数矩阵中每个独立的参数都描述了一个输入单元与一个输出单元间的交互，这意味着需要数量巨大的参数来描述整个网络。而卷积网络卷积核的大小远小于输入图像的大小，因而具有稀疏连接的特征。例如，当处理一张图像时，输入的图像可能包含成千上万像素点，但是可以通过只占用几十到上百个参数的核来检测边缘这类小且有意义的特征。这意味着需要存储的参数更少，不仅减少了模型的存储需求，还提高了它的计算效率。如果有 m 个输入和 n 个输出，那么矩阵乘法需要 $m×n$ 个参数并且相应算法的时间复杂度为 $O(m×n)$。如果限制每一个输出拥有的连接数降低为 k，那么稀疏的连接方法只需要 $k×n$ 个参数以及 $O(k×n)$ 的运行时间。

图3-5是卷积神经网络的全连接和局部连接的对比示意图，第 $n-1$ 层有5个神经元，第 n 层有3个神经元。采用全连接方式，第 n 层的每个神经元与上一层的所有神

经元相互连接，包含5个权重参数，因此第n层的参数总量为5×3=15，如图3-5（a）所示；采用局部连接方式，第n层的每个神经元与前一层中相邻的3个神经元相连，包含3个权重参数，因此第n层的参数总量为3×3=9，如图3-5（b）所示。

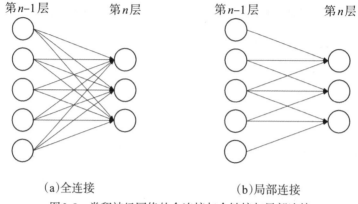

（a）全连接　　　　　　　　　　（b）局部连接

图3-5　卷积神经网络的全连接与全链接与局部连接

（2）权值共享

虽然采用局部连接方式连接前后两层的神经元显著降低了参数的数量，但当神经元的数量较大时，网络所包含的参数数量仍然十分庞大。为了进一步降低网络的参数数量，可以使用权值共享策略，即同一个网络层内的各个神经元使用相同的权重参数提取前一层的局部特征，无论该层神经元的数量有多少，该层的参数总量始终保持不变，而且参数总量与该层任意一个神经元的参数数量保持一致。

如图3-6所示的是卷积神经网络的权重共享，采用权重共享之后，第n层的3个神经元共用同一组权重参数，每一个神经元包含3个参数，由于参数的复用，该层的参数总量也仅有3个。与之对比，如果对每一个神经元设置一组独立的权重参数，每个参数当且仅当被利用1次，则该层的参数总量有9个。

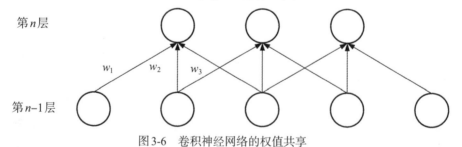

图3-6　卷积神经网络的权值共享

3.2.4　池化层

经过局部感受野和权值共享之后，训练参数的数量被大幅减少，但特征图尺寸变化不明显，这依然会存在两个问题：第一，机器在训练网络过程中会把大量的时间浪费在卷积计算上；第二，特征图维数太大，在后面全连接层计算时产生的训练参数数量仍将十分庞大。针对这些问题，Yann LeCun提出了池化（Pooling）操作，即用一个像素点的值表示其附近的一个矩形区域。该操作简单来说可以看作一种压缩操作，它将一块正方形区域映射为一个单一的值。操作方式与局部感受野的操作有些类似，也是通过行优先方式移动一个窗口，然后将窗口里的内容通过某种方式映射为一个值。

池化方式有多种选择，常用的有最大池化（Max Pooling）和平均池化（Average Pooling）。对于给定的滤波器，最大值池化输出滤波器作用区域的最大值，平均值池化输出滤波器作用区域的平均值，如图3-7所示。

1	1	7	2
5	1	4	3
5	4	2	3
6	1	1	2

5	7
6	3

图3-7（a）最大值池化

1	1	7	2
5	1	4	3
5	4	2	3
6	1	1	2

2	4
4	2

图3-7（b）平均值池化

图3-7中的池化层滤波器为2×2，步长为2，将输入图像划分成2×2的多个区域，然后对每个区域取最大值或平均值，将输入图像75%的特征信息都剔除掉。

池化层的作用首先是增大感受野，所谓感受野，即一个像素对应回原图的区域大小。此外，池化可以不断降低数据的空间尺寸，从而减少网络中参数的数量和计算量，同时在一定程度上防止过拟合。池化层更加注重某种特征是否存在而不关注特征的具体位置，具有特征不变性的特点。

可以用步长大于1的卷积来替代池化，但是池化每个特征通道单独做降采样，与基于卷积的降采样相比，不需要参数，更容易优化。

3.2.5 激活层

神经网络中每层网络的输出始终是输入的线性组合，这样的网络即使层数再多，其整个网络跟单层网络也是等价的，只能拟合简单的线性函数，而实际的数据往往不是线性可分的，因此需引入激活函数增加神经网络模型的非线性能力，使得神经网络能够拟合任何非线性函数。常见的激活函数有sigmoid、tanh和relu等。

（1）sigmoid激活函数

sigmoid激活函数及其导函数见式（3-13）和式（3-14），曲线图像如图3-8和图3-9所示。sigmoid连续、平滑、严格单调，函数输出范围在（0，1），与概率值的范围相对应，因此输出可用于表示概率，代表性的有sigmoid交叉熵损失函数。但sigmoid有着严重的自身缺陷：1）函数中包含幂运算和除法，计算量大；2）自身软饱和性问题，sigmoid导数随着x的增大逐渐趋近于0，在反向传播过程中，sigmoid传递的梯度会包含一个sigmoid导数平方的因子，因此输入如果落在饱和区，该因子就会趋近于0，导致传递的梯度变得非常小。这使得网络很难训练，这种现象被称为梯度消失；3）sigmoid的输出不是0均值的，这会导致后一层的神经元输入也是非0均值的。

$$f(x) = \text{sigmoid}(x) = \frac{1}{1 + e^x} \tag{3-13}$$

$$f^{'}(x) = \frac{e^{-x}}{(1 + e^{-x})^2} = f(x)(1 - f(x)) \tag{3-14}$$

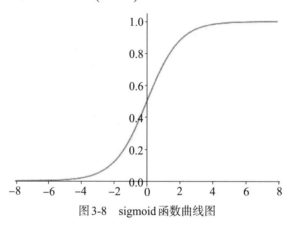

图3-8　sigmoid函数曲线图

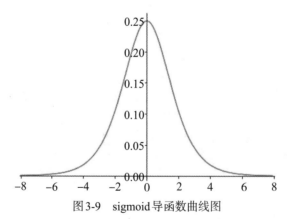

图3-9　sigmoid导函数曲线图

（2）Tanh激活函数

Tanh激活函数及其导函数见式（3-15）和式（3-16），曲线图像如图3-10和图3-11所示。与sigmoid激活函数相比，tanh激活函数的输出均值为0，收敛速度要快得多，迭代次数变少。tanh仍包含幂运算和除法，计算量没有得到减轻，同时从导函数曲线图中可以看到其与sigmoid一样仍具有软饱和性，无法避免梯度消失问题。

$$g(x) = \tanh(x) = \frac{e^x - e^{-x}}{e^x + e^{-x}} \tag{3-15}$$

$$g'(x) = 1 - \tanh^2(x) \tag{3-16}$$

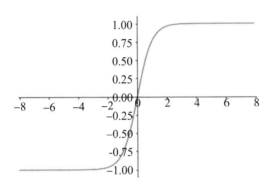

图 3-10　tanh 函数曲线图

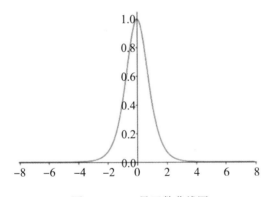

图 3-11　tanh 导函数曲线图

（3）relu激活函数

2012年，在ImageNet竞赛中Alex Krizhevsky设计了AlexNet网络模型并获得当年的比赛冠军，relu激活函数首次在AlexNet出现并取得非常好的效果。relu即修正线性单元，激活函数及其导函数见式（3-17）和式（3-18），曲线图像如图3-12和图3-13所示。可以看到，在$x < 0$区域，relu导函数值为0，为硬饱和；在$x > 0$区域，导函数值为1，不存在饱和问题，因此有效地缓解了梯度消失和梯度爆炸问题。relu没有复杂的计算式，使得计算量小，且relu能使部分神经元为0，造成网络稀疏性，缓解了过拟合现象。

然而，relu激活函数会出现"神经元死亡"现象，输入激活函数的值若在硬饱和区域，会使得输出为0，则该神经元对应权重不会再更新，无法参与到后续的训练过程中。与sigmoid相同，relu输出不是0均值会出现偏移现象，影响网络的收敛。针对这些问题，可以对relu做相应的改进，如elu、leakyrelu等。

$$h(x) = \text{relu}(x) = \max(x, 0) \tag{3-17}$$

$$h'(x) = \begin{cases} 0 & x < 0 \\ 1 & x \geqslant 0 \end{cases} \tag{3-18}$$

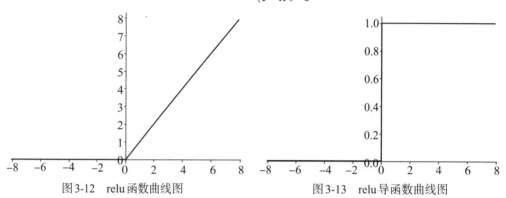

图3-12　relu函数曲线图　　　　　图3-13　relu导函数曲线图

3.2.6　损失函数

损失函数用来评估模型的预测值和真实值不一样的程度，损失函数输出值越小，通常模型的鲁棒性越好。常见损失函数有：

● 0~1损失函数。见式（3-19），预测值与目标值相同则为1，不相同则为0。0~1损失函数不连续且是非凸函数，对于每个错分类都给定相同的惩罚，因此在实际中并不常用。

$$L(Y, f(x)) = \begin{cases} 0 & Y \neq f(x) \\ 1 & Y = f(x) \end{cases} \tag{3-19}$$

● 绝对值损失函数。见式（3-20），常用于回归模型，是目标值与预测值之间差异的绝对值。

$$L(Y, f(x)) = |Y - f(x)| \tag{3-20}$$

● 平方损失函数。见式（3-21），是目标值和预测值之间的距离平方。

$$L(Y, f(x)) = (Y - f(x))^2 \tag{3-21}$$

● 对数损失函数。如式（3-22）所示，其中 y_i 是第 i 个样本的真实标签，p_i 是第 i 个样本预测为正样本的概率。对数损失函数对应有sigmoid函数的输出，常用于二分类问题。对于多分类问题常用交叉熵损失函数，如式（3-23），常对应于Softmax函数的输出。

$$L_{\log} = -\frac{1}{n} \sum_{i=1}^{n} (y_i \log(p_i) + (1 - y_i) \log(1 - p_i)) \tag{3-22}$$

$$L_{cross\_entropy} = -\frac{1}{n} \sum_{i=1}^{n} y_i \log(p_i) \tag{3-23}$$

Softmax函数是最常用的损失函数，其工作于信息熵原理。

（1）信息熵（information entropy）

信息是一个很抽象的概念，常指音讯、消息、通信系统传输和处理的对象，泛指人类社会传播的一切内容。一条信息的信息量大小和它的不确定性有直接的关系。搞清楚一件非常不确定的事，或者是一无所知的事，就需要了解大量的信息。相反，如果对某件事已经有了较多的了解，不需要太多的信息就能把它搞清楚。所以，从这个角度可以认为，信息量的度量就等于不确定性的多少。因此，信息的量度应该依赖于概率分布。

对于一个离散的随机变量 x，信息的量度应该依赖于概率分布 $p(x)$，寻找一个函数 $I(x)$，它是概率 $p(x)$ 的单调函数，就能够表达信息的内容。

考虑有两个不相关的事件 x 和 y，那么观察两个事件同时发生时获得的信息量应该等于观察到事件各自发生时获得的信息之和，即 $I(x, y) = I(x) + I(y)$。因为两个事件是独立不相关的，因此 $p(x, y) = p(x)p(y)$，根据这两个关系，很容易看出 $I(x)$ 与 $p(x)$ 的对数有关。因此定义：

$$I(x) = -\log p(x) \tag{3-24}$$

其中，负号用来保证信息量是正数或者零。而 log 函数基的选择是任意的。$I(x)$ 也被称为"随机变量 x 的自信息（self-information）"，描述的是随机变量的某个事件发生所带来的信息量，其变化曲线如图 3-14 所示。

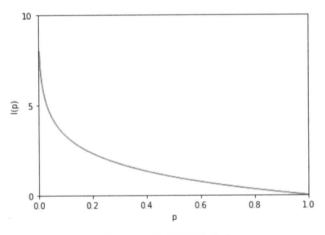

图3-14　$I(x)$ 的变化曲线

假设一个发送者想传送一个随机变量的值给接收者。那么在这个过程中，他们传输的平均信息量可以通过求 $I(x) = -\log p(x)$ 关于概率分布 $p(x)$ 的期望得到，即

$$H(X) = -\sum_x p(x)\log p(x) = -\sum_{i=1}^{n} p(x_i)\log p(x_i) \tag{3-25}$$

$H(X)$ 就被称为随机变量 x 的信息熵，它是表示随机变量不确定的度量，是对所有可能发生的事件产生的信息量的期望。

从式（3-25）可知，随机变量的取值个数越多，状态数也就越多，信息熵就越大，混乱程度就越大。当随机分布为均匀分布时，熵最大，且 $0 \leqslant H(X) \leqslant \log n$。在通常情况下：

- 熵只依赖于随机变量的分布，与随机变量取值无关，所以也可以将 X 的熵记作 $H(P)$。
- 由于某个取值概率可能为 0，因此令 $0\log 0 = 0$。
- 熵是传输一个随机变量状态值所需的比特位下界（最短平均编码长度）。

例如，考虑一个随机变量 x。这个随机变量有四种可能的状态，每种状态都是等可能的。为了把 x 的值传给接收者，对于二进制编码则需要传输 2bit 的消息。

$$H(X) = -4 \times \frac{1}{4}\log_2\frac{1}{4} = 2 \text{ bits}$$

而一个具有四种可能的状态 {a，b，c，d} 的随机变量，每种状态各自的概率分别为（1/2，1/4，1/8，1/8），这种情形下的熵为

$$H(X) = -\frac{1}{2}\log_2\frac{1}{2} - \frac{1}{4}\log_2\frac{1}{4} - \frac{1}{8}\log_2\frac{1}{8} - \frac{1}{8}\log_2\frac{1}{8} = 1.75 \text{ bits}$$

可以看到，非均匀分布比均匀分布的熵要小。可以利用非均匀分布这个特点，使用更短的编码来描述更可能的事件，使用更长的编码来描述不太可能的事件。如哈夫曼编码：0、10、110、111 来表示状态 {a，b，c，d}。传输的编码平均长度就是

$$\frac{1}{2} \times 1 + \frac{1}{4} \times 2 + 2 \times \frac{1}{8} \times 3 = 1.75 \text{ bits}$$

（2）相对熵（Relative entropy）/KL 散度（Kullback-Leibler divergence）

设 $p(x)$、$q(x)$ 是离散随机变量 X 中取值的两个概率分布，则 p 对 q 的相对熵是

$$D_{KL}(p\|q) = \sum_x p(x)\log\frac{p(x)}{q(x)} \tag{3-26}$$

相对熵可以用来衡量两个概率分布之间的差异，式（3-26）的意义就是求 p 与 q 之间的对数差在 p 上的期望值。相对熵的性质如下：

- 如果 $p(x)$ 和 $q(x)$ 两个分布相同，那么相对熵等于 0。
- $D_{KL}(p\|q) \neq D_{KL}(q\|p)$，即相对熵具有不对称性。
- $D_{KL}(p\|q) \geq 0$。

（3）交叉熵（Cross entropy）

现在有关于样本集的两个概率分布 $p(x)$ 和 $q(x)$，其中 $p(x)$ 为真实分布，$q(x)$ 为非真实分布。如果用真实分布 $p(x)$ 来衡量识别一个样本所需要编码长度的期望（平均编码长度）为

$$H(p) = -\sum_x p(x)\log p(x) = \sum_x p(x)\log\frac{1}{p(x)} \tag{3-27}$$

如果使用非真实分布 $q(x)$ 来表示来自真实分布 $p(x)$ 的平均编码长度，此时就将 $H(p,q)$ 称为交叉熵，即

$$H(p,q) = \sum_x p(x)\log\frac{1}{q(x)} \tag{3-28}$$

由相对熵的定义，可得

$$D_{KL}(p\|q)=\sum_{x}p(x)\log\frac{p(x)}{q(x)}=\sum_{x}\left[p(x)\log\frac{1}{q(x)}+p(x)\log p(x)\right]=H(p,q)-H(p) \quad (3-29)$$

用非真实分布 $q(x)$ 得到的平均码长比真实分布 $p(x)$ 得到的平均码长多出的比特数就是相对熵。式（3-29）的相关说明如下：

◆ 由 $D_{KL}(p\|q)=H(p,q)-H(p)$，当 $H(p)$ 为常量时（在机器学习中，训练数据分布是固定的），最小化相对熵 $D_{KL}(p\|q)$ 等价于最小化交叉熵 $H(p,q)$。

◆ 在机器学习中，希望在训练数据上模型学到的分布 $P(\text{model})$ 和真实数据的分布 $P(real)$ 越接近越好，所以可以使其相对熵最小。但是由于没有真实数据的分布，所以只能希望模型学到的分布 $P(\text{model})$ 和训练数据的分布 $P(\text{tr}ain)$ 尽量相同。

◆ 最小化训练数据上的分布 $P(\text{train})$ 与最小化模型分布 $P(\text{mod}el)$ 的差异等价于最小化相对熵，即 $D_{KL}(P(\text{train})\|P(\text{model}))$。此时，$P(\text{train})$ 就是 $D_{KL}(p\|q)$ 中的 p，即真实分布，$P(\text{model})$ 就是 q。又因为训练数据的分布 p 是给定的，所以求 $D_{KL}(p\|q)$ 等价于求交叉熵 $H(p,q)$，因此交叉熵可以用来计算学习模型分布与训练分布之间的差异。

（4）Softmax 函数

Softmax 函数用于多分类过程中，将多个神经元的输出，映射到（0，1）区间内，即取到某个分类的概率。假设有包含 K 个元素的向量 Z，z_j 表示 Z 中的第 j 个元素，那么这个元素的 Softmax 值就是

$$\sigma(z)_j=\frac{e^{z_j}}{\sum_{k=1}^{K}e^{z_k}} \quad (3-30)$$

Softmax 函数通常用于神经网络的输出层中，其具体的计算过程如图 3-15 所示。

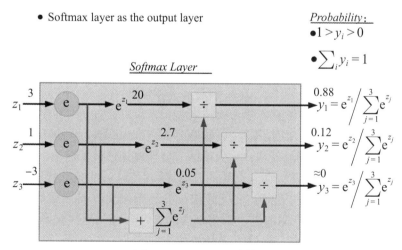

图 3-15　Softmax 的计算过程

在神经网络的输出层中，Softmax 函数将类别转化为概率，接下来需选择损失函数。因为是概率输入，所以理所当然使用交叉熵。

（5）Softmax Loss 函数

Softmax 损失函数定义为

$$L = -\sum_{j=1}^{T} y_i \log p_j \tag{3-31}$$

式中，的 p_j 表示 Softmax 层输出的第 j 的概率值。y 表示一个 $[1 \times T]$ 的向量，里面的 T 列中只有一个为 1，其余为 0（真实标签的那个为 1，其余不是正确的为 0）。因此式 （3-31）可以转换为更简单的形式：

$$L = -\log p_j \tag{3-32}$$

其中，j 指真实标签为 1 的当前样本。最后将式（3-32）转换为用神经网络权重和偏置表示的 Softmax 格式，即为

$$L = -\frac{1}{m} \sum_{i=1}^{m} \log \frac{e^{W_{y_i}^T x_i + b_{y_i}}}{\sum_{j=1}^{n} e^{W_j^T x_i + b_j}} \tag{3-33}$$

式（3-33）中，m 是 batch size 的大小，n 是类别数目。

3.2.7 优化器

损失函数用来计算目标的真实值和预测值的偏差程度。模型训练的目的是通过不断迭代计算损失函数对权重和偏置的梯度来更新网络参数，使得最终的权重和偏置参数能让测试集中每个样本的损失函数最小化。解决这个问题的过程被称为最优化，解决这个问题使用的算法叫作优化器。在实际的神经网络框架实现中，损失函数的梯度计算和权重等参数更新都是通过优化器来实现的。

基于学习率是否变化，优化器分为两类：学习率不变化的批量梯队下降 （BGD）、随机梯度下降（SGD）、带动量的 SGD；学习率变化的 Adagrad、RM-Sprop、Adam 等。

（1）批量梯度下降（Batch Gradient Descent，BGD）

批量梯队下降法（BGD）的参数更新见式（3-34）：

$$\theta_{t+1} = \theta_t - \eta \cdot \nabla_\theta J(\theta_t) \tag{3-34}$$

式中，η 在梯度下降算法中被称作学习率或者步长，可以通过 η 来控制每一步对参数 θ 调整的大小。η 的选择在梯度下降法中是很重要的，η 不能太大也不能太小，太小的话，可能导致迟迟走不到最低点；太大的话，会导致错过最低点。

梯度 $\nabla_\theta J(\theta)$ 表示损失函数在该点处的方向导数沿着该方向取得最大值，即在该点处沿着该方向（此梯度的方向）变化最快、变化率最大。在梯度前加一个负号，就意味着朝着梯度相反的方向前进，因为梯度的方向实际就是损失函数在此点上升最快的方向，而梯度下降要求朝着下降最快的方向走，自然就是负的梯度的方向，所以此处需要加上负号。

BGD 每一次梯度更新会对整个训练数据集计算梯度，对于大型数据集，这种方法太过于耗时。BGD 对于凸函数可以收敛到全局最小值，对于非凸函数可以收敛到局部最小值。

（2）随机梯度下降（Stochastic Gradient Descent，SGD）

由于批量梯度下降法在更新每一个参数时，都需要所有的训练样本，所以训练过程会随着样本数量的加大而变得异常缓慢。随机梯度下降法（SGD）正是为了解决批量梯度下降法这一弊端而提出的。

SGD 参数更新表达式见式（3-35）：

$$\theta_{t+1} = \theta_t - \eta \cdot \nabla_\theta J(\theta_t; x^{(i)}; y^{(i)}) \tag{3-35}$$

与 BGD 不同的是，SGD 每次更新只对随机的单个样本进行参数更新，减少每次整个数据集训练带来的梯度冗余，更新速度变快。但对于噪声比较多的数据集，权值更新方向不一定朝着整体最优方向，使得损失出现严重的振荡，准确率下降。即使在目标函数为强凸函数的情况下，SGD 仍无法做到线性收敛。同时，由于单个样本并不能代表全体样本的趋势，可能只会收敛到局部最优。

（3）小批量梯度下降（Mini-Batch Gradient Descent， MBGD）

小批量梯度下降 MBGD，是对批量梯度下降以及随机梯度下降的一个折中办法。其思想是：每次迭代使用 batch_size 个样本来对参数进行更新，也就是对于 m 个总样本，采用 x（$1 < x < m$）个样本来迭代。MBGD 算法的训练过程比较快，而且也能保证最终参数训练的准确率。

小批量梯度下降的优点：

◆ 通过矩阵运算，每次在一个 batch 上优化神经网络参数并不会比单个数据慢太多；

◆ 每次使用一个 batch 可以大大减小收敛所需要的迭代次数，同时可以使收敛到的结果更加接近梯度下降的效果；

◆ 可实现并行化。

小批量的梯度下降可以利用矩阵和向量计算进行加速，还可以减少参数更新的方差，得到更稳定的收敛。在实际中，如果目标函数平面是局部凹面，传统的 SGD 往往会在此震荡，导致收敛很慢，这时候需要给梯度一个动量（momentum），使其能够跳出局部最小值，继续沿着梯度下降的方向优化，使模型更容易收敛到全局最优值。

（4）带动量的 SGD 梯度下降

带动量的 SGD 梯度下降见式（3-36）和式（3-37）：

$$v_t = \gamma v_{t-1} + \eta \cdot \nabla_\theta J(\theta_t) \tag{3-36}$$

$$\theta_{t+1} = \theta_t - v_t \tag{3-37}$$

类似于小球从山上滚下，如果没有任何阻力，其动量会越来越大，如果遇到了阻力，速度就会变小。加入前一次梯度的变化值 γv_{t-1}，如果与当前梯度方向相同则权值变化加快，加速收敛；如果与当前梯度方向不同则权值更新速度变慢，可以减小振荡。

BGD、SGD、MBGD 和带动量的 SGD 都是将学习率设置为常数，忽略了学习率变化。而在实际训练中可以根据不同的参数进行不同的更新，因此衍生出可以调整学习率的优化算法。

（5）Adagrad

Adagrad方法通过之前的梯度来调整学习率，对低频参数进行大幅度更新，对高频参数进行小幅更新，因此能够很好地处理稀疏数据。

Adagrad优化见公式（3-38）：

$$\theta_{t+1,i} = \theta_{t,i} - \frac{\eta}{\sqrt{G_{t,ii} + \varepsilon}} \cdot g_{t,i} \tag{3-38}$$

其中

$$g_{t,i} = \nabla_\theta J(\theta_i) \tag{3-39}$$

$$G_{t,ii} = G_{t-1,ii} + g_{t,i}^2 \tag{3-40}$$

Adagrad通过将学习率缩放当前所有历史梯度平方和的平方根的倒数的倍数，具有大梯度的参数对应的学习率小，具有小梯度的参数在学习率上有相对较小的下降。Adagrad方法的优点是：不需要手工来调整学习率，大多数参数使用了默认值0.01，且保持不变；而缺点是：学习率 η 总是在降低和衰减，这会造成学习速度越来越小，模型的学习能力迅速降低。

（6）RMSprop

RMSprop方法是Adagrad方法的延伸，其使用指数加权平均，消除梯度下降中的摆动，解决Adagrad学习率急剧下降的问题，同时也能自适应调节学习率。其优化见公式（3-41）：

$$\theta_{t+1} = \theta_t - \frac{\eta}{\sqrt{E[g^2]_t + \varepsilon}} \cdot g_t \tag{3-41}$$

其中，

$$E[g^2]_t = \gamma E[g^2]_{t-1} + (1-\gamma)g_t^2 \tag{3-42}$$

式（3-42）表明RMSProp优化算法和Adagrad算法唯一的不同，就在于累积平方梯度的求法不同。RMSProp算法不像Adagrad算法那样直接累加平方梯度，而是加了一个衰减系数 γ 来控制历史信息的获取量，通常 γ 值设置为0.9左右。

（7）Adam（Adaptive Moment Estimation）算法

Adam从Adagrad和RMSProp两个算法继承而来，本质上是带有动量项的RMSprop。其实现过程如下：

a）类似于Momentum算法，综合考虑之前时间步的梯度动量。β_1 系数为指数衰减率，控制权重分配（动量与当前梯度），通常取接近于1的值。默认为0.9。

$$m_t = \beta_1 m_{t-1} + (1-\beta_1)g_t \tag{3-43}$$

b）计算梯度平方的指数移动平均数。v_0 初始化为0，β_2 系数为指数衰减率，默认为0.999。类似于RMSProp算法，对梯度平方进行加权均值。

$$v_t = \beta_2 v_{t-1} + (1-\beta_2)g_t^2 \tag{3-44}$$

c）由于 m_0 初始化为0，会导致 m_t 偏向于0，尤其在训练初期阶段。所以，此处对梯度均值 m_t 进行偏差纠正，降低偏差对训练初期的影响。

$$\widehat{m_t} = m_t / (1 - \beta_1^t) \tag{3-45}$$

d）与 m_0 类似，因为 v_0 初始化为 0 会导致训练初始阶段 v_t 偏向 0，对其进行纠正。

$$\widehat{v_t} = v_t / (1 - \beta_2^t) \tag{3-46}$$

e）最后得到参数更新表达式。其中，默认学习率 $\alpha=0.001$，$\varepsilon=10^{-8}$，避免除数变为 0。

$$\theta_{t+1} = \theta_t - \alpha * \widehat{m_t} / (\sqrt{\widehat{v_t}} + \varepsilon) \tag{3-47}$$

由式（3-47）可以看出，对更新的步长计算，能够从梯度均值及梯度平方两个角度进行自适应调节。Adam 在深度学习领域是一种很受欢迎的算法，在很多场景下都能够很快取得好的效果。

3.2.8　网络训练问题及处理

1. 过拟合与欠拟合

在构建神经网络过程中，由于网络复杂程度、参数量的差异导致会出现不同的拟合问题。对于复杂程度高、参数量多的网络，往往能够几乎完全地贴合每个训练样本，使得训练集上的损失近乎为零，但在测试集上准确率却并不高，其被称为"过拟合"。对于结构简单、参数量少的网络，往往在训练集和测试集上表现效果都不好，其被称为"欠拟合"。

对于过拟合问题，常见解决方法有：数据增强、降低模型复杂度、采用正则化和 Dropout。

对于可能是由于训练样本太少无法表征所有的类别特征造成的过拟合，通过数据增强扩大训练集样本数量，使训练集能更好地拟合真实样本分布，网络在未知的样本上便有更好的识别效果。对于数据集较小的情况，模型过于复杂是造成过拟合的主要因素，适当降低模型复杂度可以避免模型拟合过多的采样噪声。

正则化就是在损失函数之后加上一个正则项作为惩罚项，实现了结构风险最小化。常见正则化项有 L1 和 L2 正则化，以平方损失函数为例，其 L1 和 L2 正则项的目标函数如式（3-48）和式（3-49）：

$$L(w) = \frac{1}{N} \sum_{i=1}^{N} \left(f(x_i; w) - y_i \right)^2 + \lambda \| w \|_1 \tag{3-48}$$

$$L(w) = \frac{1}{N} \sum_{i=1}^{N} \left(f(x_i; w) - y_i \right)^2 + \lambda \| w \|_2 \tag{3-49}$$

目标函数中第一项表示损失函数，第二项表示正则项。$\| w \|_1$ 表示参数向量 w 的 L1 范数，$\| w \|_2$ 表示参数向量 w 的 L2 范数。L1 范数是指向量中各个元素绝对值之和，也叫"稀疏规则算子"。L1 范数的稀疏性能实现特征的自动选择，同时使模型更容易解释。L2 范数是指向量各元素的平方和然后求平方根。L2 范数可以使参数向量 w 的每个元素很小，接近于零，从而减弱了模型复杂度，提高了模型的泛化能力，有效地防止了过拟合问题。

对于结构复杂程度高的网络，其参数主要分布在全连接层，通过在全连接层加入Dropout能够很好地防止过拟合，提高效果。图3-16展示了Dropout在神经元上的操作过程。

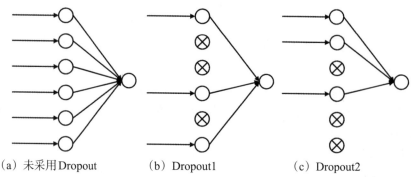

（a）未采用Dropout　　　（b）Dropout1　　　（c）Dropout2

图3-16　Dropout示意图

图3-16（a）为未采用Dropout的全连接层，图3-16（b）与图3-16（c）为采用了Dropout的全连接层。Dropout在训练过程中会按照一定概率随机丢弃一些神经元，对于不同批次，不工作的神经元不一定相同，因此每个批次都在训练不同的网络。这种方式可以减少隐层节点间的相互作用，模型不会过分依赖某些局部特征，使模型泛化能力更强。

对于欠拟合问题，往往是由于模型复杂度过低、特征量过少导致的，其解决起来较为容易，常见的解决方法有：使用复杂模型；增加新特征，考虑加入特征组合、高次特征，来增大假设空间；减少正则化参数，正则化的目的是用来防止过拟合的，但是模型出现了欠拟合，则需要减少正则化参数。

2. 梯度消失与梯度爆炸

梯度消失（gradient vanishing）和梯度爆炸（gradient exploding）产生的结果是相似的，即在深度学习模型的层数增加的过程中，层数深的模型准确率相较于层数浅的模型的准确率反而下降了。只是梯度消失和梯度爆炸的起因和具体表现不相同。

梯度消失：在深度学习领域中，sigmoid函数是搭建神经网络时常采用的激活函数，其表达如式（3-50）：

$$f(x) = \frac{1}{1 + e^{-x}} \tag{3-50}$$

对 $f(x)$ 求导可以得到 $f(x)' = f(x) \cdot (1 - f(x))$，由于 $f(x)$ 函数输出范围在（0，1），而0到1之间的两数相乘的结果为小于它们中的任何一个数，所以在神经网络的反向传播过程中，网络层数越深，就会导致传播靠后的层产生的修正偏差值越小，最终可能变为0，从而产生权重无法更新的现象，这种现象被称为梯度消失。

梯度爆炸：在深层网络中，梯度爆炸的权值更新变化和梯度消失相反，梯度随着更新会呈现出指数级增长，会使网络权重变化过大甚至溢出，造成网络不稳定。

以VGG16网络为例，它的权重层有16层，其中卷积层13层，全连接层3层，训练过程中容易出现内部协变量偏移（Internal Covariate Shift）的问题。内部协变量偏移是由于训练过程中网络参数的变化而引起的网络激活分布的变化。模型在更新权重参数时，后面的网络层的输入数据的分布可能会发生较大的改变。当输入数据的分布偏移到激活函数的非线性饱和区时，就会造成梯度消失或梯度爆炸等严重的后果，甚至使网络训练无法收敛。为了使网络训练收敛，就需要较低的学习率和仔细地初始化网络参数，这造成了训练速度的减慢，并且使训练具有饱和非线性关系的模型变得非常困难。

为了克服内部协变量偏移的问题，sergey Ioffe等人在2015年提出了批量归一化（Batch Normalization，BN）的概念。BN是采取归一化方式对输入的每个批量数据进行操作，从而实现分散的数据统一，保证了输入分布的均值与方差固定在一定范围内，避免参数更新引发的后续层的输入数据分布的变化，进而克服内部协变量偏移问题。BN算法的实现流程如下。

设每一小批量数据中 x 的值为 $B = \{x_1, x_2, \cdots, x_m\}$。

（1）求取每一批输入数据的均值：

$$\mu_B = \frac{1}{m}\sum_{i=1}^{m} x_i$$

其中，m 为每一批训练数据的数量。

（2）求取每一批输入数据的方差：

$$\sigma_B^2 = \frac{1}{m}\sum_{i=1}^{m}(x_i - \mu_B)^2$$

（3）对输入数据进行归一化操作，使其服从高斯分布：

$$\hat{x}_i = \frac{x_i - \mu_B}{\sqrt{\sigma_B^2 + \varepsilon}}$$

其中，ε 为非常小的实数。

（4）对输出数据进行反标准化操作：

$$y_i = \gamma \hat{x}_i + \beta$$

其中，γ 和 β 为可学习的参数，γ 用于缩放归一化后的数据，β 用于偏移归一化后的数据。通过该线性变换，使新数据分布更加接近真实的样本分布，从而使网络的表达能力大大提高。

批量归一化层往往应用于卷积层或全连接层后面，激活函数的前面。在深度学习模型中，批量归一化层具有以下四个优势：

（1）BN稳定了网络中每层输入数据的分布，提升了模型学习的速率。

每一层网络的输入数据在经过BN操作后，其均值和方差都被固定在了一定的范围内，使得后一层网络不必不断地学习前面一层网络的输入变化，进而使网络的层与层之间相互解耦，有利于参数的更新，提升了模型的训练速度。

（2）BN使模型对参数的初始化具有良好的鲁棒性，简化了调参过程，使网络学习过程更加稳定。

在卷积神经网络中，选择合适的学习率和应用一些经典的权重初始化算法可以使网络训练更加稳定。然而，当网络初始化不恰当时，可能引起参数更新步长过小或过大，使网络训练出现震荡或不收敛情况。网络在加入了BN层后，受到初始参数数值大小的影响将会大大降低。

（3）BN具有正则化效果。

在BN中，应用mini-batch的均值与方差来估计整个样本的均值与方差。由于每个mini-batch的均值与方差是不同的，这相当于给网络加入了随机噪声，与Dropout在网络训练中通过随机关闭神经元的方法相似，对模型有一定正则化作用。

（4）BN允许网络使用饱和性非线性激活函数，缓解了梯度消失和梯度爆炸的问题。

通过归一化操作可以让激活函数的输入数据落在梯度非饱和区，有效地缓解了梯度消失和梯度爆炸的问题。

习题3

3.1　假设一个有2个隐层的多层感知机，其输入、隐层、输出层的神经元个数分别为96、512、1024、7，那么这个多层感知机中总共有多少个参数可以被训练？

3.2　请在同一个坐标系内画出书中三种不同激活函数的曲线，并讨论他们的适用场景。其中，卷积神经网络常用的是哪种？

3.3　在卷积神经网络中，卷积层、池化层、全连接层分别起什么作用？

3.4　在经典的卷积神经网络中，Softmax函数是跟在什么隐含层后面的？为什么？

3.5　损失函数用来评估模型的预测值和真实值不一样的程度，分析交叉熵为什么可以用作损失函数。

3.6　BN处理在训练过程中的作用是什么？训练完毕，在测试数据时是否需要做对应的处理？

第4章

神经网络模型的压缩和加速

卷积神经网络是深度学习领域的重要组成部分。随着深度学习的逐步发展和嵌入式硬件性能的不断提升，基于端到端的卷积神经网络模型的应用场景越来越多，如目标检测、人脸识别、情绪识别和姿态识别等。这些应用场景需要神经网络模型与嵌入式设备高度融合，因而对模型的规模和速度提出了新的要求。

4.1 模型压缩和加速概述

4.1.1 模型压缩和加速的必要性

神经网络模型压缩和加速的主要原因是由于神经网络模型包含巨大的参数量和计算量，这在很大程度上限制了基于神经网络方法的人工智能应用产品化。庞大的计算量对计算平台的计算力以及内存都有非常高的要求，除此之外，复杂的运算和频繁的内存读写将会产生较大的时延以及功耗问题，这对非密集型计算的嵌入式设备影响特别明显。就算是服务器，巨大的计算量同样会导致运算成本的增加，使其应用场景和环境都受到限制。为此，如何解决模型的计算速度和参数量过大问题显得极为重要。

Denil M等人通过低秩分解得出神经网络模型中存在着明显参数冗余的结论，即神经网络的过参数化，这是神经网络能够被压缩的前提。神经网络主要分为训练和推理两个阶段，神经网络在训练过程中需要采用大量的参数来捕获数据的微小信息，提高模型的泛化能力。而在推理阶段中，并不需要这么多的参数来进行预测，因为神经网络具有一个非常重要的特性：噪声鲁棒性。即当裁剪模型权重，数据精度出现变化时，神经网络对于数据的变化具有一定的包容能力，保证模型性能不会受到或是较小受到影响。

经过模型压缩和加速之后，神经网络的参数量将会得到有效减少，推理速度也会得到明显提高，其主要好处如下：

（1）内存和存储占用减少

模型压缩最明显的是模型参数量的减少，参数量的减少主要表现在模型的大小以及内存占用。模型的大小变化除了减少存储内存消耗之外，更小的模型有利于应用的发布和更新，而较小的内存占用使模型部署在更低端的设备上成为可能。

（2）计算效率提升

模型压缩能够减少模型的计算量，较少的计算量能够缓解计算平台的压力。同时，量化的低精度数据能够采用硬件平台的特性进行加速处理，如很多的处理器整数计算要比相应的浮点型计算更加高效，可以有效地加快模型推理速度。

（3）能耗减少

神经网络的推理功耗主要来自计算和访存。压缩之后，模型的计算量以及内存读写次数都将极大减少，如8位整型与32位浮点运算相比有数量级的差异，而较少的内存占用能够将模型直接放入SRAM中，不用频繁地从DRAM中读取，提升访存性能的同时减少了能耗。

4.1.2　常用的模型压缩和加速方法

近些年来，神经网络模型的压缩和加速方法层出不穷，主要分成软件和硬件两个大类，见表4-1所列。其中，采用软件方式的压缩和加速最为常见，也是目前学术界和工业界的主要压缩和加速方式，可以分成剪枝、量化、知识蒸馏、精简网络和算法优化等。基于硬件的压缩和加速主要分成GPU、FPGA和ASIC，设计过程较为复杂。软件和硬件的加速方式一般都会联合使用，通常能够极大地提高模型的压缩率和推理速度。

表4-1　模型压缩和加速方法

模型压缩和加速方法		描述
软件方式	剪枝和低秩分解	直接移除网络中的参数
	量化和权值共享	降低权重参数的表示精度
	知识蒸馏	大网络和小网络之间的知识迁移
	精简网络	通过网络结构搜索得到良好计算特性和参数量更少的网络
	算法优化	通过采用硬件特性和软件计算方式，设计高效的计算库和算法
硬件方式	GPU	大规模并行计算架构
	FPGA	可重复配置硬件电路，模型硬件化
	ASIC	为某种特定需求而专门定制芯片

4.2　低秩分解和模型剪枝

卷积神经网络的网络层主要分成包含权重和不包含权重两类，包含权重的网络层除了需要保存网络结构参数之外，还要存储对应的权重，权重一般通过高维矩阵表示。卷积层和全连接层是包含权重的主要网络层，占据了网络模型中大部分存储消耗和网络推理过程中的数据读写耗时。Denil M通过矩阵分解得到卷积神经网络中存在大量参数冗余的结论，为权重的裁剪提供了理论依据。目前，主流的裁剪方式有低秩分解和模型剪枝两种。

4.2.1 低秩分解

低秩分解是一种有效的模型参数裁剪技术，通过将矩阵中秩小于某个阈值所对应的行或列移除，达到去除冗余，减少模型参数量的目的。低秩分解的理论基础是权值向量主要分布在一些低秩子空间，可以用少数基向量重构权值矩阵。

低秩分解中最重要的是秩的确定和选择，多少秩的组合能够在信息量损失最小的情况下将原矩阵重构出来，这是一个 NP 问题。目前，常用的低秩分解方法有 SVD 分解、Tuck 分解和 CP 分解等，如图 4-1 所示。其基本过程就是将高维张量转换为多个低秩矩阵的乘积，在能够达到高维张量的表达能力的同时减少构建高维张量所需要的参数量。

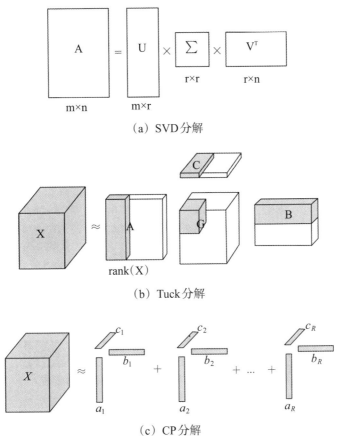

（a）SVD 分解

（b）Tuck 分解

（c）CP 分解

图 4-1　低秩分解方法

在神经网络中，主要占据存储空间的是全连接层和卷积层。使用低秩近似能够有效压缩全连接层，并且能够达到一定的加速效果。但是对于卷积层，低秩近似会导致误差累积，对最终的结果有一定的影响，因此，在对卷积层的权重进行低秩分解时需要通过最优化的方式求解分解矩阵，并对最终的分解结果进行微调，以保证低秩分解之后的模型精度。

4.2.2 模型剪枝

4.2.2.1 模型剪枝原理

模型剪枝基本思想是在模型精度变化很小的前提下将原有模型中某些参数直接移除，如图4-2所示。

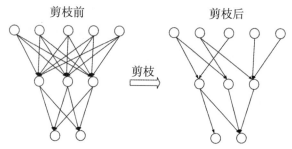

图4-2 模型剪枝示意图

当剪枝之后，模型的结构和权重变得稀疏，参数量和计算量都将得到极大地压缩。在剪枝过程中，主要考虑两个问题：一是如何选择合适的剪枝粒度，另一个是怎么选择被剪枝的参数。

（1）剪枝粒度

剪枝粒度是指在剪枝过程中选择一次性裁剪模型的参数量大小，主要分成粗粒度剪枝和细粒度剪枝，如图4-3所示。

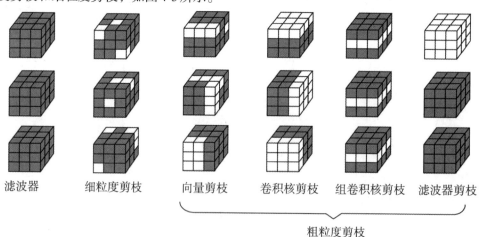

图4-3 不同剪枝粒度示意图

细粒度剪枝是一种非结构化剪枝，其将滤波器中的一个或多个参数移除，如图4-3第二列所示。细粒度剪枝无法很好压缩模型，而且加速效果也不明显，其主要原因在于模型的参数都是具有一定结构形式的矩阵，剪枝之后矩阵的结构一般保持不变，因此，某些参数被裁剪，为保证剪枝之后模型依旧使用通用计算库加快推理过程，存储时依旧会占用对应的存储空间，就算进行编码存储转换也需要占用。同时，在推理过程中，剪枝之后的模型依旧会按照原有的矩阵结构进行计算，而不是有选择性地将被剪枝的部分取消运算，这样会拖慢结构化的矩阵运算速度。但是，细粒度剪枝有一个明显的优点，就是剪枝之后对模型的精度影响很小，基本可以忽略。

粗粒度剪枝是一种结构化剪枝，通过按照一定的结构对权重进行裁剪，比如向量、卷积核、组卷积核等形式，如图4-3右边所示。通过粗粒度剪枝之后，模型的参数量和计算量都将被极大压缩，因为结构化剪枝会直接移除部分连续的结构化数据，不会对其他部分的数据结构产生影响，同时能够减少裁剪部分对应的运算，达到提高推理速度的效果。但是结构化剪枝会极大影响模型的精度，因为结构化剪枝是以一种少数服从多数的剪枝方式，当剪枝粒度结构中大多数的参数达到剪枝要求之后，剩余的少部分未达到剪枝要求的参数也将被剪枝减掉，从而忽略了这部分数据的作用，因此会产生较大的模型精度下降。所以在粗粒度剪枝过程中都需要进行微调，保证模型的精度不会断崖式下降，避免出现无法恢复的情况。

（2）剪枝参数的选择方式

剪枝参数的选择方式是指在矩阵中哪些参数要被裁剪。目前，主要有两种参数选择方式：一种是通过判断权重的重要性，重要的权重将被保留，而不重要的权重将会被裁剪，基于这种选择方式的剪枝一般称为基于重要性的模型剪枝。另一种剪枝方式是随机进行选择需要被保留的参数，一般应用在结构化搜索剪枝中。

4.2.2.2 基于重要性的模型剪枝

基于重要性的模型剪枝是最普遍的剪枝方式，其基本思想通过评价模型中权重的重要程度，将重要程度高的权重保留，不重要的权重剪掉。这样，剪枝之后模型的精度下降较小，而且剪枝模型保留下来的权重可以通过微调训练快速恢复。

基于重要性的模型剪枝流程如图4-4所示。首先，在训练集上训练好原始网络模型，保证原始模型具有较高的精度以及鲁棒性；然后，通过重要性评价方式计算原始模型中参数的重要性，并不断地按照"剪枝—微调"的方式进行贪婪式的迭代剪枝；最后，将剪枝得到的最终模型进行微调，恢复其精度。在重要性的剪枝过程中，一般是逐层或是几层同时进行剪枝，其可能会导致模型精度出现断崖式下降或无法恢复等情况。

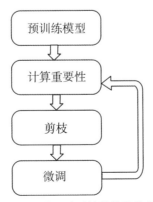

图4-4 基于重要性的剪枝流程

设计有效的重要性评价方式非常重要，常用的重要性评价方式有以下几种：

（1）绝对值的大小

基于绝对值大小的重要性评价方式于20世纪90年代提出，其基本思想认为：如果参数越接近于零，那么其对模型的贡献度越小，甚至可以忽略，通过设定阈值，将模型中所有小于阈值的参数进行裁剪。绝对值的计算主要有权重的绝对值、激活值的绝对值之和、APoZ（激活次数）以及BN层的γ系数等。基于绝对值的重要性评价方式最为简单，但是其评价标准在不同的情况下稳定性会受到影响，特别是在粗粒度剪枝过程中对精度影响较大。

（2）损失影响

另一种重要性评价方式是考虑裁剪参数对于损失的影响，如果剪枝参数对于模型的损失影响越小，那么该参数就越不重要。最早将损失作为重要性评价的是OBD（Optimal Brain Damage）以及OBS（Optimal Brain Surgeon），由于需要耗费大量时间计算Hessien矩阵，因此，近些年提出对目标函数进行泰勒扩展，只用展开式中一阶项的绝对值就能判断参数对于损失的影响程度，极大地简化了重要性的计算过程。通过利用剪枝对模型精度的影响评价权重的重要性，其数学思想和可解释性都非常好，但是需要进行大量的计算评估，这对于训练平台有一定的要求。

（3）输出特征可重建性

输出特征可重建性和基于损失的剪枝相似，其基本思想是对当前层进行裁剪，如果裁剪之后对于后面的输出影响很小，说明裁剪的参数是不重要的。起初的研究是通过贪心法进行逐层计算当前层对于其下一层的影响，或是使用LASSO回归进行通道的选择，如图4-5所示。后来还有针对多层的重建以及对倒数第二层的重建，并将重要性信息反向传播决定要剪枝的通道。

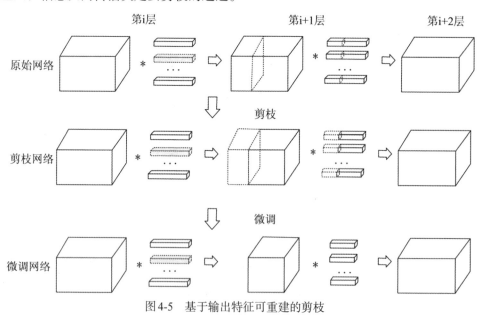

图4-5　基于输出特征可重建的剪枝

基于重要性的剪枝方式众多，除了以上三种方式之外，还有如熵、梯度变化趋势等评价方式。这些方式各有优缺点，但是目前还没有一种能够对所有类型的网络模型权重的重要性进行评价的标准。

上述基于重要性剪枝的方法，主要考虑的剪枝策略是贪心寻找局部最优，忽略了参数间的相互关系。此外，还有许多其他通过寻找参数间的相互关系的剪枝方法，如将剪枝通道的选择转换为规划问题、Bayesian方法、聚类方法等，通过建立参数之间的关联性，以减少剪枝带来的误差。

4.2.2.3 基于结构的模型剪枝

基于重要性的模型剪枝一般是给定裁剪量（稀疏度）的情况下进行剪枝，并没有考虑剪枝的位置以及剪枝量对模型的性能影响，只是简单地按照一定的顺序和设定的阈值对模型进行剪枝。模型剪枝中另一种方法是针对网络结构的剪枝，根据模型结构的确定方式不同，可以分成基于稀疏度和基于结构搜索的模型剪枝。

（1）基于稀疏度的模型剪枝

基于稀疏度的模型剪枝是将模型按照一定的稀疏度变化进行剪枝，稀疏度的变化可以按照一定的规律变化，也可以通过正则化的方式引导模型的稀疏度变化。在模型的训练过程中，每层的稀疏度不断地变化，然后逐层进行剪枝。在基于稀疏度剪枝的过程中一般会采用重要性评判方式对模型进行剪枝，该方式与基于重要性剪枝的区别在于它是先确定模型的结构，然后再通过结构来选择需要保留的参数。由于基于稀疏度的剪枝一般都是一次单独对一层或多层进行剪枝，没有考虑全局结构对网络精度的影响，而且很多时候都会依赖于权重的重要性评价，因此剪枝得到的模型并不一定是最优模型结构。

（2）基于结构搜索的模型剪枝

基于结构搜索的模型剪枝是指通过获取全局信息，根据设定的目标，对模型结构进行自适应调整，从而得到最优的模型。基于结构搜索的剪枝一般是通过网络结构搜索（NAS）等方式实现的，采用机器学习、强化学习、进化算法等进行自动化结构搜索。

图4-6为AMC（AutoML for Model Compression）的基本结构。其基本流程是先构建一个搜索空间，然后通过搜索策略找出候选的网络结构，再对搜索得到的网络结构进行训练，最后评估，根据奖励或是目标函数来确定下一步稀疏度的变化趋势，直到搜索得到最优的模型结构。在整个结构化剪枝过程中，只需要设置结构搜索所需要的超参数，后续的剪枝过程将完全自动化进行，最终得到一个剪枝好的网络模型。

基于结构搜索的剪枝能够使神经网络模型在压缩效果、计算加速上都有较好的表现，并且还可以通过加入部署平台的硬件特性，如功耗、运算特性等，使搜索得到的压缩模型在硬件平台上具有更加良好的表现。

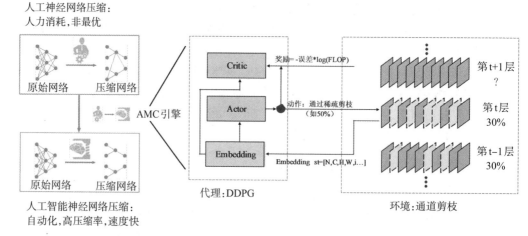

图4-6　AutoML剪枝示意图

4.3　权值共享和模型量化

权值共享和模型量化与上面的模型剪枝都基于一个共识：复杂的、高精度表示的模型在训练时是必要的，而在推理过程中没有必要，这是神经网络对于噪声的鲁棒性。权值共享和模型量化都是采用一种近似的方式将高精度数据用低精度数据表示，这对于神经网络而言就是噪声，因此，可以通过神经网络模型的噪声鲁棒性在模型精度和压缩率之间找平衡点，在较小性能损失的情况下压缩模型。

4.3.1　权值共享

权值共享指从一个局部区域学习到的信息应用到图像的其他地方。如卷积神经网络中将输入特征与一个卷积核进行遍历卷积，相当于对所有特征进行相同的操作，提取相同的特征。重复利用卷积核的特征提取能力，就可达到权值共享的目的。

基于同样的思想，在模型压缩中通过对权重进行聚类操作，多个权重共享一个值，只需要保存聚类中心以及所有权重对应的索引，即可达到模型压缩的目的。权值共享的重点在于设置合理的聚类中心以及高效的聚类索引方式，最常用的聚类算法有K-means、K-means++等，先通过聚类算法生成codebook，然后用于数据的检索。为解决高维数据索引过多而导致检索过慢问题，VQ（Vector Quantization）和PQ（Product Quantization）被提出用于处理高维向量空间数据的共享问题，通过分治法将高维空间拆分成多个子空间，从而提高聚类之后数据的检索能力。

基于K-means的权值共享过程如图4-7所示。首先使用K-means将权重聚类成多个簇，根据簇的数量设置索引所需要的位数，原始权值中对应位置就只需要存储权重对应的聚类在codebook中的索引即可。通过权值共享之后，模型文件中只需要存储codebook以及权重对应的索引，聚类索引所需要的位数越少，压缩效果越明显。通过权值共享之后，在推理过程中使用聚类索引在codebook中查找到聚类中心，实现索引到权重数值的转换。

权重(Float32)			
2.09	−0.98	1.48	0.09
0.05	−0.14	−1.08	2.12
−0.91	1.92	0	−1.03
1.87	0	1.53	1.48

聚类索引(2bit)			
3	0	2	1
1	1	0	3
0	3	1	0
3	1	2	2

聚类中心

3	2.00
2	1.50
1	0.00
0	−1.00

图4-7 基于K-means的权值共享

参数共享由于是通过聚类的方式将聚类中心当成权重数据的近似值，所以聚类之后存在一定程度的精度损失。而且在进行权重共享的时候要设定好数据共享的权重范围，范围大小必须合理，否则聚类之后的模型可能出现较大的精度损失。

4.3.2 模型量化

模型量化是一种有效模型压缩和加速技术，其通过将高精度数据用低精度数据表示达到压缩的目的，可以针对权重、梯度以及激活函数输出等进行量化，减少访存耗时以及节省存储空间，同时低精度数据运算相对于高精度数据的运算更快，功耗更低，能够有效提高模型的推理效率。

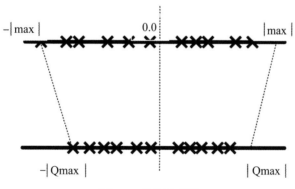

图4-8 量化示意图

模型量化的本质是将实数域中的某一段映射到量化数据范围，如图4-8所示。数学表示为

$$q = \text{round}(s \times \text{clip}(x, \alpha, \beta) + z) \tag{4-1}$$

其中，x 和 q 分别表示量化前后的数据，s 为量化系数。z 称为零点漂移，表示原值域中的零在量化后值域的值，z 为零代表对称量化，不为零代表非对称量化，如果原值域关于零是对称的，则采用对称量化；如果原值域分布不规则，并且不具有对称性，则采用非对称量化，否则量化效果将非常低效。α 和 β 为原值域中将被量化范围的上下界。在进行量化前，需要对原值域使用clip函数，将信息量少的区域切掉，使量化的bit集中在数据部密集的区域，避免信息的丢失。

模型量化和剪枝一样，其目的都是要在尽可能压缩模型的情况下，保证模型的准确率不下降。量化过程中的误差一方面来自clip函数对数值空间的范围裁剪，另一方面来自round函数对量化数据的四舍五入。因此，在模型量化过程中最重要的是选取合适的量化参数。

模型量化按照量化过程是否需要进行训练分成训练后量化和训练时量化。根据量化粒度可以分成通道量化、层量化以及全局量化，粒度越大对于精度影响越明显。根据量化位数可以分成float16、8-bit以及更低位数的量化，位数越低精度越容易受到影响，其中8-bit的模型量化最为常见。下面分别介绍训练时量化和训练后量化。

4.3.2.1 训练时量化

训练时量化是指在进行模型训练的同时进行模型量化，对于精度较为敏感的模型一般会采用训练时量化，特别是小模型的鲁棒性很低，使用训练时量化才能保证量化精度。训练时量化一般会将量化误差作为整体损失的一部分，通过量化求导更新量化参数。但是量化参数是阶跃函数，无法使用链式求导，因此训练时量化主要关注整体损失函数的设计以及如何进行量化求导。训练时量化的方法有：

（1）间接训练量化

间接训练量化网络和普通网络的训练流程基本一致，其量化基础是神经网络的过参数化以及鲁棒性，在训练过程中可以使用更小精度的数据表示。间接训练量化是指训练时量化插入伪量化节点，如图4-9所示。在推理过程中，对权重和特征都进行量化，将量化所带来的误差引入训练过程中，而在反向传递的时候只更新浮点型参数。推理和反向传递过程相互结合，减小量化所带来的误差。

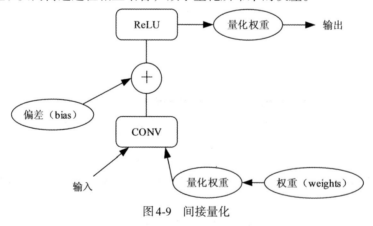

图4-9　间接量化

（2）直接训练量化

直接训练量化的思想是使优化目标相对于量化参数可微，使量化目标和最终目标一致，减小量化误差，因此最主要的关注点是如何使量化操作可导。一种方式也是最广泛使用的是STE（Straight Through Estimator）方法，其将量化操作的导数用1近似，但是会出现梯度的不匹配问题，而且会带来较大的误差；另一种方式是利用可微的函数近似量化函数，从而利用可微性质来更新量化参数。

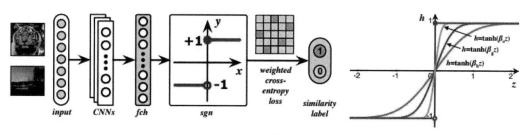

图4-10 直接量化

如图4-10所示为清华大学和伊利诺伊大学共同提出的量化方法，通过不断改变量化函数的平滑度，使模型逐渐趋近于最终的量化模型。除此之外，QUVA Lab和高通提出的Relaxed Quantization以及哥伦比亚大学和以色列理工学院提出的EBP（Expectation BackPropagation）等都能使目标函数相对于量化参数可微。

4.3.2.2 训练后量化

训练后量化是指在对已经完成训练、使用高精度数据存储的网络模型，在不进行训练的基础上进行量化。训练后量化是目前最为常用的量化方式，相对于训练时量化更加简单和方便。但是训练后量化对模型的性能影响较大，而且训练后量化一般需要校正数据集用于特征层的量化，校正数据集会对模型精度产生较大的影响。训练后量化的方法主要分为以下两种。

（1）基于统计近似的量化

基于统计近似的量化参数获取方式都需要校验数据集，先将其输入模型中进行推理，然后统计激活层的输出分布。一种最常用的方法就是直接统计激活层的最大值和最小值，即MAX-MIN方法，从而得到裁剪的数据范围，该方法对数据分布不均匀的原值域会严重影响量化效果；另一种较为常用量化参数获取方式是KL散度，通过统计量化前后数据的分布之间差异，选择合适的量化参数，该量化方式需要较多的校验数据才能保证量化效果的精度。除了上述方法外，还有Intel公司提出的基于线性量化建模的方式，以及商汤科技假设激活输出为高斯分布，并利用γ和$1-\gamma$对原值域限制的方式。

（2）基于优化的量化

量化过程也可以看成优化问题，将量化误差测度定为优化目标，利用优化方法来求解量化问题。因此，量化过程就变成了如何定义量化误差，基本形式表示如下：

$$Q^*(x) = \arg\min_Q \int p(x)(Q(x)-x)^2 \mathrm{d}x \tag{4-2}$$

其中，$Q(x)$为量化函数，x代表原值域数据，目标函数就是对于输入数据，使量化误差最小。2017年阿里巴巴解耦了连续空间中的参数学习和量化所要求的离散化约束，通过引入辅助变量，使问题变成可用ADMM求解的形式。2018年Intel公司和以色列理工学院提出ACIQ方法以及2019年华为将量化问题转化成MMSE（Minimum Mean Square Error），都是通过迭代求解最优解的方式得到量化参数。

4.4 知识蒸馏

知识蒸馏就是把一个或多个大型网络学习到的知识迁移到另一个轻量级网络上。轻量级网络具有较少的参数量，易于在资源受限的设备上进行部署。通过知识蒸馏，轻量级网络从教师网络中学习到泛化能力，提高了轻量化网络的精度。知识蒸馏的基本结构如图4-11所示，主要包含了学生网络，也就是轻量级网络，教师网络和知识迁移三个部分，整个过程在有监督的数据集上进行。

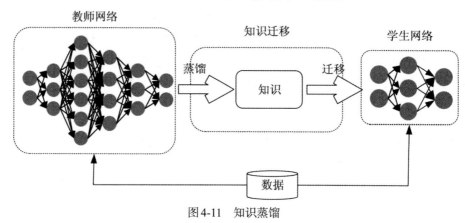

图4-11　知识蒸馏

4.4.1　基于Logits的知识蒸馏

最早的知识蒸馏是杰弗里·辛顿提出的基于Logits的蒸馏方式，其针对网络的Softmax输出进行处理，基本结构如图4-12所示。

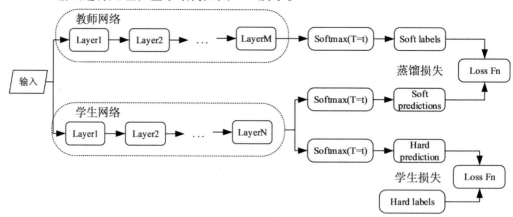

图4-12　Logits知识蒸馏

Logits核心思想是先引入一个变量T去产生soft labels，然后使用soft labels去学习class distribution。具体流程是先训练好一个教师网络，然后将教师网络的输出作为学生网络的目标，使学生网络的输出不断趋近于教师网络的输出，实现知识的迁移。除此之外，还有许多针对基于 Logits 蒸馏的优化，包括使用多学生互相学习、使用正则优化以及使用噪声数据集的蒸馏方式。

基于 Logits 的知识蒸馏简单并且容易理解，学生网络通过学习教师网络输出的概率分布，使学生网络能够学习到类间的相似性，并提供了额外的监督信号，学习起来更加容易。但是蒸馏效率会受到类别数量以及 Softmax 损失计算的影响，并且当学生模型较小时很难蒸馏成功。因此，目前主流的知识蒸馏方式大多基于 Feature 和 Relation。

4.4.2　基于 Feature 的知识蒸馏

基于 Feature 的知识蒸馏是通过将教师网络的中间特征层作为指导学生网络学习的目标，使学生网络的中间特征和教师网络的中间特征尽可能一致，其基本结构如图 4-13 示。

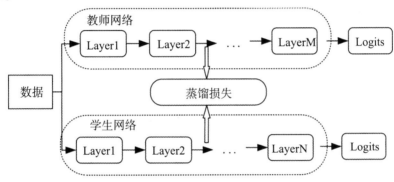

图 4-13　Feature 知识蒸馏

Feature 蒸馏通过优化教师网络和学生网络特征之间的误差，使学生网络达到与教师网络相同的特征输出，并且在进行 Feature 的知识转移之后，还需要进行再训练或是 Logits 式的知识蒸馏，使学生网络学习的知识更准确。

这里的 Feature 一般是指激活层的输出、梯度敏感度等，由于教师网络和学生网络的层数以及特征尺寸不一致，一般会通过分成相同数目的组，或者使用特征调整器来消除模型之间的区别。

基于 Feature 的知识蒸馏能够实现中间特征的迁移，其泛化性相对于 Logits 更好。但是该方式信息损失很难度量，并且中间特征层一般都是随机选择的，其解释性存在不足。

4.4.3　基于 Relation 的知识蒸馏

基于 Relation 的知识蒸馏是通过拟合教师网络层和层之间的关系，使学生网络学习到如何去学习特征，而不是将输出知识直接迁移到学生网络上。

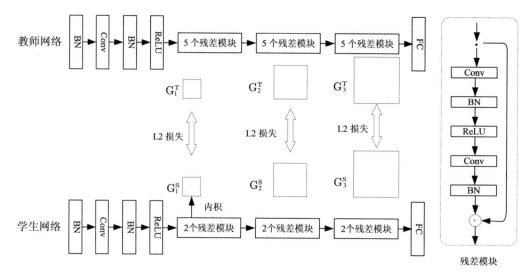

图 4-14 Relation 知识蒸馏

图 4-14 为 Junho Yim 所提出的基于 Relation 的知识蒸馏结构图，首先通过计算教师网络中不同层之间的内积，并通过残差结构来改变教师网络和学生网络的内积尺寸，得到尺寸相同的 Gram 矩阵；然后计算教师网络和学生网络之间的 Gram 矩阵误差，将教师网络的能力迁移到学生网络上；最后通过微调提高学生网络的准确性。

基于 Relation 的知识蒸馏和基于 Feature 的优缺点基本一样，其主要区别在于基于 Relation 的蒸馏是通过传授学生网络学习能力，而不是直接知识迁移。目前两者在效果上相差不大，一般根据实际需求进行选择。

4.5　精简网络结构

神经网络的模型压缩和加速除了可以在原有结构上进行剪枝和量化之外，还可以直接设计精简网络结构，在建立模型时就压缩模型。基于精简网络结构设计的模型训练更加快速，所占资源更少，非常适合部署在资源受限的嵌入式设备。

4.5.1　精简网络的基本特征

精简网络结构的设计一般都是基于人为经验并采用 NAS（网络结构搜索）搜索得到，这些网络结构除了能够压缩和加速模型之外，还具有较强的特征提取能力，并能保证设计模型的精度。这些网络的基本结构有：

（1）小卷积代替大卷积

传统的卷积网络中卷积层一般都是设计成大卷积核，如 AlexNet、VGG 等，大卷积核将会导致模型的参数量更多，而且计算量也很大，特征提取能力有限。而通过多个小卷积核能够在感受野大小不变的情况下，减少计算量，同时多个卷积核能够使网络具有更多的非线性，提高模型的拟合能力。因此，目前基本所有的精简网络中都是采用小卷机替代大卷积的形式。

（2）残差网络

普通的神经网络模型一般都是采用卷积层不断堆叠而成的，但是随着网络的深度不断加深，其性能将会出现退化，而且容易出现梯度消失、梯度爆炸，以及过拟合等问题。残差结构中将不同层次的信息进行短接，在一定程度上解决了网络的退化问题。因此，在精简网络中一般都会引入残差形式的网络结构。

（3）深度可分离卷积

深度可分离卷积由DepthWise卷积核和PointWise卷积核组合而成。与普通的卷积不同，DepthWise卷积的一个卷积核负责一个通道，不进行通道之间的融合，如图4-15（a）所示，这样能够明显减少计算量，但是特征提取能力有限。而PointWise采用1×1卷积核的普通卷积，如图4-15（b）所示，PointWise卷积实现了不同通道的特征融合。通过结合两者的优点，深度可分离卷积能够在明显减少计算量和参数量的基础上依旧保持较强的特征提取能力。

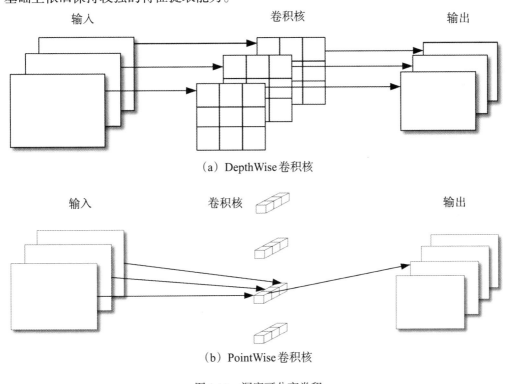

（a）DepthWise卷积核

（b）PointWise卷积核

图4-15　深度可分离卷积

4.5.2　常用的精简网络

（1）MobileNet

MobileNet是由谷歌提出，专注于移动端和嵌入式平台的精简网络结构，目前已经发展到MobileNetV3版本，其整体结构如图4-16所示。

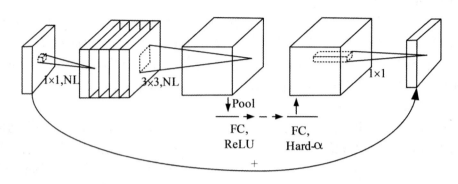

图 4-16   MobileNet V3 模块

MobileNet 主要的技术点在于使用了深度可分离卷积，压缩模型的同时加快了推理速度。同时，使用倒残差结构，具体表现形式为两边窄中间宽，通过"扩张—卷积—压缩"的方式提高倒残差的特征提取能力，并引入了 SE 注意力模块对特征进行校准，使用 Linear Bottleneck 模块解决线性瓶颈问题，极大限度地提高了 MobileNet 的特征提取能力。

（2）EfficientNet

EfficientNet 是谷歌于 2019 年提出的精简网络结构，通过 AutoML 进行网格搜索，得到模型深度、宽度和分辨率三者之间的优化关系。通过动态调节网络的深度、宽度和分辨率，确保在较高的推理速度前提下，极大地提高了模型的准确率。

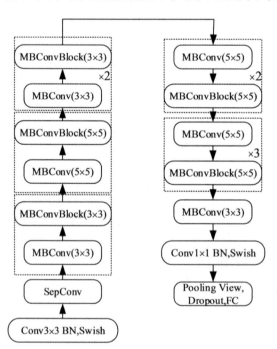

图 4-17   EfficientNet B0

EfficientNet 目前有八个系列，B0 是 baseline，B1～B7 是在 B0 的基础上对深度、宽度和分辨率进行调整得到的。B0 结构如图 4-17 所示，各个组成部件如图 4-18 所示。从图中可以看出，B0 中使用到了残差结构、深度可分离卷积以及 SE 注意力模块，能够有效压缩模型并且具有较强的特征提取能力。

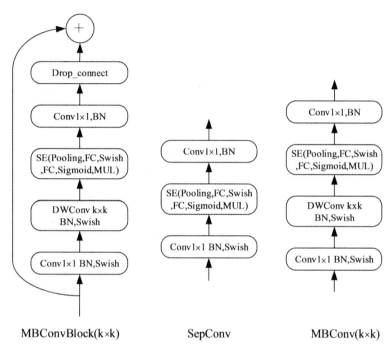

图 4-18　EfficientNet 基本单元

（3）ShuffleNet

ShuffleNet 是旷视科技提出关于降低模型计算量的精简网络结构，其主要设计点在于引入了 Channel Shuffle，如图 4-19 所示。

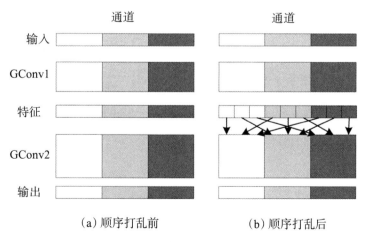

（a）顺序打乱前　　　　（b）顺序打乱后

图 4-19　Channel Shuffle

与普通组卷积的区别在于，ShuffleNet在组卷积的基础上再进行分组，并随机打乱通道的顺序，使信息在不同的通道之间流转，解决了普通组卷积特征提取能力有限的问题，同时还能减少计算量。

ShuffleNet的基本结构如图4-20所示，其使用残差网络实现不同部分的信息融合，并使用PointWise卷积以及DepthWise卷积，极大地减少了网络的参数量和计算量。

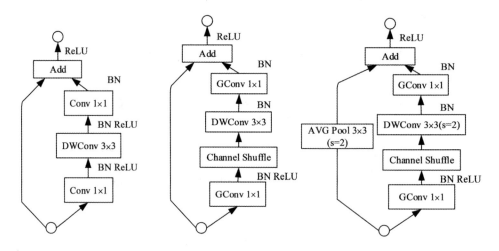

图4-20　ShuffleNet结构

（4）SqueezeNet

SqueezeNet是由伯克利大学和斯坦福大学于2016年针对VGG和AlexNet这类大模型而提出的精简网络结构。其主要使用小卷积核和残差网络结构的基本思想进行设计，并对输入通道进行压缩，能够有效压缩模型，比如可将AlexNet压缩50倍。

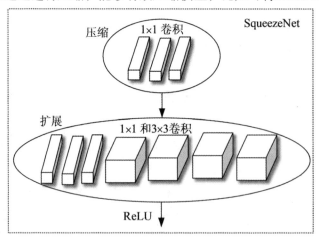

图4-21　SqueezeNet

SqueezeNet的结构如图4-21所示，其最主要的就是Fire Module，由压缩层和扩展层两部分组成。压缩层全部由1×1的卷积核组成，并且相对于上一层具有更少的通道数,从而压缩了输入至扩张结构的通道数。扩展层分别采用1×1和3×3的卷积核进行卷积运算,得到相同大小的特征层,并进行拼接。

4.6 算法优化

模型剪枝、量化、矩阵分解以及知识蒸馏都是针对网络结构的压缩和加速,除此之外还有针对推理运算的软件加速,并且与模型压缩方法可以同时使用,从而进一步提高网络模型的推理速度。

4.6.1 计算库加速

神经网络的计算平台一般都是采用控制单元(CPU)和运算单元(GPU、NPU和FPGA等)结合的异构方式,为加快异构计算平台的推理速度,一般都会有相应的异构软件平台。目前,主流的异构软件平台有CUDA、CANN、OPENCL和VULKAN等,其通过提供统一的异构计算接口,屏蔽底层的硬件差异,加快异构计算平台的软件开发。

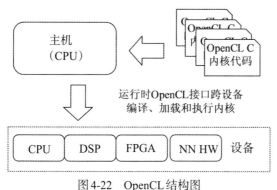

图4-22 OpenCL结构图

异构软件平台的结构基本一致,图4-22为OpenCL的结构图,主要由主机和设备两个部分组成。主机控制设备的初始化工作以及设备执行算子的流程等,而设备是执行运算的主体,完成主机发送的执行指令。这种设计的异构软件平台能够充分利用各种硬件资源的特性并发挥其优势,加快神经网络模型的推理过程。

4.6.2 算法加速

神经网络的推理过程中主要以矩阵运算为主,目前针对矩阵运算优化的运算库有BLAS、ATLAS、ENGEN和MKL等。图4-23为不同运算库在不同大小的矩阵相乘时的计算能力。从图中可以看出,计算库相对于普通计算方式性能更高,因此在设计神经网络算子时,可以充分利用这些计算库的高效矩阵运算设计高性能的算子,从而加快模型的推理速度。

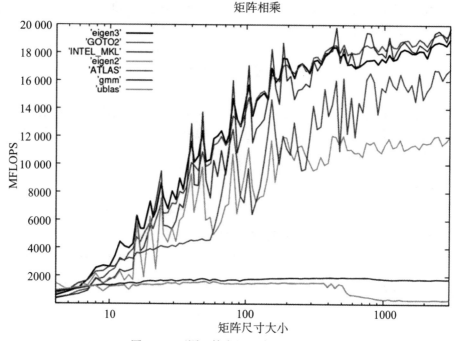

图4-23　不同运算库的矩阵运算性能对比

对于卷积神经网络而言，卷积运算占据了90%以上的计算量，因此设计高效的卷积运算算子能够进一步有效地加快卷积神经网络的推理。卷积运算的优化算法有FFT、im2col以及Winograd等。其中，FFT主要针对大卷积核的卷积运算；im2col+gemm是较为普遍的设计方式，其通过内存读取优化，并利用通用矩阵运算库进行加速；Winograd算法的加速效果最为明显，能够有效减少计算量，但是对于不同的卷积操作需要设计对应的卷积算子。

习题4

4.1　模型压缩和加速的必要性是什么？其有哪些压缩和加速的手段？

4.2　在粗粒度模型剪枝中，为什么多数情况下都需要微调（retraining)？其一般如何实现？

4.3　在模型量化中，可以量化的对象有模型的权重和激活，这两者的量化要求有什么不同？在嵌入式AI系统中，对此两者如何进行区别处理？

4.4　知识蒸馏分为哪三类？各类有什么特点？

4.5　通过实例来计算说明深度可分离卷积能够减少计算量。

4.6　简述BLAS（basic linear algebra subroutine）接口标准，并比较不同具体实现版本的性能差异。

嵌入式C编程优化

C语言不但执行效率高而且可移植性好，可以用来开发嵌入式应用软件、驱动、操作系统等。从语法上来说C语言并不复杂，但编写优质可靠的嵌入式C程序并非易事，不仅需要熟知硬件特性和缺陷，还需要对编译原理和计算机技术知识有着一定的了解。对于嵌入式开发者来说，不仅要掌握C语言的基本语法，更重要的是如何通过C语言这个工具，去理解嵌入式计算机系统、CPU架构，进而学习进程、线程、中断、内存管理等等。

5.1　基　本　语　句

5.1.1　循环优化技术

在任何程序中，最影响代码速度的往往是循环语句，特别是多层嵌套的循环语句。以下程序的含义为：对于两个给定的数组a、b，计算a[8]×b[8]+a[12]×b[12]+…+a[84]×b[84]的值。原始代码为：

```
int prod = 0;
int x = 0, y = 0, z = 0;
int i = 1;
while(i<=20)
{
    x=*(a+4*i+4);
    y=*(b+4*i+4);
    z=x*y;
    prod+=z;
    i++;
}
```

常用的循环优化技术包括代码外提、删除冗余运算、强度削弱、变换循环控制条件、合并已知量以及删除无用赋值等。

代码外提是指将循环体中与循环变量无关的运算提出，并将其放到循环之外，以避免每次循环过程中的重复操作。在原始代码中，计算 x、y 的值时，重复使用到 a+4，b+4 操作，由于它们与循环变量 i 无关，可以放到循环之外一次执行完成：

```
int prod = 0;
int x = 0, y = 0, z = 0;
int *a1=a+4;
int *b1=b+4;
i = 1;
while（i<=20）
{
    x=*(a1+4*i);
    y=*(b1+4*i);
    z=x*y;
    prod+=z;
    i++;
}
```

在原始版本 1 中，循环体内执行了两次 4*i 的操作，通过引入中间变量保留这一结果，可以删除冗余计算。

```
int prod = 0;
int x = 0, y = 0, z = 0;
int *a1=a+4;
int *b1=b+4;
i = 1;
int j = 0;
while(i<=20)
{
    j =4*i;
    x=*(a1+j);
    y=*(b1+j);
    z=x*y;
    prod+=z;
    i++;
}
```

进一步变换循环控制条件

```
int prod = 0;
int x = 0, y = 0, z = 0;
int *a1=a+4;
int *b1=b+4;
int j = 0;
while(j<=76)
{
    j += 4;
    x=*(a1+j);
    y=*(b1+j);
    z=x*y;
    prod+=z;
}
```

在这个最后的版本中，除了变换循环控制条件外，还将有关 i 的无用赋值从循环内外全部去除掉了。

5.1.2　使用频率高的分支放在外层

在 C 语言中循环语句使用频繁，提高循环体效率的基本办法就是降低循环体的复杂性。在多重循环中，应将最长的循环放在最内层，最短的循环放在最外层。这样可以减少 CPU 跨切循环的次数。例如：

```
for(j = 0; j < 100; j++)
{
    for(i = 0; i < 10; i++)
    {
        tmp[i][j] = i*j;
    }
}
```

可以修改为：

```
for(i = 0; i < 10; i++)
{
    for(j = 0; j < 100; j++)
    {
        tmp[i][j] = i*j;
    }
}
```

5.1.3 使用数组替换条件语句

表驱动法（Table-Driven Approach）可以通过在表中查找信息，来代替很多复杂的if-else或者switch-case逻辑判断。比如当需要写一个函数用来获取指定月份的天数时，可能会写出以下的代码段：

```c
//判断是否闰年，若为闰年返回1，否则返回0
int IsLeapYear(unsigned int year)
{
    if((0 == year % 4 && 0 != year % 100)||(0 == year % 400))
        return 1;
    return 0;
}
//获取year年month月的天数
unsigned int GetMonthDays(unsigned int year, unsigned int month)
{
    unsigned int days = 0;
    if(1 == month){days = 31;}
    else if(2 == month)
    {
        if(IsLeapYear(year))
        {
            days = 29;
        }
        else {days = 28;}
    }
    else if(3 == month){days = 31;}
    else if(4 == month){days = 30;}
    else if(5 == month){days = 31;}
    else if(6 == month){days = 30;}
    else if(7 == month){days = 31;}
    else if(8 == month){days = 31;}
    else if(9 == month){days = 30;}
    else if(10 == month){days = 31;}
    else if(11 == month){days = 30;}
    else if(12 == month){days = 31;}
    return days;
}
```

上面的代码通过多个if-else语句，来获取当前月份的总天数，代码看起来还算清晰，但是有点冗长和重复。另外，需要进行多次比较才能得到具体的天数，月份越后，比较次数就越多。此时，通过表驱动法，可以很容易分离变化的数据和不变化的逻辑，代码如下：

```
//定义非闰年和闰年每月的天数
static unsigned int monthdays[2][12] =
{
    {31, 28, 31, 30, 31, 30, 31, 31, 30, 31, 30, 31},
    {31, 29, 31, 30, 31, 30, 31, 31, 30, 31, 30, 31}
};
//获取 year 年 month 月的天数
unsigned int GetMonthDays(unsigned int year, unsigned int month)
{
    return monthdays[IsLeapYear(year)][month - 1];
}
```

5.1.4 使用递归避免重复计算

递归是采用的少量的代码程序调用自己本身去实现多次计算的功能。一般而言，递归函数需要三个条件，才可实现递归功能。即：（1）递归出口（边界条件）；（2）递归前进段（重复的逻辑）；（3）返回值。

斐波那契数列是这样一个数列：1、1、2、3、5、8、13、21、34…，即第一项 f（1）=1，第二项 f（2）=1…，第 n 项目为 f（n）=f（n-1）+f（n-2）。求第 n 项的值是多少？

```
int finbo(int n)
{
    if(n==1||n==2)
    {
        return 1;
    }
    else
    {
        return finbo(n-1)+finbo(n-2);
    }
}
```

5.1.5 使用switch语句替代if语句

C语言虽然没有限制if else能够处理的分支数量，但当分支过多时，用if else处理会不太方便，而且容易出现if else配对出错的情况。例如，输入一个整数，输出该整数对应的星期几的英文表示：

```
if（a==1）{
    printf（"Monday\n"）;
}else if（a==2）{
    printf（"Tuesday\n"）;
}else if（a==3）{
    printf（"Wednesday\n"）;
}else if（a==4）{
    printf（"Thursday\n"）;
}else if（a==5）{
    printf（"Friday\n"）;
}else if（a==6）{
    printf（"Saturday\n"）;
}else if（a==7）{
    printf（"Sunday\n"）;
}else{
    printf（"error\n"）;
}
```

对于这种情况，实际开发中一般使用switch语句代替，比如下面的代码：

```
switch（a）{
    case 1：printf（"Monday\n"）;   break;
    case 2：printf（"Tuesday\n"）;   break;
    case 3：printf（"Wednesday\n"）;   break;
    case 4：printf（"Thursday\n"）;   break;
    case 5：printf（"Friday\n"）;   break;
    case 6：printf（"Saturday\n"）;   break;
    case 7：printf（"Sunday\n"）;   break;
    default：printf（"error\n"）;   break;
}
```

5.2　函　　数

5.2.1　函数中变量用到时才初始化

（1）局部变量

定义在函数内部的变量称为局部变量（Local Variable），它的作用域仅限于函数内部，离开该函数后就是无效的，再使用就会报错。例如：

```
int fun1(int a){
    int b,c;   //a,b,c 仅在函数 fun1 内有效
    return a+b+c;
}
int main(void){
    int m,n;   //m,n 仅在函数 main 内有效
    return 0;
}
```

几点说明：

● 形参变量以及函数体内定义的变量都是局部变量。实参给形参传值的过程也就是给局部变量赋值的过程。

● 在 main 函数中定义的变量也是局部变量，只能在 main 函数中使用；同时，main 函数中也不能使用其他函数中定义的变量。main 函数也是一个函数，与其他函数地位平等。

● 可以在不同的函数中使用相同的变量名，它们表示不同的数据，分配不同的内存，互不干扰，也不会发生混淆。

（2）全局变量

在所有函数外部定义的变量称为全局变量（Global Variable），它的作用域默认是整个程序，也就是所有的源文件，包括 .c 和 .h 文件。如果给全局变量加上 static 关键字，它的作用域就变成了当前文件，在其他文件中就无效了。例如：

```
int a,b; //全局变量
void func1( ){
    //TODO
}
float x,y; //全局变量
void func2( ){
```

```
        //TODO
    }
    int main( ){
        //TODO
        return 0;
    }
```

几点说明：

● a、b、x、y都是在函数外部定义的全局变量。C语言代码是从前往后依次执行的，由于x、y定义在函数func1( )之后，所以在func1( )内无效；而a、b定义在源程序的开头，所以在func1( )、func2( )和main( )内都有效。

● 当全局变量和局部变量同名时，在局部范围内全局变量被"屏蔽"，不再起作用。或者说，变量的使用遵循就近原则，如果在当前作用域中存在同名变量，就不会向更大的作用域中去寻找变量。

● 全局变量在程序的全部执行过程中都占用存储单元，而不是在需要时才开辟单元。同时，它使函数的通用性降低。全局变量过多，会降低程序的清晰性。

（3）局部变量和静态变量

局部变量在使用到时才会在内存中分配储存单元，而静态变量在程序的一开始便存在于内存中，所以使用静态变量的效率应该比局部变量高，其实这是一个误区，使用局部变量的效率比使用静态变量更高。这是因为局部变量是存在于堆栈（stack）中的，对其空间的分配仅仅是修改一次寄存器（SP）的内容即可（即使定义一组局部变量也是修改一次）。而局部变量存在于堆栈中最大的好处是，函数能重复使用内存，当一个函数调用完毕时，退出程序堆栈，内存空间被回收，当新的函数被调用时，局部变量又可以重新使用相同的地址。当一块数据被反复读写，其数据会留在CPU的一级缓存（Cache）中，访问速度非常快。而静态变量却不存在于堆栈中，所以说静态变量是低效的。

5.2.2　使用结构体指针作为函数入参

结构体变量名代表的是整个集合本身，作为函数参数时传递的是整个集合，也就是所有成员，而不是像数组一样被编译器转换成一个指针。如果结构体成员较多，尤其是成员为数组时，传送的时间和空间开销会很大，从而影响程序的运行效率。所以最好的办法就是使用结构体指针，这时由实参传向形参的只是一个地址，非常快速。下面以输出某门课程所有同学的平均分为例：

```
struct stu{
    char *name;
    int score;
} stus[] = {{"zhangsan1", 65},{"zhangsan2", 98}};
```

```
    void averge(struct stu *, int);

int main(void){
    int len = sizeof(stus)/sizeof(struct stu);
    printf("start...\n");
    //数组名可以认为是一个指针
    averge(stus,len);
}
void averge(struct stu *stus, int len){
    char *name;
    int score = 0;
    int sum = 0;
    int i = 0;
    for(i = 0; i < len; i++){
        name = stus[i].name;       //第一种结构成员访问形式
        score =(*(stus + i)).score; //第二种结构成员访问形式
        sum += score;
        printf("%s...%d \n",name,score);
    }
    printf("平均分:%d...\n",sum/len);
}
```

5.2.3　使用宏/inline 函数替代简短的函数

（1）宏和函数

在软件开发过程中，经常有一些常用或者通用的功能或者代码段，这些功能既可以写成函数，也可以封装成为宏定义。那么究竟是用函数好，还是宏定义好？这就要求对二者进行合理的取舍。

首先，看一个例子，比较两个数或者表达式大小，把它写成宏定义：

#define MAX(a,b)　　((a)>(b)　(a):(b))

其次，把它用函数来实现：

```
int max(int a, int b){
    if(a > b)
        return a;
    else
        return b;
}
```

很显然，不会选择用函数来完成这个任务，原因有两个：

首先，函数调用会带来额外的开销，它需要开辟一片栈空间，记录返回地址，将形参压栈，从函数返回还要释放堆栈。这种开销不仅会降低代码效率，而且代码量也会大大增加，而使用宏定义则在代码规模和速度方面都比函数更胜一筹。

其次，函数的参数必须被声明为一种特定的类型，所以它只能在类型合适的表达式上使用，如果要比较两个浮点型的大小，就不得不再写一个专门针对浮点型的比较函数。反之，上面的那个宏定义可以用于整形、长整形、单浮点型、双浮点型以及其他任何可以用 ">" 操作符比较值大小的类型，也就是说，宏与类型无关。

和使用函数相比，使用宏的不利之处在于每次使用宏时，一份宏定义代码的拷贝都会插入程序中。除非宏非常短，否则使用宏会大幅度增加程序的长度。

还有一些任务根本无法用函数实现，但是用宏定义却很好实现。比如参数类型没法作为参数传递给函数，但是可以把参数类型传递给带参的宏。

如下面的例子：

```
#define MALLOC(n,type)    ((type *)malloc((n)* sizeof(type)))
```

利用这个宏，可以为任何类型分配一段指定的空间大小，并返回指向这段空间的指针。可以观察一下这个宏确切的工作过程：

```
int *ptr;
ptr = MALLOC(5,int);
```

将这宏展开以后的结果：

```
ptr =(int *)malloc((5)* sizeof(int));
```

这个例子是宏定义的经典应用之一，完成了函数不能完成的功能。

（2）inline 函数

在 C 语言中，如果一些函数被频繁调用，不断地有函数入栈，会造成栈空间或栈内存的大量消耗。为了解决这个问题，特别地引入了 inline 修饰符，表示为内联函数。

内联函数和宏很类似，而区别在于，宏是由预处理器对宏进行替代，而内联函数是通过编译器控制来实现的。因此，内联函数在运行时可调试，而宏定义不可以。此外，内联函数是在程序编译时展开的，而且须进行参数传递。

内联函数会在它被调用的位置上展开，这一点表现和 define 宏定义是非常相似的。展开是指内联函数的 C 语言代码会在其被调用处展开，这么看来，内联函数的 "调用" 应该加上引号，因为系统在 "调用" 内联函数时，无须再在为被调用函数做申请栈空间和回收栈空间的工作，即少了普通函数的调用开销，C 语言程序的效率会得到一定的提升。

另外，将内联函数的代码展开后，C语言编译器会将其与调用者本身的代码放在一起优化，所以也有进一步优化C语言代码，提升效率的可能。

不过，C语言程序要实现内联函数的上述特性是要付出一定代价的。普通函数只需要编译出一份，就可以被所有其他函数调用，而内联函数没有严格意义上的"调用"，它只是将自身的代码展开到被调用处，这么做无疑会使整个C语言代码变长，也就意味着占用更多的内存空间，以及更多的指令缓存。

如果滥用内联函数，CPU的指令缓存肯定是不够用的，这会导致CPU缓存命中率降低，反而可能会降低整个C语言程序的效率。因此，建议把那些对时间要求比较高，且C语言代码长度比较短的函数定义为内联函数。如果在C语言程序开发中的某个函数比较大，又会被反复调用，并且没有特别的时间限制，是不适合把它做成内联函数的。

下面看一个例子：

```
inline char *dbtest(int a)
{
    return (a%2>0) ? "奇":"偶";
}
int main( )
{
    int i = 0;
    for(i = 1; i < 100; i++)
    {
        printf("i:%d 奇偶性:%s \n",i,dbtest(i));
    }
}
```

上面的例子就是标准的内联函数用法，使用inline修饰带来的好处表面看不出来，其实在内部的工作就是在每个for循环的内部任何调用dbtest（i）的地方都换成了（i%2>0）？"奇"："偶"，这样就避免了频繁调用函数对栈空间重复开辟所带来的消耗。

建议当函数只有10行甚至更少时，且不包含递归、循环、switch、if语句才将其定义为内联函数。在一个c文件中，定义的inline函数是不能在其他c文件中直接使用的。

5.2.4 使用简单方法来减少函数调用

每次调用函数都会在栈上分配内存，函数调用结束后再释放这一部分内存，内存的分配和释放都是需要时间的。每次调用函数还会多次修改寄存器的值，函数调用结束后还需要找到上层函数的位置再继续执行，这也是需要时间的。所有的这些时间加在一起会严重地影响程序的效率。

下面仍然以"求斐波那契数"为例来演示双层递归调用的时间开销。

```c
#include <stdio.h>
#include <time.h>
//递归计算斐波那契数
long fib_recursion(int n){
    if(n <= 2){
        return 1;
    }
    else {
        return fib_recursion(n - 1)+ fib_recursion(n - 2);
    }
}
//迭代计算斐波那契数
long fib_iteration(int n){
    long result;
    long previous_result;
    long next_older_result;
    result = previous_result = 1;
    while(n > 2){
        n -= 1;
        next_older_result = previous_result;
        previous_result = result;
        result = previous_result + next_older_result;
    }
    return result;
}
int main( ){
    int a = 45;
    clock_t time_start_recursion,time_end_recursion;
    clock_t time_start_iteration,time_end_iteration;
    //递归的时间
    time_start_recursion = clock( );
    printf("Fib_recursion(%d)= %ld\n",a,fib_recursion(a));
    time_end_recursion = clock( );
    printf("run time with recursion: %lfs\n",
            (double)(time_end_recursion-time_start_recursion)/ CLOCKS_PER_SEC);
    //迭代的时间
```

```
        time_start_iteration = clock( );
        printf("Fib_iteration(%d)= %ld\n",a,fib_iteration(a));
        time_end_iteration = clock( );
        printf("run time with iteration: %lfs\n",
                (double)(time_end_iteration - time_start_iteration)/ CLOCKS_PER_SEC);
        return 0;
    }
```

运行结果：

```
    Fib_recursion(45)= 1134903170
    run time with recursion: 14.168000s
    Fib_iteration(45)= 1134903170
    run time with iteration: 0.000000s
```

　　递归调用用了 14.168 秒，迭代几乎瞬间完成（接近 0 秒），迭代比递归快成千上万倍，这个差异是巨大的。

　　函数调用本来就存在内存开销和时间开销，从这个例子中可以看出减少函数调用可以提高程序执行效率。

5.2.5　使用硬件/新指令提供的高性能函数

　　所谓指令集，就是 CPU 中用来计算和控制计算机系统的一套指令的集合，而每一种新型的 CPU 在设计时就规定了一系列与其硬件电路相配合的指令系统。而指令集的先进与否，也关系到 CPU 的性能发挥，它也是 CPU 性能体现的一个重要标志。

　　通俗的理解，指令集就是 CPU 能认识的语言，指令集运行于一定的微架构之上，不同的微架构可以支持相同的指令集，比如 Intel 和 AMD 的 CPU 的微架构是不同的，但是同样支持 X86 指令集。这很容易理解，指令集只是一套指令集合，一套指令规范，具体的实现，仍然依赖于 CPU 的翻译和执行。

　　指令集一般分为 RISC（Reduced Instruction Set Computer，精简指令集）和 CISC（Complex Instruction Set Computer，复杂指令集）。Intel X86 的第一个 CPU 定义了第一套指令集，后来一些公司发现很多指令并不常用，所以决定设计一套简洁高效的指令集，称之为 RICS 指令集，从而将原来的 Intel X86 指令集定义为 CISC 指令集。两者的使用场合不一样，对于复杂的系统，CISC 更合适；对于简单的系统，RICS 更合适，且功耗低。使用指令提供的高性能函数无疑会提高程序执行效率。下面以 SIMD 指令集为例。

　　SIMD（Single Instruction Multiple Data）指令集，指单指令多数据流技术，可用一组指令对多组数据进行并行操作。SIMD 指令可以在一个控制器上同时控制多个平行的处理微元，一次指令运算执行多个数据流，这样在很多时候可以提高程序的运算速度。SIMD指令在本质上非常类似一个向量处理器，可对控制器上的一组数据（又称"数据向量"）同时分别执行相同的操作从而实现空间上的并行。

SIMD指令主要用于提供小碎数据的并行操作，比如图像处理。图像数据常用的数据类型是RGB565、RGBA8888、YUV422等格式，这些格式的数据特点是一个像素点的一个分量总是用小于或等于8 bit的数据表示的。如果使用传统的处理器做计算，虽然处理器的寄存器是32位或是64位的，处理这些数据却只能使用低8位，有点浪费。如果把64位寄存器拆成8个8位寄存器就能同时完成8个操作，计算效率将提升8倍。

以加法指令为例，单指令单数据（SISD）的CPU对加法指令译码后，执行部件先访问内存，取得第一个操作数；之后再一次访问内存，取得第二个操作数；随后才能进行求和运算。而在SSE（Streaming SIMD Extensions，单指令多数据流扩展）指令集支持的SIMD型的CPU中，指令译码后几个执行部件同时访问内存，一次性获得所有操作数进行运算。这个特点使SIMD特别适合于多媒体应用等数据密集型运算。

如下为数组对应位置求和（intrinsic指令）的例子：

```c
#include <stdio.h>
#include <x86intrin.h>
int main( ){
    int i=0;
    //16字节对齐
    float __attribute__((aligned(16))) a[4]={1.0,2.0,3.0,4.0};
    float __attribute__((aligned(16))) b[4]={4.0,3.0,2.0,1.0};
    //_mm_load_ps用于packed的加载,要求p的地址是16字节对齐.
    __m128 A=_mm_load_ps(a);
    __m128 B=_mm_load_ps(b);
    __m128 C=_mm_add_ps(A,B);
    for(i=0;i<4;i++)
        printf("%f ",C[i]);
    printf("\n");
    return 0;
}
```

5.3 内存操作

C语言的精华是内存、存储管理。各种隐藏很深的bug其实也跟内存有关，包括内存越界、内存泄漏、野指针等等。

5.3.1　使用memset完成连续内存的赋值

（1）memset函数声明定义

void *memset（void *str，int ch，size_t n）

函数功能：将str为首地址的一片连续的n个字节内存单元都赋值为ch。memset函数是按字节对内存块进行初始化的。对于char型的数组，可以将其初始化为任意一个字符。

（2）使用memset完成连续内存的赋值

```
#include<stdio.h>
#include<string.h>
int main( ){
    int i=0,j=0;
    //按char型的数组对内存块进行初始化
    char ch[5];
    //把数组ch的5个元素都赋值为'A'
    memset(ch,'A',sizeof(char)*5);
    for(i=0; i<5; i++){
        printf("%c\t",ch[i]);}
    //按int型的数组对内存块进行初始化
    int str[5];
    memset(str,0,sizeof(int)*5);
    for(j=0; j<5; j++){
        printf("%d\t",str[i]);
    }
    return 0;
}
```

结果输出：

A　A　A　A　A　0　0　0　0　0

分析：memset函数是对n个字节进行赋值。char类型占1个字节，int类型占4个字节，所以对int、short等类型赋值时，需要乘上字节数，例如sizeof（int）*5。

对于int型的数组，由于memset函数按字节对内存块进行初始化，所以不能用它将int数组初始化为0和-1之外的其他值，比如下例：

```
#include<string.h>
int main( )
{
```

```
int i=0;
int a[10];
memset(a,2,10*sizeof(int));
for(i=0; i<10; i++){
    printf("%d\t",a[i]);
}
return 0;
}
```

输出：

33686018　　33686018　　33686018　　33686018　　33686018　　33686018

33686018　　33686018　　33686018　　33686018

分析：memset 是对连续的 n 个字节进行赋值。但是 int 类型占 4 个字节。memset 赋值时，直接将数组拆成 40 个字节赋值，并没有把 4 个字节看成一个整体。

5.3.2　避免内存拷贝

C 语言中 memcpy 函数是按照机器字长逐字进行拷贝的，一个字等于 4（32 位机）或 8（64 位机）个字节。CPU 存取一个字节和存取一个字一样，都是在一条指令、一个内存周期内完成的。但是，小内存的拷贝，使用等号直接赋值比 memcpy 快得多。

当然，两者都是通过逐字拷贝来实现的。但是"等号赋值"被编译器翻译成一连串的 MOV 汇编指令，而 memcpy 则是一个循环。"等号赋值"比 memcpy 快，并不是快在拷贝方式上，而是快在程序流程上。（注意："等号赋值"的长度必须小于等于 128，并且是机器字长的倍数，才会被编译成连续 MOV 形式，否则会被编译成调用 memcpy。）

在循环方式下，每一次 MOV 过后，需要：（1）判断是否拷贝完成；（2）跳转以便继续拷贝。每拷贝一个字长，CPU 就需要多执行以上两个动作。

循环除了增加了判断和跳转指令以外，对于 CPU 处理流水产生的影响也是不可不计的。CPU 将指令的执行分为若干个阶段，组成一条指令处理流水线，这样就能实现在一个 CPU 时钟周期完成一条指令，使得 CPU 的运算速度得以提升。指令流水只能按照单一的指令路径来执行，如果出现分支（判断+跳转），流水就没法处理了。为了缓解分支对于流水的影响，CPU 可能会采取一定的分支预测策略。但是分支预测不一定就能成功，如果失败，其损失比不预测还大。

所以，循环还是比较浪费的。如果效率要求很高，在大多数情况下，需要把循环展开，以避免判断与跳转占用大量的 CPU 时间。这算是一种以空间换时间的做法。GCC 就有自动将循环展开的编译选项（如：-funroll-loops，可通过 cmake 的 target_compile_options 添加）。

　　但是，循环展开也是应该有限度的，并不是越展开越好（即使不考虑对空间的浪费）。因为CPU的快速执行很依赖于Cache，如果Cache不命中，CPU将浪费不少的时钟周期在等待内存上（内存的速度一般比CPU低一个数量级）。而小段循环结构就比较有利于Cache命中，因为重复执行的一段代码很容易被硬件放在Cache中，这就是代码局部性带来的好处。而过度的循环展开就打破了代码的局部性。因此，得出的结论为：操作的对象小于128字节，使用"等号赋值"比内存拷贝所消耗的CPU更少，此时应该尽可能避免使用内存拷贝。

习题5

　　5.1　计算本章中循环优化技术的四种循环实现的时间开销并进行比较。

　　5.2　针对使用数组替换条件语句的例子，用两种方法分别计算2025年3月的天数。

　　5.3　针对使用递归避免重复计算的例子，计算n=20和n=50的斐波那契数列值。

　　5.4　针对使用结构体指针作为函数入参的例子，计算输出5位同学的平均分。

　　5.5　针对使用宏/inline函数替代简短函数的例子，测试定义为内联函数和定义为普通函数的性能区别。

　　5.6　比较n=20和n=50时，递归计算斐波那契数和迭代计算斐波那契数的求解时间，要求时间精度为μs。

　　5.7　针对使用硬件/新指令提供的高性能函数的例子，对比intrinsic指令和普通for循环求解的时间，要求时间精度为μs。

　　5.8　分析使用memset完成连续内存的赋值例子中，"33686018"是如何出现的。

第6章 CPU相关编程及优化

计算机系统的性能就是在某一特定负载时软硬件表现出来的特性。嵌入式CPU运行效率主要体现在流水线技术和Cache的使用。包括：CPU频率、流水线、多发射、乱序、Cache以及内存访问速度等。如果是多核的话，核间的通信、Cache一致性等很多因素也会制约系统的性能。

6.1 CPU流水线

CPU流水线技术是一种将指令分解为多步，并让不同指令的各步操作重叠，从而实现几条指令并行处理，以加速程序运行过程的技术。指令的每步有各自独立的电路来处理，每完成一步，就进到下一步，而前一步则处理后续指令。流水线要求各功能段能互相独立地工作，这就要增加硬件，相应地也加大了控制的复杂性。如果没有互相独立的操作部件，很可能会发生各种冲突。

以经典的五级流水线为例，其可分为取指、译码、执行、访存、写回等五个步骤：
- 取指

指令取指（Instruction Fetch）是指将指令从存储器中读取出来的过程。
- 译码

指令译码（Instruction Decode）是指将存储器中取出的指令进行翻译的过程。经过译码之后得到指令需要的操作数寄存器索引，可以使用此索引从通用寄存器组（Register File）中将操作数读出。
- 执行

指令执行（Instruction Execute）是指对指令进行真正运算的过程。譬如，如果指令是一条加法运算指令，则对操作数进行加法操作；如果是减法运算指令，则进行减法操作。在"执行"阶段的最常见部件为算术逻辑部件（Arithmetic Logical Unit，ALU），其作为实施具体运算的硬件功能单元。
- 访存

访存（Memory Access）是指将数据从存储器中读出，或者写入存储器的过程。
- 写回

写回（Write Back）是指将指令执行的结果写回通用寄存器组的过程。如果是普通运算指令，该结果值来自"执行"阶段计算的结果；如果是存储器读指令，该结果来自"访存"阶段从存储器中读取出来的数据。

6.1.1 无流水线和流水线对比

流水线处理模型可以大幅提升系统处理效率，无流水线时执行命令A、B、C串行处理，总共需要15个时钟周期，如图6-1所示。

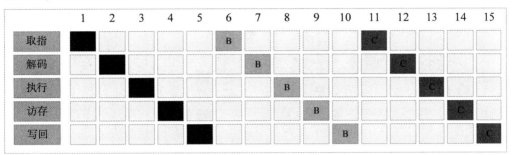

图6-1 无流水线时指令执行周期

引入流水线后，如图6-2所示，只需要7个时钟周期即可完成这三条指令，流水线针对无相互依赖的指令运行效率有大幅度提升。

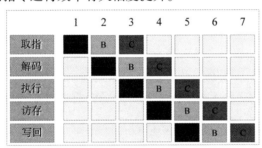

图6-2 流水线中的指令执行周期

6.1.2 超标量流水线

将一条指令分成若干个周期以达到多条指令重叠处理，从而提高CPU部件利用率的技术叫作标量流水技术。而超标量（Super Scalar）是指CPU内一般能有多条流水线，这些流水线能够并行处理。在单流水线结构中，指令虽然能够重叠执行，但仍然是顺序的，每个周期只能发射（issue）或退出（retire）一条指令。超标量结构的CPU支持指令级并行，每个周期可以发射多条指令，从而提高CPU处理速度。

超标量机主要是借助硬件资源重复（例如有两套译码器和ALU等）来实现空间的并行操作。在超标量处理器中，流水线的数目又称为"处理器的宽度"。图6-3是处理器宽度为2的流水线的时序图，第一个Cycle时刻，取指A和B指令，第二个Cycle时刻取指C和D指令。

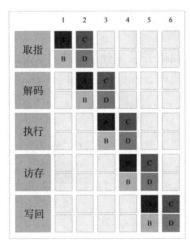

图6-3　超标量流水线

6.1.3　流水线阻塞

指令流水线中的阻塞，使指令流水线发生断流，导致指令流水线性能降低。流水线阻塞会涉及两个概念：

- 前端（Front End）：指令取指和解码阶段；
- 后端（Back End）：指令执行并退出（retire）。

根据前端、后端的区别，流水线阻塞可以分为前端阻塞和后端阻塞。

6.1.3.1　前端阻塞（Front-End Bound）

前端阻塞是指后端已经准备好了，但此时一个指令却未能及时从前端移动到后端执行。如图6-4所示，指令B在解码阶段多耗时了一个1个Cycle，未能及时移动到后端，导致了后面流水线的等待。

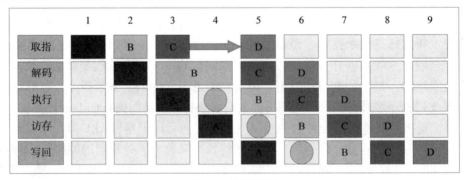

图6-4　前端阻塞

6.1.3.2　后端阻塞（Back-End Bound）

后端阻塞是指不管前端能不能及时提供指令，后端都无法再执行了，如图6-5所示。虽然前端已经及时提供了指令，但是指令B多花了一个时钟周期执行，仍然在第

5时钟周期占据执行阶段，使得指令C无法移动到后端，导致有流水线等待产生。

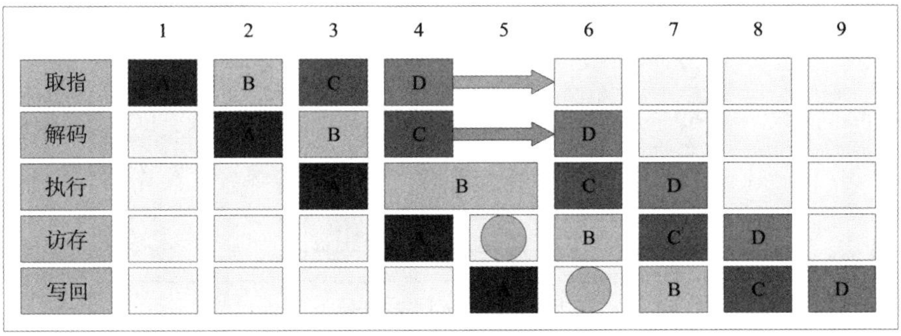

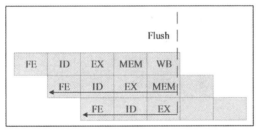

图6-5 后端阻塞

6.1.4 流水线的Flush、Stall和Redirect机制

- Flush：冲刷流水线中的相关指令。

Flush方向一般是向前Flush，即指令的某个阶段冲刷掉更前级阶段的指令。图6-6（a）为前一条指令在Commit Stage时Flush整条流水线，图6-6（b）为前一条指令在Execute Stage时Flush整条流水线。

图6-6（a） Commit Stage时Flush 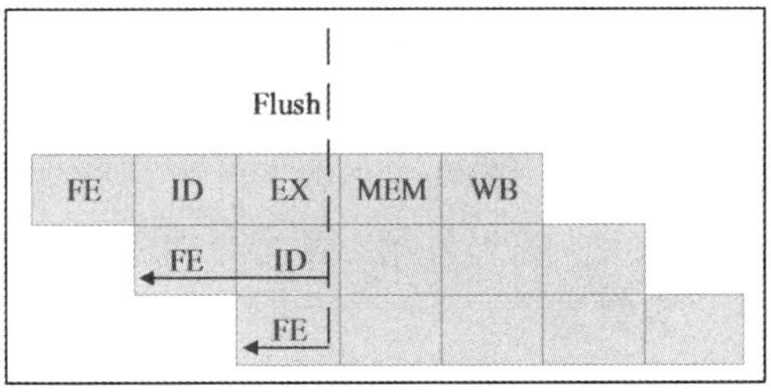   图6-6（b） Execute Stage时Flush

- Stall：停顿流水线。

当一条指令不能立即Commit，就可以停顿整条流水线1个周期，如图6-7所示。

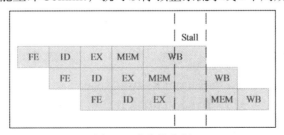

图6-7 流水线停顿

- Redirect：重定位流水线。

一般由后级流水线Stage发起，通知FE Stage，让流水线从新的地址开始执行，如图6-8所示。

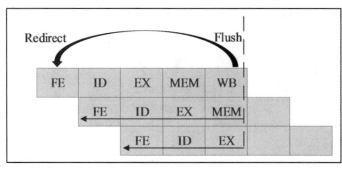

图6-8　流水线Redirct

6.1.5　流水线阻塞实例分析

实例1：

C代码：
a = b * c;
d = a + 1;

第二条指令依赖于第一条，导致这两条指令无法并行执行，所以多发射并不能提高指令的运行效率。第一条指令是乘法指令，一般要耗费4个cycle以上，意味着第二条指令要等4cycle以上才有可能被执行，在等待期间处理器不得不插入"气泡（bubble）"来暂停第二条指令的运行。这样就出现了流水线阻塞。

实例2：

C代码：
if(a > b)
    a++;
else
    b++;

对应的ARM汇编代码：

```
CMP   R0,R1        ;比较 R0(a)与 R1(b)
ADDHI R0,R0,#1     ;若 R0>R1,则 R0=R0+1
ADDLS R1,R1,#1     ;若 R0≤R1,则 R1=R1+1
```

该例中分支判断的指令在执行阶段才能知道接下来要执行哪部分的指令，这意味着在流水线中至少要等待数个周期，这种代价是处理器承受不了的。一般应用程序平均每6条指令就有一条跳转指令，如果每条跳转指令意味着数个周期的等待，那么流水线带来的性能增益也就消失殆尽了。

因此处理器一般会预测并提前取指执行，当然执行的结果只有在知道了分支执行的结果后才能提交。这里的关键是处理器如何预测，预测的成功率如何？预测的方式有两种：一种是通过编译器做静态预测，一般用于循环；另一种是处理器动态预测，通过分支预测表（Branch Target Buffer，BTB）实现。但是，即使二者结合起来，预测的成功率也很难超过95%，如果预测失败，那么提前取的指令将会全部被取消，这就是分支预测失败的惩罚，流水线越深，意味着分支预测失败的惩罚越多。

从上面的分析可以知道，指令间的相互依赖和分支预测都有可能导致流水线间的"气泡"，如果"气泡"发生时，程序的指令能进行重排从而让不相关的指令能继续执行，这就是"乱序处理"（Out-of-order execution）。

6.1.6　CPU指令乱序

超标量流水线一个时钟周期内可以执行多条指令，CPU将多条指令不按程序规定的顺序分开发送给不同的电路单元处理。ARM64出于性能的考虑，采用了弱顺序内存模型，允许指令乱序执行。指令乱序执行能够通过对指令进行重排，从而让不相关的指令能继续执行，在多数情况下能够给CPU带来性能增益。

同时执行的多个指令可能存在依赖关系，比如指令A依赖指令B的结果，CPU不会乱序执行。但是，如果指令上不依赖，但实际业务逻辑上存在依赖时，指令乱序执行可能会对程序运行结果造成意想不到的错误。

考虑以下这种情况：

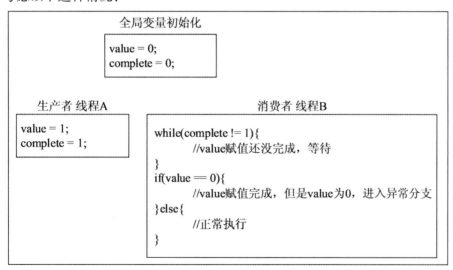

图6-9　业务逻辑依赖

如图6-9所示，业务逻辑上，在生产者线程A中希望先将value赋1，再将complete赋1，表示value修改完成。然而CPU无法感知value和complete有先后依赖关系，因此指令complete=1可能会先于value=1执行完成，导致消费者线程发现complete=1时，value还没有赋值完成，进入异常分支。

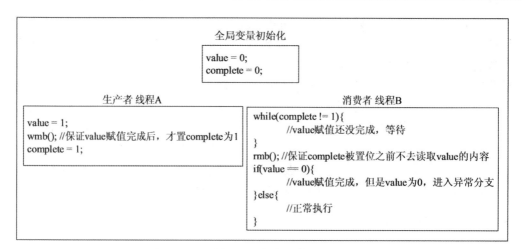

图6-10　内存屏障

要解决这样的问题，可以通过在代码中显式添加内存屏障，防止指令乱序执行，但对性能会有一定影响（通常锁、原子操作都自带屏障），如图6-10所示。

以下是arm v8内存屏障指令：

\#define rmb( )　asm volatile（"dsb ld"：：："memory"）

\#define wmb( )　asm volatile（"dsb st"：：："memory"）

\#define mb( )　asm volatile（"dsb sy"：：："memory"）

wmb：写屏障，在wmb之前的写操作都完成后再执行下面的写指令；

rmb：读屏障，在rmb之前的读操作都完成后再执行下面的读指令；

mb：同时具有rmb和wmb的功能，对性能影响也更大。

6.2　Cache（高速缓冲存储器）

近十几年来，CPU的工作频率大大增加，而内存的发展却无法赶上CPU的步伐。当前技术并不是做不出来访问频率高的内存，而是SRAM（Static Random Access Memory）那样的高速内存相对于普通内存DRAM（Dynamic Random Access Memory）而言，成本过高。因此，当前系统选择一个折中办法，即在CPU和内存之间引入高速缓存（Cache），作为CPU和内存之间的速度适配通道。

图6-11　不同存储器的访问时间

如图6-11所示，CPU的通用寄存器的速度一般小于1ns，主存的速度一般是60～100ns，速度差异近两个数量级。

而程序访问具有空间局部性、时间局部性。即在较短时间间隔内，程序产生的地址往往集中在一个很小的范围内。比如：一个很大的循环程序段，在一段时间内一直在局部区域执行指令，故循环内指令的时间局部性好；一段连续地址的数据元素按顺序遍历，故程序空间局部性好。

Cache作用是为了更好地利用局部性原理，减少CPU访问主存的次数。简单地说，CPU正在访问的指令和数据，其可能会被以后多次访问到，或者是该指令和数据附近的内存区域，可能会被多次访问。因此，第一次访问这一块区域时，将其复制到Cache中，以后访问该区域的指令或者数据时，就不用再从主存中取出。

6.2.1 Cache分类

现代CPUs系统至少包含三种Cache：
- 指令Cache，加速取指令执行速度；
- 数据Cache，加速存取数据速度；
- TLB（Translation Look-aside Buffer）Cache，属于广义Cache，用于加速虚拟地址到物理地址的转换，一个TLB可以同时给取指令和存取数据使用，或者分别使用指令TLB（ITLB）和数据TLB（DTLB）。TLB Cache作为MMU（Memory Management Unit）的一部分，一般不直接与CPU Caches关联。

如图6-12所示，在多级Cache结构中，除指令Cache、数据Cache、专用Cache外，还有更通用的L2/L3 Cache，一般作为为混合功能Cache，可以缓存前面介绍的三种Cache的访存数据。

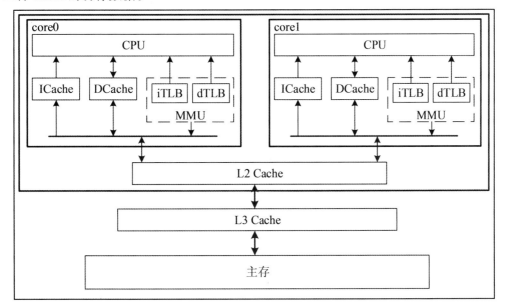

图6-12　多级Cache结构

6.2.2 主存块和 Cache 之间的映射方式

主存被分成若干大小相同的块，称为主存块；Cache 也被分成相同大小的块，称为 Cache 行（line）或槽。

6.2.2.1 直接映射

在 Cache 中，为主存中每个字分配一个位置的最简单方法就是根据这个字的主存地址进行分配，这种 Cache 结构称为直接映射。其每个存储器地址对应到 Cache 中一个确定的地址。直接映射 Cache 采用以下映射方法：

i=j mod C；

其中，i 为 Cache 块地址，j 为主存块地址，C 为 Cache 的总行数，mod 表示求余运算。

如图 6-13 所示，主存的内存块地址对 Cache 行数取模，模的结果为该内存块映射到对应 Cache 的行数（如：100 mod 16 = 4，则主存 100 块应映射到 Cache 的第 4 行中）。

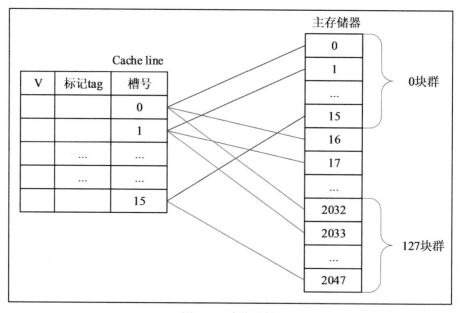

图 6-13 直接映射

标记 tag：由于 Cache 中每个位置可能对应于存储器中多个位置，因此需要引入一组标记，指明该内存块所在的块群，比如上例中 tag = 6。

有效位 V：需要一种方法来判断 Cache 块中确实没有包含有效信息。例如，当一个处理器启动时，Cache 中没有数据，标记域中的值就没有意义，此时 V 标记为 0。而 CPU 在切换到其他程序时，直接把这个 V 刷为 0 即可。

直接映射是最简单的地址映射方式，它的硬件简单，成本低，地址变换速度快，而且不涉及替换算法问题。但是这种方式不够灵活，Cache 的存储空间得不到充分利用，每个主存块只有一个固定位置可存放，容易产生冲突，使Cache效率下降，因此只适合大容量Cache采用。

6.2.2.2　全相联映射

全相联映射方式比较灵活，主存的各块可以映射到Cache的任意一块中，Cache的利用率高，块冲突概率低，只要淘汰Cache中的某一块，即可调入主存的任意一块。

如图6-14所示，发现V为0（无效），就把主存块放到对应的槽，并把V设置为1。也就是说，主存块放到Cache是无序的，没有规则的，看见有空位就占。所以，CPU在找对应的内存地址时，都要遍历，因此全相联映射的特点是命中时间长。该遍历依据其标记tag中存放的主存块地址，tag可以理解为主存块的index，方便查找。

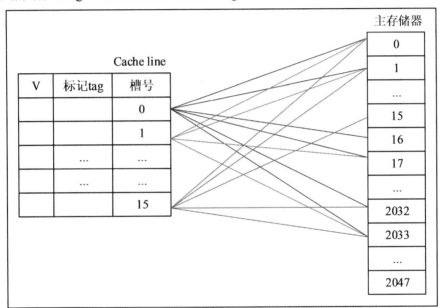

图6-14　全相联映射

对于全相联映射，由于Cache比较电路的设计和实现比较困难，这种方式只适合于小容量Cache采用。

6.2.2.3　组相联映射

组相联映射实际上是直接映射和全相联映射的折中方案。主存和Cache都分组，主存中一个组内的块数与Cache中的分组数相同，组间采用直接映射，组内采用全相联映射。也就是说，主存块存放到哪个组是固定的，至于存到该组哪一块则是灵活的，即主存的某块只能映射到Cache的特定组中的任意一块，如图6-15所示。

例如，Cache总共为16块，分为8组，每组2块；主存分为128个区，每个区16块，再将主存的每个区的16块分为2组，0～7块是第1组，8～15块是第2组；主存块0映射到Cache中的组0中的任意一块，块1映射到Cache中的组1中的任意一块，以此类推，块7映射到Cache中的组7中的任意一块。

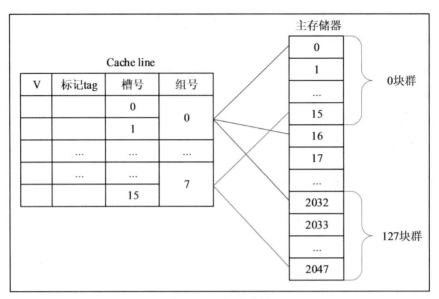

图6-15 组相联映射

如图6-15所示，此时主存块不再对Cache line的行数取模，而是对Cache分组的组数取模，获得对应的组号，再在组里面，寻找空闲的槽。对比全相联映射，其可大大缩小CPU寻找主存地址的范围。对比直接映射，看见有空闲的槽就占，增大了Cache的利用率。

6.2.3　Cache替换策略

Cache工作原理要求它尽量保存最新数据，当从主存向Cache传送一个新块，而Cache中可用位置已被占满时，就会产生Cache替换的问题。Cache的替换策略主要有下面四种。

（1）随机替换算法（Random）

随机替换算法是随机地确定替换的存储块。设置一个随机数产生器，依据所产生的随机数，确定替换块。这种方法简单、硬件容易实现，命中率比较低，但随着Cache容量增大，随机替换的工作效率会提升。

（2）先进先出法（First In First Out，FIFO）

先进先出法是选择最先调入的那个块进行替换。而最先调入并被多次命中的块，很可能被优先替换，因而不符合局部性规律。这种方法的命中率比随机法好些，但还不满足要求。先进先出方法易于实现，例如Cache采用组相联方式，每组4块，每块都设定一个两位的计数器，当某块被装入或被替换时该块的计数器清为0，而同组的其他各块的计数器均加1，当需要替换时就选择计数值最大的块被替换掉。

（3）最近最少使用法（Least Recently Used，LRU）

最近最少使用法是依据各块使用的情况，总是选择那个最近最少使用的块被替换。这种方法比较好地反映了程序局部性规律。

实现LRU策略的方法最常见为计数器法，即缓存的每一块都设置一个计数器，计数器的操作规则是：

- 被调入或者被替换的块，其计数器清"0"，而其他的计数器则加"1"。
- 当访问命中时，所有块的计数值与命中块的计数值要进行比较，如果计数值小于命中块的计数值，则该块的计数值加"1"；如果块的计数值大于命中块的计数值，则数值不变。最后将命中块的计数器清为0。
- 当需要替换时，则选择计数值最大的块被替换。

（4）最不常用法（Least Frequently Used，LFU）

每个块都有一个引用计数，每次访问该块，都会对该计数加1。当需要替换时，将计数值最小的块换出，同时将对应的计数器清零。这种方法由于计数周期限定在对这些块两次替换之间的间隔时间内，因此不能严格反映近期访问情况。

6.2.4　Cache预取（prefetch）技术

Cache预取技术是通过计算和访存的重叠，在Cache可能会发生失效之前发出预取请求，以便在该数据真正被使用时已提前取到Cache内，从而避免Cache失效造成的处理器停顿。预取分为硬件预取和软件预取。

6.2.4.1　硬件预取

硬件预取（hardware prefetching）是设计对软件透明的硬件结构，动态观测程序的行为并产生相应的预取请求。即用硬件根据某些规律去猜测处理器未来将要访问的数据地址。硬件预取分为以下几种类型：

- 顺序预取（sequential prefetching）。检测并预取对连续区域进行访问的数据。顺序预取是最简单的预取机制，因为总是预取当前Cache line的下一条line，硬件开销小，但是对访存带宽的需求高。
- 步长预取（stride prefetching）。检测并预取连续访问之间相隔s个缓存数据块的数据，其中s即是步长的大小。硬件实现需要使用访问预测表，记录访问的地址、步长以及访存指令的PC值。
- 流预取（stream prefetching）。对流访问特征进行预取，流访问特征是指在一段时间内程序访问的Cache行地址呈现的规律，这种访问规律在科学计算和工程应用中广泛存在。硬件实现时，需要使用流识别缓冲记录一段时间内访存的Cache行地址，预取引擎识别到流访问则进行预取。
- 关联预取（association based prefetching）。利用访存地址之间存在的关联性进行预取。

硬件预取的优点是不需要软件进行干预，不会增大代码的尺寸，不需要浪费一条预取指令来进行预取，而且可以利用任务实际运行时的信息（run time information）进行预测。硬件预取的缺点是预取结果有时并不准确，预取的数据可能并不是程序执行所需要的，比较容易出现缓存污染（Cache pollution）的问题。更重要的是，采用硬件预取机制需要使用较多的系统资源，在大多数情况下，耗费的这些资源与取得的效果并不成比例。

6.2.4.2　软件预取

有的处理器提供专门用于预取的指令，但是怎么使用和何时使用指令进行预取是由软件决定的，这种方式被称为软件预取（software prefetching）。当下的微处理器大都提供了预取指令来支持软件的预取。软件预取指令可以由编译器自动加入，但是在很多场景下，更加有效的方式是由程序员主动加入预取指令。

这些预取指令在进行大规模向量运算时，可以发挥巨大的作用。在这一场景中，通常含有大规模的、有规律的循环迭代（loop iteration）。这类程序通常需要访问处理较大规模的数据，从而在一定程度上破坏了程序的时间和空间的局部性（temporal and spatial locality），这使得数据预取成为提高系统效率的有效手段。

例如有循环如下：

```
for(int i=0; i<1024; i++){
    array1[i] = 2 * array1[i];
}
```

每次迭代，i变量会增加，这样可以提前让i进行增加，通过编译器加入prefetch代码如下：

```
for(int i=0; i<1024; i++){
    prefetch(array1 [i + k]);
    array1[i] = 2 * array1[i];
}
```

这时的预取步幅k，取决于两个因素，1个迭代的时间（假设为7个时钟周期）和Cache miss迭代的时间（假设为49个时钟周期），那么k=49/7=7。表示预取7个元素。

必须强调的是，预取对程序肯定是会有影响的，并非所有程序在开启预取时都是性能增益的。预取对那些有规律的数据采集在指令执行过程中才会发挥最大功效，而在随机访问事务中，预取反而是有害的，因为随机事务中的数据都是随机的，预取进来的数据在接下去的执行中并不能有效利用，只是白白地浪费了缓存空间和存储带宽。

需要注意的是，在多核处理器设计中，预取设计尤为困难。如果预取过早，那么一个处理器在访问某数据块之前，可能会因为另一个处理器对该数据块的访问导致数据块无效。同时，被预取的数据块可能替换了更有用的数据块。即使加大高速缓存的容量也不能像单处理器那样解决这些问题。过早的预取会导致某处理器从其他处理器中"窃取"缓存块，而这些缓存块很可能又被其他处理器再"窃取"回去。在极端情况下，不合适的预取会给多处理器设计带来灾难，缓存缺失更加严重，进而大大降低性能。

6.2.5　Cache一致性（Cache coherence）

Cache一致性是指在采用层次结构存储系统的计算机中，保证高速缓冲存储器中数据与主存储器中数据相同的机制。在一个系统中，当许多不同的设备共享一个共同存储器资源，在高速缓存中的数据不一致，就会产生问题。这个问题在有数个核或CPU的多处理机系统中特别容易出现，如图6-16所示。

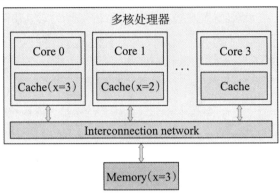

图6-16　多核Cache结构

高速缓存一致性协议是解决缓存一致性问题的主要方案，同时也是保证存储同一性的重要手段。它定义了共享缓存块在各个私有缓存中的存在形式，并详细定义了各个私有缓存之间的通信行为。

学术界及工业界已经提出了多种高速缓存一致性协议模型，但所有模型的出发点都是一样的，都是为了保证存储模型SWMR（single-writer，multiple-reader）属性，即对于一个给定的缓存块，在系统运行的任意时刻，保证：（1）只能有一个处理器核拥有对此缓存的写权限；（2）可以有零个或者多个处理器核拥有对此缓存块的读权限。

根据共享数据修改方式的不同，可以将高速缓存一致性协议的实现分为两种形式：写无效协议和写更新协议。

在写无效协议中，处理器核在对某个存储块进行写操作之前，必须保证当前的处理器核拥有对此缓存块的读写权。如果两个或者多个处理器核试图同时访问同一个数据项并执行写操作，那么它们中只能有一个在进行，另一个访问请求会被阻塞；在某个处理器执行写操作时，其他所有私有缓存中该数据的副本都会被置为无效状态。在当前处理器完成写操作后，后续的对此数据的所有操作，都必须首先获得此新写入数据的副本。因此，写无效型的协议强制执行了写操作的串行化。

写更新协议也称为"写广播协议"，它是指处理器核在对某个数据进行写操作时，同时更新当前数据在其他所有缓存中的数据副本。

最常用的高速缓存一致性协议为MESI监听一致性协议，MESI协议是基于写无效的高速缓存一致性协议。在MESI协议中，首字母缩略词MESI中的字母表示可以标记高速缓存行的四种独占状态：

- I：Invalid（无效），该CPU核中该Cache字段失效。
- S：Shared（共享），多个CPU核的Cache均共享该数据。
- E：Exclusive（独占），数据只在该CPU核独有，其他CPU核变为Invalid状态。
- M：Modified（已修改），与E状态类似，但是数据已经被修改，在其变为Invalid状态时，需要先将数据回写到内存。

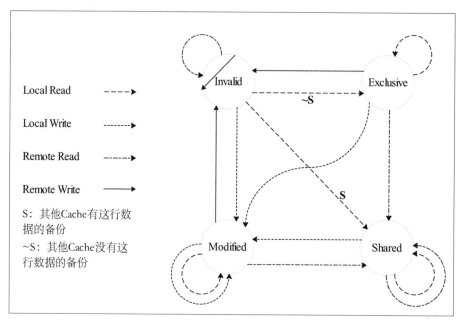

图6-17　MESI协议状态迁移图

MESI协议状态迁移如图6-17所示。图中Local Read表示本内核读本Cache中的值，Local Write表示本内核写本Cache中的值，Remote Read表示其他内核读其他Cache中的值，Remote Write表示其他内核写其他Cache中的值，箭头表示本Cache line状态的迁移，环形箭头表示状态不变。

当CPU核需要访问的数据不在本Cache中，而其他Cache有这份数据的备份时，本Cache既可以从内存中导入数据，也可以从其他Cache中导入数据，不同的处理器会有不同的选择。MESI协议为了使自己更加通用，没有定义这些细节，只定义了状态之间的迁移。具体状态之间的迁移过程见表6-1所列：

表6-1　MESI协议的状态迁移

当前状态	事件	行为	下一个状态
I（Invalid）	Local Read	如果其他Cache没有这份数据，本Cache从内存中取数据，Cache line状态变成E； 如果其他Cache有这份数据，且状态为M，则将数据更新到内存，本Cache再从内存中取数据，2个Cache的Cache line状态都变成S； 如果其他Cache有这份数据，且状态为S或者E，本Cache从内存中取数据，这些Cache的Cache line状态都变成S	E/S

续表

当前状态	事件	行为	下一个状态
I(Invalid)	Local Write	从内存中取数据,在Cache中修改,状态变成M; 如果其他Cache有这份数据,且状态为M,则要先将数据更新到内存; 如果其他Cache有这份数据,则其他Cache的Cache line状态变成I	M
I(Invalid)	Remote Read	既然是Invalid,别的核的操作与它无关	I
I(Invalid)	Remote Write	既然是Invalid,别的核的操作与它无关	I
E(Exclusive)	Local Read	从Cache中取数据,状态不变	E
E(Exclusive)	Local Write	修改Cache中的数据,状态变成M	M
E(Exclusive)	Remote Read	数据和其他核共用,状态变成了S	S
E(Exclusive)	Remote Write	数据被修改,本Cache line不能再使用,状态变成I	I
S(Shared)	Local Read	从Cache中取数据,状态不变	S
S(Shared)	Local Write	修改Cache中的数据,状态变成M,其他核共享的Cache line状态变成I	M
S(Shared)	Remote Read	状态不变	S
S(Shared)	Remote Write	数据被修改,本Cache line不能再使用,状态变成I	I
M(Modified)	Local Read	从Cache中取数据,状态不变	M
M(Modified)	Local Write	修改Cache中的数据,状态不变	M
M(Modified)	Remote Read	这行数据被写到内存中,使其他核能使用到最新的数据,状态变成S	S
M(Modified)	Remote Write	这行数据被写到内存中,使其他核能使用到最新的数据,由于其他核会修改这行数据,状态变成I	I

6.2.6 Cache性能优化

CPU处理指令需要从Cache和主存中load指令和数据,流水线引入后,程序处理的性能就和Cache命中率、代码及数据的对齐方式有很大的关系,当编写代码的方式、逻辑、组织数据的大小和对齐方式不一样时,可能对系统的性能带来几十倍甚至几百倍的影响。

6.2.6.1　CPU内部进行Cache性能优化

见表6-2所列，在CPU内部有多种基本的Cache优化方法，分为三类：

- 降低缺失率——较大的块，较大的缓存，较高的相联度；
- 降低缺失代价——多级缓存，为读取操作设定高于写入操作的优先级；
- 缩短在缓存中命中的时间——在索引缓存时避免地址转换。

对于降低缺失率而言，最简单的方法是增大块的大小，但会导致缺失代价的提高；最有效的方法是增加缓存容量，但是这种方法带来的缺点是延长命中时间、增加成本和功耗。除了这两个方法外，还可以通过提高相联度来降低缺失率。对于特定大小的缓存，提高相联度的一般经验是：（1）从实际降低缺失数的功效来说，8路组相联与全相联是一样有效的；（2）大小为N的直接相联映射缓存与大小为N/2的两路组相联映射缓存具有近似相同的缺失率，即2：1缓存经验。

表6-2　基本缓存优化对缓存性能和复杂度的影响

技术	命中时间	缺失代价	缺失率	硬件复杂度
较大的块大小		−	+	0
较大的缓存大小	−		+	1
较高的相联度	−		+	1
多级缓存		+		2
读取操作优先级高于写入操作		+		1

+：表示该技术会改进该项因素

−：表示该技术会损害该项因素

空白表示没有影响

复杂度的评估具有主观性，0表示最容易，2表示最富挑战性

对于降低缺失代价而言，采用多级缓存，使最接近CPU的缓存可以小到足以与CPU的寄存器相匹配；与存储器接近的缓存可以大到足以捕获本来可能进入主存储器的访问，从而降低缺失代价。以两级Cache为例评估：

存储器平均访问时间 = 命中时间L1 + 缺失率L1 ×（命中时间L2+缺失率L2×缺失代价L2）

除此之外，还可以通过使读取缺失的优先级高于写入缺失，在完成写入操作之前就可以为读取操作提供服务，以降低缺失代价。数据在写入主存之前一般回存在写缓冲区中，写缓冲区中可能包含读取缺失时所需要的更新值。在发生读取缺失时，检查写入缓冲区的内容，如果没有冲突而且存储器系统可用，则让读取继续。几乎所有桌面与服务器处理器都使用这种方法，即读取操作的优先级高于写入操作。

对于缩短在缓存中命中的时间而言，避免在索引缓存期间进行地址转换是一种常见的方法，这种优化主要在CPU内部Cache，使用虚拟tag机制，避免虚实地址转换加长命中时间。

6.2.6.2 通过代码优化 Cache 性能

代码优化一般有两个方面，I-Cache 相关的优化和 D-Cache 相关的优化。

（1）I-Cache 相关的优化

I-Cache 相关的优化包括精简 code path，简化调用关系，减少冗余代码等等。但是这些措施不管是有用还是无用，都是和应用相关的，所以代码层次的优化很多是针对某个应用或者性能指标的优化。有针对性的优化，更容易得到可观的结果。

（2）D-Cache 相关的优化

D-Cache 相关的优化包括减少 D-Cache 缺失的数量，增加有效数据访问的数量，这种优化会比 I-Cache 优化难一些。

常用的代码优化技巧见表6-3所列。

表6-3 代码性能优化技巧

Code adjacency（把相关代码放在一起）
Cache line alignment（cache对齐）
Branch prediction（分支预测）
Data prefetch（数据预取）
Register parameters（寄存器参数）
Lazy computation（延迟计算）
Early computation（提前计算）
Inline or not inline（内联函数）
Macro or not macro（宏定义或者宏函数）
Allocation on stack（局部变量）
Read,write split（读写分离）
Reduce duplicated code（减少冗余代码）

（1）Code adjacency（把相关代码放在一起）

把相关代码放在一起有两个含义：一是相关的源文件要放在一起；二是相关的函数在 object 文件里面，也应该是相邻的。这样，在可执行文件被加载到内存里面的时候，函数的位置也是相邻的。相邻的函数，冲突的概率比较小。而且相关的函数放在一起，也符合模块化编程的要求——高内聚和低耦合。

如果能够把一个 code path 上的函数编译到一起（需要编译器支持），很显然会提高 I-Cache 的命中率，减少冲突。但是一个系统有很多个 code path，所以不可能面面俱到。尽量实现对所有 case 都进行有效的优化，虽然做到这一点比较难。

（2）Early computation（提前计算）

有些变量，需要计算一次，多次使用的时候，最好是提前计算一下，保存结果，以后再引用，避免每次都重新计算。能使用常数的地方，尽量使用常数，因为加减乘除都会消耗 CPU 的指令。

（3）Cache line alignment（Cache对齐）

数据跨越两个Cache line，就意味着两次load或者两次store。如果数据结构是Cache line对齐的，就有可能减少一次读写。数据结构的首地址Cache line对齐，意味着可能有内存浪费（特别是数组这样连续分配的数据结构），所以需要在空间和时间两方面权衡。

6.2.6.3　Cache性能优化实例：数组初始化

对于以下两段代码：

```
// 代码1
//文件名为 array_a.c
#include <stdio.h>

#define X_NUM 700
#define Y_NUM 700

int main(void)
{
    int i, j;
    int a[X_NUM][Y_NUM];

    for (i = 0; i < Y_NUM; i++) {
        for (j = 0; j < X_NUM;
            j++) {
            a[j][i] = 0;
        }
    }
    return 0;
}
```

```
// 代码2
//文件名为 array_b.c
#include <stdio.h>

#define X_NUM 700
#define Y_NUM 700

int main(void)
{
    int i, j;
    int a[X_NUM][Y_NUM];

    for (i = 0; i < X_NUM; i++) {
        for (j = 0; j < Y_NUM;
            j++) {
            a[i][j] = 0; //交换数组下标
        }
    }
    return 0;
}
```

代码1与代码2比较，只是交换了访问数组的下标的顺序，哪段代码的Cache命中率更高？可以通过perf工具查看程序Cache miss情况，假设程序在当前目录下，输入：

```
perf stat -e cache-misses ./array_a
perf stat -e cache-misses ./array_b
```

分别查看程序的执行Cache miss率，也可以输入：

```
perf record -e cache-misses ./array_a
perf report
```

来捕捉热点函数。经过测试，代码2的命中率比代码1有着显著的提升，原因是在C/C++中，数组是按行存储的，程序的按行访问可以充分利用程序的局部性原理（空间局部性），从而提升Cache的命中率。

6.2.7 CacheLine对齐

Cache line 对齐主要是为了提高数据读取效率和Cache命中率，以及避免多核处理器并发操作中的伪共享（false share）问题。

6.2.7.1 CacheLine对齐原理

CPU访问内存，首先是要将待访问的数据load到高速Cache中，然后把Cache中的数据放到寄存器中进行相关运算操作，而读入Cache的操作并不是要多少读多少，是按照CacheLine为一个基本单位进行的，一个CacheLine一般是64bytes。

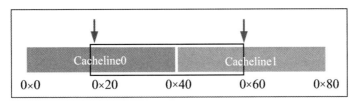

图6-18 CacheLine 未对齐

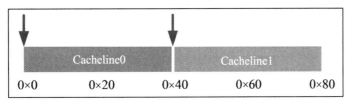

图6-19 CacheLine对齐

如图6-18所示，读64Byte，起始位置没有对齐CacheLine。从0×20开始，连续处理64byte直到0×60的位置，会跨越0×20所在的CacheLine0和它的下一个CacheLine1。这会导致第一条CacheLine0的头部和第二条CacheLine1的尾部操作都是浪费的。如图6-19所示，CacheLine完整对齐，每次处理64byte，只需访存一次CacheLine，读取的数据可全部处理，利用率为100%。

6.2.7.2 CacheLine对齐优化

字节对齐的细节和编译器实现相关，但一般而言，满足三个准则：

（1）（结构体）变量的首地址能够被其（最宽）基本类型成员的大小所整除；

（2）结构体每个成员相对于结构体首地址的偏移量（offset）都是成员大小的整数倍，如有需要编译器会在成员之间加上填充字节（internal adding）；

（3）结构体的总大小为结构体最宽基本类型成员大小的整数倍，如有需要编译器会在最末一个成员之后加上填充字节（trailing padding）。

对于 GCC 编译器而言，__attribute__((packed))的作用就是告诉编译器取消结构在编译过程中的优化对齐，按照实际占用字节数进行对齐。而__attribute__((aligned(n)))表示所定义的变量为 n 字节对齐。

CacheLine 对齐是指尽量避免读取的数据跨越 2 个 CacheLine，为了达到这个目的，在结构体定义时可以 CacheLine 对齐，连续的数组可以尝试首地址 CacheLine 对齐。

CacheLine 对齐优化的过程可以概括为：内存对齐→结构体首地址 32/64 bit 对齐→CacheLine 对齐，举例如下：

```
//第一种结构体定义方式
struct A {
    char a;
    int b;
    short c;
};
```

```
//第二种结构体定义方式
struct A {
    char a;
    char reserve[1];
    int b;
    short c;
};
```

b 为 int 类型，在 C 语言中 int 为 4 个字节，a 为 char 类型，在 C 语言中 char 为 1 个字节，因此可以在 a 后面显式使用 reserve 补齐 1 个字节，这样 sizeof（struct A）=8，实现了结构体首地址 64bit（8 字节）对齐。而如果单纯依赖编译器优化（默认 4 字节对齐）的话，按照上述的 3 个原则，其 sizeof（struct A）的值却是 12。

通过这个例子可以知道完全依赖编译器优化，可能造成空间浪费，而技巧是适当显式使用 reserve，让相邻 char 类型聚合。

6.2.8　CacheLine 伪共享

设想有一个 long 类型的变量 a，不是数组的一部分，而是一个单独的变量，并且还有另外一个 long 类型的变量 b 紧挨着它，因为读入 Cache 的操作是按照 CacheLine 为一个基本单位进行的，那么当加载 a 的时候将免费加载 b。如果一个 CPU 核心的线程在对 a 进行修改时，另一个 CPU 核心的线程却在对 b 进行读取，当前者修改 a 时，会把 a 和 b 同时加载到前者核心的缓存行中，更新完 a 后其他所有包含 a 的缓存行都将失效，因为其他缓存中的 a 不是最新值。所以当后者读取 b 时，发现这个缓存行已经失效，则需要从主内存中重新加载。

缓存都是以 CacheLine 作为一个单位来处理的，所以失效 a 的缓存的同时，也会把 b 失效，反之亦然，这种现象就是 CacheLine 的伪共享，如图 6-20 所示。

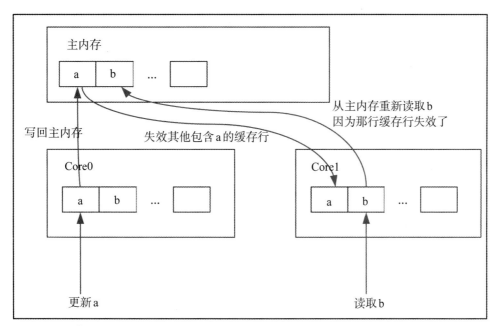

图 6-20　CacheLine 伪共享

如何解决 CacheLine 伪共享问题？有两种常见的方式：第一种是读写分离，适当使用 reserve 预留空间确保 CacheLine 分离，如图 6-21 所示；第二种可以使用编译器优化来实现。

x	无用long1	无用long2	无用long3	无用long4	无用long5	无用long6	无用long7
y	CacheLine2						
L1 Cache							

图 6-21　变量的读写分离

6.2.9　CacheLine 对齐性能优化案例

为测试数据分配内存的代码如下，其中 align_malloc 函数参数 flag 为 0 时表示内存分配 CacheLine 不对齐，为 1 时表示 CacheLine 对齐。CacheLine 对齐的具体做法就是让 malloc 出来的地址，二进制最低 6bit 要为 0，这样起始地址就是 64byte 的整数倍数（64Byte = 2^6 Byte）。

```
#define CACHE_LINE_SIZE 64
#define CAHCHE_LINE_MASK 0x0000003F
struct align_mem{
    char *alloc_addr;//分配的内存地址
```

```
        char *use_addr; //用户真实使用的内存地址
};
static struct align_mem *align_malloc(unsigned int len, int flag){
    struct align_mem *pAlign =(struct align_mem *)malloc(sizeof(struct align_mem));
    pAlign→alloc_addr =(char *)malloc(len + CACHE_LINE_SIZE);
    pAlign→use_addr = pAlign→alloc_addr;
    //CacheLine 不对齐分配
    if(flag == 0){
        if((((unsigned long)pAlign→alloc_addr)& CAHCHE_LINE_MASK)== 0){
            pAlign→use_addr =(char *)((unsigned long)pAlign→alloc_addr +
            (CACHE_LINE_SIZE / 16));//偏移4个字节
        }
    }
    //CacheLine 对齐分配
    else {
        if((((unsigned long)pAlign→alloc_addr)& CAHCHE_LINE_MASK)!= 0){
            pAlign→use_addr =(char *)(((unsigned long)pAlign→alloc_addr +
            CAHCHE_LINE_MASK)&(～CAHCHE_LINE_MASK));
        }
    }
    return pAlign;
}
```

考虑每次处理64byte字节（CACHE_LINE_SIZE）的数据，测试数据CacheLine不对齐，对应处理数据的代码如下所示：

```
int i = 0;
int alloc_length = 1024 * 1024 * 100;
int set_length = alloc_length - CACHE_LINE_SIZE;

//CacheLine 不对齐
struct align_mem *p_unaligned = align_malloc(alloc_length,0);
printf("p_unaligned→use_addris0x%08x!\n",(unsignedlong)p_unaligned→use_addr);
//每次处理 CACHE_LINE_SIZE 大小数据
for(i = 0; i < set_length; i=i+CACHE_LINE_SIZE){
    memset(p_unaligned→use_addr+i, 0x0a, CACHE_LINE_SIZE);
}
```

测试数据CacheLine对齐的代码如下：

```
//CacheLine 对齐
struct align_mem *p_aligned = align_malloc(alloc_length,1);
printf("p_aligned→use_addr is 0x%08x!\n",(unsigned long)p_aligned→use_addr);
//每次处理 CACHE_LINE_SIZE 大小数据
for(i = 0; i < set_length; i=i+CACHE_LINE_SIZE){
    memset(p_aligned→use_addr+i, 0x0a, CACHE_LINE_SIZE);
}
```

经过测试，平均下来CacheLine对齐数据的cache-misses率比CacheLine不对齐数据要减少三分之一左右，即提升性能接近30%，这是非常可观的。

6.3 CPU亲和性

6.3.1 多核处理器结构

多核处理器的结构包括同构（Symmetric）和异构（Asymmetric）两种。同构是指内部核的结构是相同的，而异构是指内部核的结构是不同的。

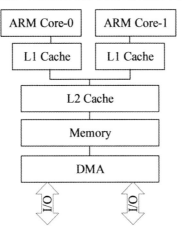

图6-22 ARM SMP处理器结构

在嵌入式领域中，目前广泛使用ARM处理器。ARM对称多处理（Symmetric Multi-Processing，SMP）结构如图6-22所示。根据程序的局部性原理，每一个处理器核都具有私有的存储，常见的是一级缓存（L1 Cache）。然而，多个处理器核之间又涉及相互通信问题，因此在常见的ARM处理器中使用二级缓存（L2 Cache）来解决这一问题。对称多处理器结构中所有的处理器（通常为2的倍数）在硬件结构上都是相同的，在使用系统资源上也是平等的。

在嵌入式多核平台上进行优化，需要考虑以下问题：嵌入式多核处理器相对于PC处理器而言，其总线速度较慢，并且缓存（Cache）更小，会造成大量数据在内存（Memory）和缓存（Cache）间不断拷贝，因此在进行优化的过程中，应重点考虑缓存友好性（Cache friendly）。

6.3.2 逻辑CPU与超线程技术

（1）物理CPU

物理CPU就是计算机上实际配置的CPU个数。在Linux上可以使用"cat /proc/CPUinfo"来查看，其中的physical id就是每个物理CPU的id，能找到几个physical id就代表计算机实际有几个CPU。

（2）CPU核数

核数就是指CPU上集成的处理数据的CPU核心个数，单核指CPU核心数一个，双核则指的是两个。通常每个CPU下的核数都是固定的，Linux下的CPU核心总数也可以通过指令"cat /proc/CPUinfo"查看到，其中的core id指的是每个物理CPU下的CPU核的id，能找到几个core id就代表有几个核心。

（3）逻辑CPU

操作系统可以使用逻辑CPU来模拟出真实CPU的效果。在之前没有多核处理器的时候，一个CPU只有一个核，而现在有了多核技术，其效果就好像把多个CPU集中在一个芯片上。当计算机没有开启超线程时，逻辑CPU的个数就是计算机的核数。在Linux的CPUinfo中逻辑CPU数就是processor的数量。可以使用指令"cat /proc/CPUinfo | grep "processor" | wc -l"来查看逻辑CPU数。

（4）超线程技术

超线程技术（Hyper-Threading）：就是利用特殊的硬件指令，把逻辑CPU模拟成物理CPU，实现多核多线程。当超线程开启后，逻辑CPU的个数是核数的两倍，如图6-23所示。此时：

逻辑CPU数量 = 物理CPU数量 × CPU cores × 2

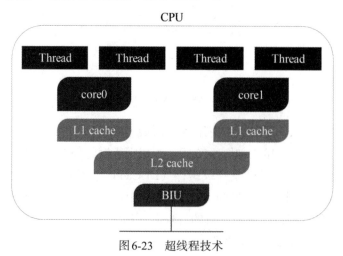

图6-23　超线程技术

6.3.3　CPU亲和性（affinity）

CPU affinity 是一种调度属性（scheduler property），它可以将一个进程"绑定"到一个或一组 CPU 核或逻辑 CPU 上。在 SMP 对称多处理架构下，Linux 调度器（scheduler）会根据 CPU affinity 的设置让指定的进程运行在"绑定"的 CPU 核上，而不会在别的 CPU 核上运行。这意味着进程不会在处理器之间频繁迁移，进程迁移的频率小就意味着产生的负载小。

在多核运行的机器中，每个 CPU 核本身会有自己的缓存（L1 Cache），在缓存中存储着进程使用的数据，如果没有绑定 CPU 核的话，进程可能会被操作系统调度到其他的 CPU 核上，如此 CPU 核 Cache 命中率就低了，也就是说调取的 CPU 缓存区没有这类数据，要先把内存或者硬盘的数据载入缓存。而当缓存区绑定 CPU 后，程序就会一直在指定的 CPU 中执行，不会被操作系统调度到其他 CPU，性能上会有一定的提高。

CPU 亲和性又分为软亲和性和硬亲和性两种。

●软亲和性：进程要在指定的 CPU 上尽可能长时间地运行而不被迁移到其他 CPU。Linux 内核进程调度器天生就具有软亲和性的特性，这意味着进程通常不会在处理器之间频繁迁移。

●硬亲和性：利用 Linux 内核提供给用户的 API，强行将进程或线程绑定到某一个指定的 CPU 核上运行。

Linux 内核软亲和性可以很好地对进程进行调度，在可用的处理器上运行并获得很好的整体性能。在一般情况下，在应用程序中只需使用缺省的调度器行为即可。然而在某些应用场景，仍可能希望修改这些缺省行为进而实现性能的优化，即使用硬亲和性。使用硬亲和性的三个原因如图 6-24 所示。

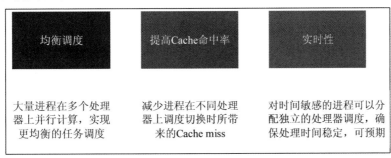

图6-24　硬亲和性

（1）均衡调度。虽然基于大量计算的情形通常出现在科学和理论的计算中，但嵌入式领域的计算也可能出现这种情况，当需要同时运行多个进程的时候，使用硬亲和性可以实现更均衡的任务调度。

（2）提高 Cache 命中率。在多核运行的机器上，每个 CPU 都有自己的缓存，缓存着进程使用的信息，而进程可能会被 OS 调度到其他 CPU 上。当绑定 CPU 后，程序就会一直在指定的 CPU 上运行，不会由 OS 调度到其他 CPU 上，提高了 CPU Cache 的命中率。

（3）实时性。例如，可以使用硬亲和性来指定一个8核CPU主机上的某个处理器核专门处理实时（对时间敏感的）进程，而同时允许其他7个处理器核处理另外的普通系统调度。这种做法确保对时间敏感的应用程序可以得到及时响应。

在Linux内核中，所有的进程都有一个相关的数据结构，称为task_struct。这个结构非常重要，其中与亲和性相关度最高的是CPUs_allowed位掩码。这个位掩码由n位组成，与系统中的n个逻辑处理器一一对应。具有4个物理CPU核可以有4位。如果这些CPU都启用了超线程，那么这个系统就有一个8位的位掩码。

如果为给定的进程设置了对应的位，那么这个进程就可以在相关的CPU上运行。如果一个进程可以在任何CPU上运行，并且能够根据需要在处理器之间进行迁移，那么位掩码就全是1，实际上这就是Linux中进程的缺省状态。

6.3.4 CPU亲和性使用

（1）numactl工具

使用numactl设置CPU亲和性（绑核）+内存分配策略：

numactl -C 0-15 进程名 [memory policy]

其参数说明如下：

-C：Core范围

memory policy：--interleave | -i，--preferred | -p，--membind | -m，--localalloc | -l

● interleave：规定进程可以使用RR算法轮转地从指定的若干个node上请求访问内存。

● preferred：宽松地为进程指定一个优先node，如果优先node上没有足够的内存资源，进程允许尝试运行在别的node内。

● membind：规定进程只能从指定的若干个node上请求访问内存，并不严格规定只能访问本地内存。

● localalloc：约束进程只能请求访问本地内存。

（2）在代码中设置CPU亲和性（绑核）

Linux内核提供了sched_get_affinity( )函数用来查看当前的位掩码，以及sched_set_affinity( )函数用来修改位掩码。

int sched_set_affinity（pid_t pid，size_t CPUsetsize，CPU_set_t *mask）

pid：进程id，对当前进程设置亲和性可以使用0

CPUsetsize：参数mask的长度

mask：CPU位掩码

该函数设置进程号为pid的这个进程，让它运行在mask所设定的CPU上。如果pid的值为0，则表示指定的是当前进程，使当前进程运行在mask所设定的那些CPU上。第二个参数CPUsetsize是mask所指定的数的长度，通常设定为sizeof（CPU_set_t）。调用该函数后，如果当前pid所指定的进程此时没有运行在mask所指定的任意一个CPU上，则该指定的进程会从其他CPU上迁移到mask的指定的一个CPU上运行。

6.4　CPU特有指令

除了软件优化外，CPU硬件通常也实现一些通用的算法来提升性能，程序可通过特定的汇编指令使用CPU提供的硬算法。

在Linux上，可以通过lscpu命令查看CPU支持的特性，如图6-25所示。

图6-25　CPU支持的硬件算法

图中最后一行，fp表示浮点运算，asimd表示高级SIMD指令，aes sha1 sha2表示加密算法，crc32表示计算crc32的算法。

以crc32为例，arm64提供以下汇编指令来支持计算crc32（生成多项式为0x04C11DB7）和crc32c（生成多项式为0x11EDC6F41）。后缀x、w、h、b分别对应于u64、u32、u16、u8不同数据长度，见表6-4所列。

表6-4　计算crc32/crc32c的汇编指令

数据类型	u64	u32	u16	u8
计算crc32	crc32x	crc32w	crc32h	crc32b
计算crc32c	crc32cx	crc32cw	crc32ch	crc32cb

使用了特有指令的代码在使用gcc编译时，需要添加-march参数来指定CPU特性，例如使用硬件crc32c，需要指定arch参数-march=armv8-a+crc。

习题6

6.1　针对arm v8内存屏障指令的例子，测试并分析具有内存屏蔽功能和不具有内存屏蔽功能的代码运行结果（提示：线程需要的gcc编译选项为-lpthread）。

6.2　针对Cache性能优化，对数组初始化例子的cache命中率进行对比（提示：通过Linux perf工具可查看cache命中率）。

6.3　针对CacheLine对齐性能优化案例，使用perf分析cacheline对齐和不对齐的cache-misses情况。

6.4　查询自己电脑上的CPU核数量，然后使用Linux内核提供的sched_get_affinity()函数和sched_set_affinity()函数，分别在每个核上绑定运行一个能够打印对应核标识的线程。

6.5　测试CRC32C指令执行时间，并做如下分析：

（1）比较gettimeofday()函数和clock()函数来获取运行时间的差别；

（2）比较crc32cx和crc32cb所消耗时间的差别，并解释原因。

第7章 内存相关优化及编程

内存（Memory）是计算机的重要部件之一，其用于暂时存放CPU中的运算数据、与硬盘等外部存储器交换的数据。它是外存与CPU进行沟通的桥梁，计算机中所有程序的运行都在内存中进行，内存性能的强弱影响计算机整体发挥的水平，也决定计算机整体运行快慢的程度。

7.1 内存虚拟地址

7.1.1 程序直接使用物理地址的问题

现代计算机内存通常被组织为一个由M个连续的字节大小的单元组成的数组，每个字节都有唯一的物理地址（Physical Address，PA）作为到数组的索引。CPU访问内存最简单、直接的方法就是使用物理地址，这种寻址方式被称为物理寻址。

常用的计算机系统有32位和64位。以32位为例，可用的地址空间就是2的32次方，也就是4GB。在32位的操作系统中，每个进程使用4GB的内存空间。而实际上，一台拥有4GB物理内存的设备，可能要同时运行几十个甚至几百个这样的进程，因此直接使用物理内存满足不了需求。

直接使用物理内存面临的第二个问题是容易出现没有连续可用空间的情况，也就是不能最大化利用内存。如图7-1所示，假设内存有4GB，有三个分别占用内存1GB、2GB、2GB的程序为A、B、C。当把A和B放入内存里，内存空间就只剩1GB了，此时即使把A释放掉，由于内存两边各空闲1GB的空间，仍然不能将C放入内存。

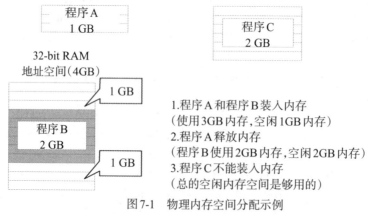

图7-1 物理内存空间分配示例

直接使用物理内存的第三个问题就是若出现不同程序使用相同内存地址的情况，会导致程序的崩溃，也就是常见的电脑出现蓝屏的情况。

7.1.2　虚拟内存原理

（1）虚拟内存概念

为了更加有效地管理内存并减少出错，现代操作系统提供了一种对物理内存的抽象概念，即是虚拟内存（Virtual Memory）。虚拟内存为每个进程提供了一个一致的、私有的地址空间，它让每个进程产生了一种自己在独享主存的错觉（每个进程拥有一片连续完整的内存空间）。

虚拟内存的重要意义是它定义了一个连续的虚拟地址空间，使得程序的编写难度降低，同时把内存扩展到硬盘空间。具体而言，虚拟内存主要提供了如下三个重要能力：

● 把主存看作为一个存储在硬盘上的虚拟地址空间的高速缓存，并且只在主存中缓存活动区域（按需缓存）。

● 为每个进程提供了一个一致的地址空间，从而降低了程序员对内存管理的复杂性。

● 保护了每个进程的地址空间不会被其他进程破坏。

对于虚拟内存而言，CPU需要将虚拟地址（Virtual Addressing）翻译成物理地址，这样才能访问到真实的物理内存。虚拟寻址需要硬件与操作系统之间互相合作。CPU中含有一个被称为内存管理单元（Memory Management Unit，MMU）的硬件，它的功能是将虚拟地址转换为物理地址。MMU需要借助存放在内存中的页表来动态翻译虚拟地址，该页表由操作系统管理。

（2）页表

操作系统通过将虚拟内存分割为大小固定的块来作为硬盘和内存之间的传输单位，这个块被称为虚拟页（Virtual Page，VP），每个虚拟页的大小为$P=2^p$字节。物理内存也会按照这种方法分割为物理页（Physical Page，PP），大小也为P字节。

CPU在获得虚拟地址之后，需要通过MMU将虚拟地址翻译为物理地址。在翻译的过程中需要借助页表，所谓页表就是一个存放在物理内存中的数据结构，它记录了虚拟页与物理页的映射关系。

页表是一个元素为页表条目（Page Table Entry，PTE）的集合，每个虚拟页在页表中一个固定偏移量的位置上都有一个PTE。图7-2是PTE仅含有一个有效位标记的页表结构，该有效位代表这个虚拟页是否被缓存在物理内存中。

虚拟页VP0、VP4、VP6、VP7被缓存在物理内存中，虚拟页VP2和VP5被分配在页表中，但并没有缓存在物理内存，虚拟页VP1和VP3还没有被分配。

在进行动态内存分配时，例如C语言中的malloc()函数或者C++中的new关键字，操作系统会在硬盘中创建或申请一段虚拟内存空间，并更新到页表（分配一个PTE，使该PTE指向硬盘上这个新创建的虚拟页）。

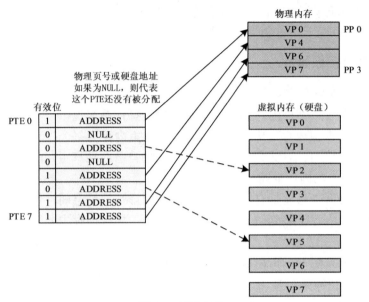

图7-2　页表结构

由于CPU每次进行地址翻译的时候都需要经过PTE，所以如果想控制内存系统的访问，可以在PTE上添加一些额外的许可位（例如读写权限、内核权限等），这样只要有指令违反了这些许可条件，CPU就会触发保护机制，将控制权传递给内核中的异常处理程序。一般这种异常被称为"段错误（Segmentation Fault）"。

（3）地址翻译过程

从形式上来说，地址翻译是一个N元素的虚拟地址空间中的元素和一个M元素的物理地址空间中元素之间的映射。图7-3为MMU利用页表进行寻址的过程。

页表基址寄存器（PTBR）指向当前页表。一个n位的虚拟地址包含两个部分：一个p位的虚拟页面偏移量（Virtual Page Offset，VPO）和一个（n-p）位的虚拟页号（Virtual Page Number，VPN）。

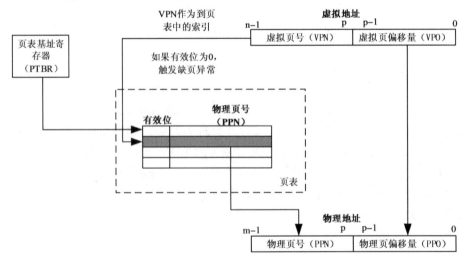

图7-3　MMU利用页表进行寻址

　　MMU 根据 VPN 来选择对应的 PTE，例如 VPN0 代表 PTE0、VPN1 代表 PTE1……因为物理页与虚拟页的大小是一致的，所以物理页面偏移量（Physical Page Offset，PPO）与 VPO 是相同的。那么只要将 PTE 中的物理页号（Physical Page Number，PPN）与虚拟地址中的 VPO 结合起来，就能得到相应的物理地址。

　　（4）缺页处理

　　如图 7-4 所示，MMU 根据虚拟地址在页表中寻址到了 PTE2，该 PTE 的有效位为 0，代表该虚拟页并没有被缓存在物理内存中。虚拟页没有被缓存在物理内存中（缓存未命中）被称为缺页。

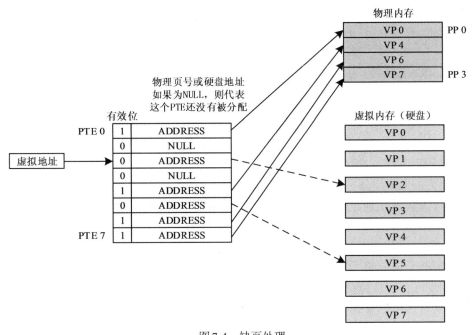

图 7-4　缺页处理

　　当 CPU 遇见缺页时会触发一个缺页异常，缺页异常将控制权转向操作系统内核，然后调用内核中的缺页异常处理程序，该程序会选择一个物理替换页，如果物理替换页已被修改过，内核会先将它复制回硬盘（采用写回机制而不是直写也是为了尽量减少对硬盘的访问次数），然后再把该虚拟页覆盖到物理替换页的位置，并且更新 PTE。

　　当缺页异常处理程序返回时，它会重新启动导致缺页的指令，该指令会把导致缺页的虚拟地址重新发送给 MMU。由于现在已经成功处理了缺页异常，所以最终结果是页命中，并得到物理地址。

　　这种在硬盘和内存之间传送页的行为称为页面调度（paging），即页从硬盘换入物理内存和从物理内存换出到硬盘。当缺页异常发生时，才将页面换入物理内存的策略称为按需页面调度（demand paging），所有现代操作系统基本都使用按需页面调度的策略。

　　虚拟内存跟 CPU 高速缓存（或其他使用缓存的技术）一样依赖于局部性原则。

虽然处理缺页影响性能很多（毕竟还是要从硬盘中读取），而且程序在运行过程中引用的不同虚拟页的总数可能会超出物理内存的大小，但是局部性原则保证了在任意时刻，程序将趋向于在一个较小的活动页面（active page）集合上工作，这个集合被称为工作集（working set）。根据空间局部性原则（一个被访问过的内存地址以及其周边的内存地址都会有很大概率被再次访问）与时间局部性原则（一个被访问过的内存地址在之后会有很大概率被再次访问），只要将工作集缓存在物理内存中，接下来的地址翻译请求很大概率都在其中，从而减少了额外的硬盘访问。

如果一个程序没有良好的局部性，将会使工作集的大小不断膨胀，直至超过物理内存的大小，这时程序会产生一种叫作抖动（thrashing）的状态，页面会不断地换入/换出，如此多次的读/写硬盘开销，性能就会下降得十分厉害。所以，想要编写出性能高效的程序，首先要保证程序的时间局部性与空间局部性。

7.1.3　Linux虚拟内存

Linux操作系统采用虚拟内存管理技术，使得每个进程都有各自互不干涉的进程地址空间。该空间是大小为4G的线性虚拟空间，用户所看到和接触到的都是该虚拟地址，无法看到实际的物理内存地址。利用这种虚拟地址不但能起到保护操作系统的效果（用户不能直接访问物理内存），而且更重要的是，用户程序可使用比实际物理内存更大的地址空间。

Linux进程虚拟地址空间分为内核空间与用户空间，用户空间包括代码、数据、堆、共享库以及栈，内核空间包括内核中的代码和数据结构，内核空间的某些区域被映射到所有进程共享的物理页面。Linux还将一组连续的虚拟页面（大小等于内存总量）映射到相应的一组连续的物理页面，这种做法为内核提供了一种便利的方法来访问物理内存中任何特定的位置。

Linux将虚拟内存组织成一些区域（也称为"段"）的集合，如图7-5所示，区域的概念允许虚拟地址空间有间隙。一个区域就是已经存在的、已分配的虚拟内存的连续片（chunk）。例如，代码段、数据段、堆、共享库段以及用户栈都属于不同的区域，每个存在的虚拟页都保存在某个区域中，而不属于任何区域的虚拟页是不存在的，也不能被进程所引用。

具体而言，一个进程的虚拟地址空间，由低地址到高地址分别为：

● 只读段：该部分空间只能读，不可写，包括代码段、rodata段（C常量字符串和#define定义的常量等）。

● 数据段：保存全局变量、静态变量的空间，存储空间和位置不会随着程序的运行而改变。

● 堆：也称为"动态内存"，malloc/new函数分配的内存来源于此。其中堆顶的位置可以通过系统调用brk和sbrk进行动态调整。这块内存会一直存在直到程序员释放掉。在C语言中，用malloc函数动态地申请内存，用free函数释放内存。若申请的动态内存不再使用，要及时释放掉，否则会造成内存泄漏。

● 文件映射区域：如动态库、共享内存等映射物理空间的内存，一般是mmap系统调用所分配的虚拟地址空间。

● 栈：存放局部变量、块变量、函数形式参数和返回值的存储位置。随着程序的运行，其大小将不断改变。函数调用时，开辟空间，函数调用结束自动收回其空间。不同调用函数之间遵循后进先出的原则。在执行函数的时候（包括main这样的函数），函数内的局部变量的存储单元会在栈上创建，函数执行完自动释放，生命周期是从该函数的开始执行到结束。

● 内核虚拟空间：用户代码不可见的内存区域，如内核管理的页表就存放在内核虚拟空间。

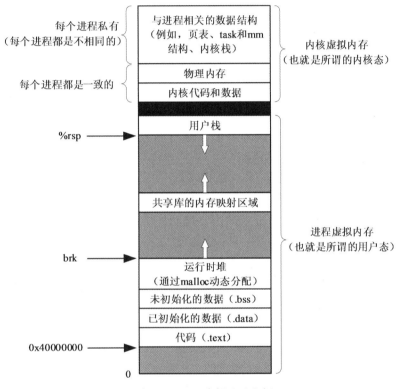

图7-5　Linux虚拟地址空间

图7-5中的有关用户态和内核态的说明如下：

（1）4G的进程地址空间被人为地分为两个部分——用户空间与内核空间。用户空间从0到3G（0xC0000000），内核空间占据3G到4G。在通常情况下，用户进程只能访问用户空间的虚拟地址，不能访问内核空间虚拟地址。只有用户进程进行系统调用（代表用户进程在内核态执行）等时刻可以访问到内核空间。

（2）用户空间对应进程，所以每当进程切换，用户空间就会跟着变化。而内核空间是由内核负责映射的，它并不会跟着进程改变，是固定的。内核空间地址有自己对应的页表，用户进程各自有不同的页表。

（3）每个进程的用户空间都是完全独立、互不相干的。可以把一个例子程序同时运行10次，会看到10个进程占用的线性地址一模一样。

32位系统有4GB的地址空间，而64位系统的虚拟地址空间划分则发生了改变：

地址空间大小不是2^32，也不是2^64，而一般是2^48。因为并不需要2^64这么大的寻址空间，过大的空间只会导致资源的浪费。

64位Linux一般使用48位来表示虚拟地址空间，40位表示物理地址，其可以通过Linux命令"cat /proc/cpuinfo"来查看。其中，0x0000000000000000～0x00007FFFFFFFFFFF表示用户空间，0xFFFF800000000000 ～ 0xFFFFFFFFFFFFFFFF表示内核空间，共提供256TB（2^48）的寻址空间。这两个区间的特点是，第47～63位相同，若这些位为0表示用户空间，否则表示内核空间。用户空间由低地址到高地址仍然是只读段、数据段、堆、文件映射区域和栈。

7.2 内存分配原理

内存管理是指软件运行时对计算机内存资源的分配和使用的技术。其最主要的目的是如何高效、快速地分配，并且在适当的时候释放和回收内存资源。

从操作系统的角度来看，进程分配内存有两种方式，分别由两个系统调用完成：brk和mmap（不考虑共享内存）

● brk是将数据段（.data）的最高地址指针_edata往高地址推，brk是系统调用，通过改变brk的值来扩展收缩堆（increment为负数时收缩）；

● mmap是在进程的虚拟地址空间中（堆和栈中间，称为文件映射区域的地方）找一块空闲的虚拟内存。mmap是一种内存映射方法，将一个文件或其他对象映射到进程的地址空间，实现文件磁盘地址和进程虚拟地址一一对应的关系。

这两种分配方式分配的都是虚拟内存，没有分配物理内存。在第一次访问已分配虚拟空间地址的时候，发生缺页中断，操作系统负责分配物理内存，然后建立虚拟内存与物理内存之间的映射关系。

在标准C库中，提供malloc/free函数分配、释放内存，这两个函数底层是由brk，mmap，munmap这些系统调用实现的。

当一个进程发生缺页中断的时候，进程会陷入内核态，并执行以下操作：

（1）检查要访问的虚拟地址是否合法；

（2）查找、分配一个物理页；

（3）填充物理页内容（读取磁盘，或者直接置0，或者什么也不做）；

（4）建立映射关系（虚拟地址到物理地址）；

（5）重新执行发生缺页中断的那条指令。

如果第3步，需要读取磁盘，那么这次缺页中断就是majflt，否则就是minflt。majflt代表major fault，中文名叫"大错误"，minflt代表minor fault，中文名叫"小错误"。这两个数值表示一个进程自启动以来所发生的缺页中断的次数。

可以用Linux命令"ps -o majflt minflt -C program"来查看进程的majflt和minflt的值，这两个值都是累加值，从进程启动开始累加。在对高性能要求的程序做压力测试的时候，可以多关注一下这两个值。如果一个进程使用了mmap将很大的数据文件映射到进程的虚拟地址空间，此时需要重点关注majflt的值，因为相比minflt，majflt对于性能的损害是致命的，随机读一次磁盘的耗时数量级在几个毫秒，而minflt只有在大量出现的时候才会对性能产生影响。

内存分配原理举例（一）：

malloc小于128KB的内存，使用系统调用brk分配内存，将_edata往高地址推。只分配虚拟空间，不对应物理内存，第一次读/写数据时，引起内核缺页中断，内核才分配对应的物理内存，然后在虚拟地址空间建立映射关系。如图7-6所示：

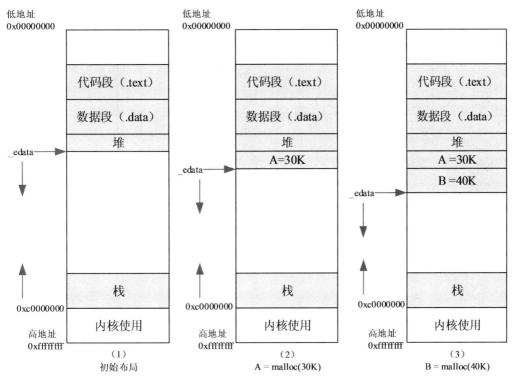

图7-6　使用brk分配内存

（1）当进程启动时，其虚拟内存空间的初始布局如图7-6（1）所示。其中，mmap内存映射文件是在堆和栈的中间，为了简单起见，省略了内存映射文件。_edata指针指向了数据段的最高地址。

（2）当进程调用A=malloc（30K）以后，内存空间如图7-6（2）所示，malloc函数会调用brk系统调用，将_edata指针往高地址推30K，就完成了虚拟内存分配。

（3）_edata+30K只是完成了虚拟地址的分配，A这块内存现在还是没有与物理页对应的，等到进程第一次读写A这块内存的时候，内核才分配A这块内存对应的物理页。也就是说，如果用malloc分配了A这块内容，然后从来不访问它，那么A对应的物理页是不会被分配的。

（4）当进程调用B=malloc（40K）以后，内存空间如图7-6（3）所示。

内存分配原理举例（二）：

malloc大于128KB的内存，使用mmap分配内存，在堆和栈之间找一块空闲内存分配（对应独立内存，而且初始化为0），如图7-7所示：

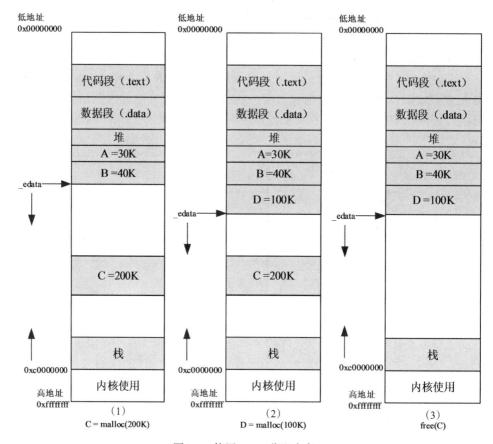

图7-7　使用mmap分配内存

（1）当进程调用C=malloc（200K）以后，内存空间如图7-7（1）所示。在默认情况下，malloc函数分配内存，如果请求内存大于128KB（可由M_MMAP_THRESH-OLD选项调节），那就不是去推_edata指针了，而是利用mmap系统调用，从堆和栈的中间分配一块虚拟内存。这样做主要是因为brk分配的内存需要等到高地址内存释放以后才能释放（例如，在B释放之前，A是不可能释放的，这就是内存碎片产生的原因），而mmap分配的内存可以单独释放。

（2）当进程调用D=malloc（100K）以后，内存空间如图7-7（2）所示。

（3）当进程调用free（C）以后，C对应的虚拟内存和物理内存一起释放，如图7-7（3）所示。

（4）当进程调用free（B）以后，如图7-8（1）所示，B对应的虚拟内存和物理内存都没有释放，因为只有一个_edata指针，如果往回推，那么D这块内存则没法处理。当然，B这块内存，是可以重复用的，如果这个时候再来一个40KB的请求，那么malloc很可能就把B这块内存返回去了。

（5）进程调用free（D）以后，如图7-8（2）所示，B和D连接起来，变成一块140K的空闲内存。

（6）在默认情况下，当最高地址空间的空闲内存超过128KB（可由M_TRIM_

THRESHOLD 选项调节）时，执行内存紧缩操作（trim）。在上一个步骤 free 的时候，发现最高地址空闲内存超过 128KB，于是内存紧缩，变成图 7-8（3）所示。

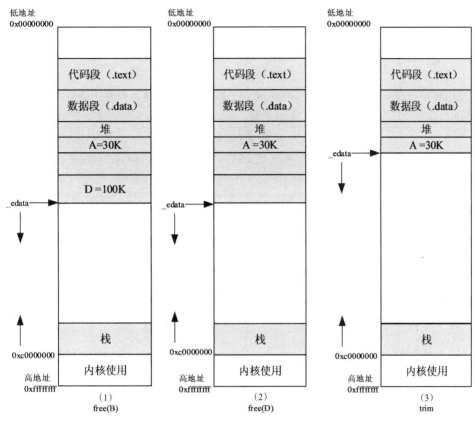

图 7-8　内存释放

既然堆内存 brk 和 sbrk 不能直接释放，为什么不全部使用 mmap 来分配，munmap 直接释放呢？而是仅仅对大于 128KB 的大块内存才使用 mmap？

原因如下：

● 进程向操作系统申请和释放地址的接口 sbrk/mmap/munmap 都是系统调用，频繁使用系统调用都比较消耗系统资源。

● mmap 申请的内存被 munmap 后，重新申请会产生更多的缺页中断。例如，使用 mmap 分配 1MB 空间，第一次调用产生了大量缺页中断（1M/4K 次），当 munmap 后再次分配 1MB 空间，会再次产生大量缺页中断。缺页中断是内核行为，会导致内核态 CPU 消耗较大。

● 如果使用 mmap 分配小内存，会导致地址空间的分片更多，内核的管理负担更大。而堆是一个连续空间，并且堆内碎片由于没有归还操作系统，如果可重复用碎片，再次访问该内存很可能不需产生任何系统调用和缺页中断，这将大大降低 CPU 的消耗。

因此，在 glibc 库中的 malloc 函数实现中，充分考虑了 sbrk 和 mmap 行为上的差异及优缺点，默认分配大块内存（128KB）才使用 mmap 获得地址空间。通常可通过

mallopt（M_MMAP_THRESHOLD）来修改这个临界值。

7.3　静态内存和动态内存

7.3.1　静态内存分配

由编译器在编译过程中分配的固定大小的内存称为静态内存分配（Static Memory Allocation），比如C语言中的全局变量、static声明的局部变量等。对于静态内存而言，程序员不需要考虑变量内存的申请和释放，因此也不需要考虑是否有内存泄漏。当程序开始执行时，只需分配一次之后在程序运行阶段都可使用，当程序执行完毕，会自动回收内存。静态内存存放于进程虚拟地址空间的数据段（.data或.bss）

静态内存分配的优点是：（1）最大的内存使用在编译的时候就可以确定，而不是运行的时候；（2）开发者不需要考虑内存分配失败的情况，退出之后由系统回收，不需人为干预。但缺点也很明显：（1）数组分配必须提前分配固定大小内存，不可运行过程中更改；（2）静态分配空间有大小限制，过多的静态空间分配导致空间溢出；（3）无法满足数据大小不固定的应用场景，需要提前预留足够大的可用空间容纳需要保存的数据。

以下为SOCKET接收数据的静态内存分配例子：

```
#define MSG_1K_LEN  1024
#define MSG_MAX_LEN (1 * MSG_1K_LEN )//1k数据分配空间
char buffer[MSG_MAX_LEN + 1]; //静态内存分配
while(1){
    memset(buffer, 0, MSG_MAX_LEN + 1);
    ret = recvfrom(socketId, buffer, MSG_MAX_LEN + 1, 0 , NULL, NULL);
    if(ret < 0){
        printf("Recv msg from other by udp socket failed, ret(%d).", ret);
        msleep(10);
        continue;
    }
    printf("Recv msg from other by udp socket success, msg(%s)len(%d).", buffer, ret);
    msleep(10);
}
```

7.3.2　动态内存分配

动态内存分配（Dynamic Memory Allocation）是指在程序执行的过程中动态地分配或者回收存储空间的分配内存方法。动态内存分配不像静态内存分配方法那样需要预先分配存储空间，而是由系统根据程序的需要即时分配，且分配的大小就是程序要求的大小，即动态内存分配在程序运行时确定，如图7-9所示。

可以使用前述的内存映射mmap系统调用来创建和删除虚拟内存区域以满足运行时动态内存分配的问题。然而，为了有更好的移植性与便利性，还需要一个更高层面的抽象，也就是动态内存分配器（dynamic memory allocator）。其使用C库函数malloc( )分配内存和free( )释放内存。

动态内存分配器维护着一个进程的虚拟内存区域，也就是"堆（heap）"，内核中还维护着一个指向堆顶的指针brk（break）。动态内存分配器将堆视为一个连续的虚拟内存块（chunk）的集合，每个块有两种状态，已分配和空闲。已分配的块显式地保留为供应用程序使用，空闲块则可以用来进行分配。已分配的块要么被应用程序显式释放，要么被垃圾回收器所释放。

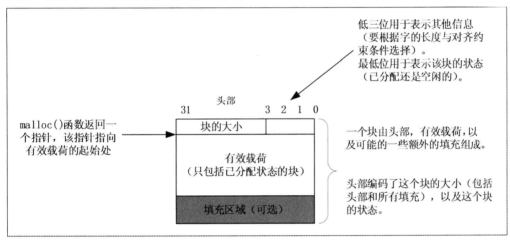

图7-9　动态内存分配

内存动态分配的好处在于使用灵活简单，同时能够潜在地降低内存占用。但如果频繁使用malloc函数分配内存，会影响整体程序的性能和运行效率，具体表现在：

（1）每调用malloc一次，内存管理器都会寻找和合并内存块，同时会睡眠；

（2）如果程序malloc分配空间未释放，会导致可用堆内存持续减少，最终导致内存分配失败；

（3）连续分配不规则大小内存会导致产生大量内存碎片；

（4）使用完malloc分配的内存之后，需要通过free释放，释放可用内存时会触发内存管理器对其内存进行回收和合并。

除了"堆（heap）"上可以进行动态内存分配外，"栈（stack）"上也可进行动态内存分配，比如函数内部的局部变量、形参、函数调用等。栈上分配的动态内存是由系统分配和释放的，空间有限，在语句或函数运行结束后就会被系统自动释放。而堆上分配的动态内存是由程序员通过编程自己手动分配和释放的，空间很大且存储自由。

以下为"堆（heap）"动态内存分配的例子：

```
#define MSG_1K_LEN  1024
#define MSG_MAX_LEN (4 * MSG_1K_LEN )//4k数据分配空间
buffer =(char *)malloc(MSG_MAX_LEN + 1); //动态内存分配
if(buffer == NULL){
    return -1;
}
while(1){
    memset(buffer, 0, MSG_MAX_LEN + 1);
    ret = recvfrom(socketId, buffer, MSG_MAX_LEN + 1, 0 , NULL, NULL);
    if(ret < 0){
      printf("Recv msg from other by udp socket failed,ret(%d).",ret);
      msleep(10);
      free(buffer);
      buffer = NULL;
      continue;
    }
    printf("Recv msg from other by udp socket success, msg(%s)len(%d).", buffer, ret);
    msleep(10);
}
free(buffer); // 释放内存
buffer = NULL;
```

以下为"栈（stack）"动态内存分配的例子：

```
int assignment( )
{
    int i;
    int a[10]; //动态内存分配
    for(i = 0;i <=9;i++){
      a[i] = i;
    }
    for(i = 9; i >=0; i--){
      printf("%d",a[i]);
    }
    return 0;
}
```

对于第一个函数，是从堆上分配内存的，在程序结束时一定要调用free释放，不然就是内存泄漏（Memory Leak）！对于第二个函数，a[10]内存在函数返回时就被系统释放了，不用更多地处理。

7.3.3　内存分配的说明

内存的静态分配和动态分配的区别主要是下面两个：

一是时间不同。静态分配发生在程序编译和链接的时候。动态分配则发生在程序调入和执行的时候。

二是空间不同。动态分配的对象是堆和栈，只是一个是程序员分配，另一个是系统自动分配。静态分配的是数据段，由编译器完成。

对于一个进程的内存空间而言，可以在逻辑上分成三个部分：代码区、静态数据区和动态数据区。动态数据区一般就是"堆栈"。"栈（stack）"和"堆（heap）"是两种不同的动态数据区，栈是一种线性结构，是连续的空间；堆是一种链式结构，不是连续的空间。进程的每个线程都有私有的"栈"，所以每个线程虽然代码一样，但本地变量的数据都是互不干扰的。

需要注意的是：在栈上所申请的内存空间，当出了变量所在的作用域后，系统会自动回收这些空间。而在堆上申请的空间，当出了相应的作用域以后，需要显式的调用free( )来释放所申请的内存空间，如果不及时对这些空间进行释放，那么内存中的碎片就会越来越多，可使用的内存空间也就会变得越来越少。

7.4　内 存 拷 贝

7.4.1　总线带宽

总线是指计算机内部多个组件之间交互的通路，总线是一种内部结构，为CPU、内存、输入/输出设备等提供通用的数据传送和逻辑控制的方式。主机的各个部件通过总线相互连接，从而形成了计算机硬件系统。

总线带宽即总线单位时间内传输的数据量，计算公式：

总线带宽 = 总线频率×总线位宽/8（Byte）

总线工作频率决定了单位时间可传输数据的次数，工作频率越高，总线工作速度越快。总线位宽指单次传输的数据大小，位宽越大则一次传递的数据越多。如果要提高总线的传输速率，一方面可以提高总线的频率，另一方面也可以增加总线的位宽。

例如：对于64位、800MHz的总线，它的总线带宽就等于800MHz×64bit÷8（Byte）= 6.4GB/s。

总线按照其用途可分为下面三类，如图7-10所示：

● 地址总线，主要用于传输数据在内存里的地址或外设地址。32位CPU，地址总线只能访问到2^{32} = 4GB的内存，这也是32位计算机最大只支持4GB内存的原因。

● 数据总线，用于传递数据。其总线带宽决定了数据传输的快慢，内存拷贝速度与此密切相关。

● 控制总线，将CPU的控制信号（中断、时钟等）传递到其他组件。

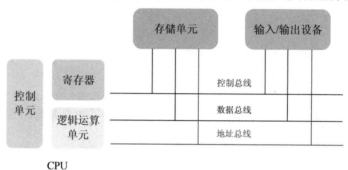

图7-10　三总线结构

7.4.2　内存读取流程

当系统需要读取主存时，则将地址信号放到地址总线上传给主存，主存读到地址信号后，解析信号并定位到指定存储单元，然后将此存储单元数据放到数据总线上，供其他部件读取。具体的读取内容分为代码段和数据段，分别对应以下两个流程，如图7-11所示。

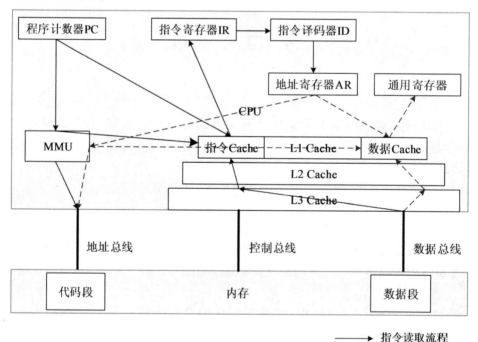

图7-11　内存读取流程

内存读取指令执行流程：

（1）程序计数器读取下一条指令地址。

（2）虚拟地址通过MMU和Cache的共同转换匹配。如果命中，直接返回Cache里的数据，否则转（3）。

（3）通过地址总线传地址到内存程序代码段，读取程序下一条指令数据。

（4）读取后，通过数据总线返回并更新Cache，指令数据存储在指令寄存器中。

内存读取数据执行流程：

（1）指令译码器解析指令，识别是读取内存操作和地址，将地址写入地址寄存器。

（2）虚拟地址通过MMU和Cache的共同转换匹配，如果命中，直接返回Cache里的数据；否则转（3）。

（3）通过地址总线传地址到内存程序数据段，读取该地址的数据。

（4）读取后，通过数据总线返回并更新Cache，数据存储在通用寄存器中，以备后续使用。

7.4.3　内存拷贝

内存拷贝简单来说就是将一个内存中的值复制到另一个内存中，这两个内存块可以相同，也可以不同。内存拷贝的简化流程如图7-12所示，CPU通过Cache读取内存中的数据，然后再通过Cache写入内存中。

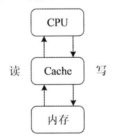

图7-12　内存拷贝简化流程

内存拷贝中比较常见的是memcpy( )内存拷贝函数：

void *memcpy（void * dest，const void *src，size_t n）；

其中，第一个参数指针，指向目标拷贝区域；第二个参数指针，指向被拷贝的内存区域；第三个参数指定拷贝内容的大小。

memcpy( )用来拷贝src所指的内存内容前n个字节到dest所指的内存地址上。与strcpy( )不同的是，memcpy( )会完整的复制n个字节，不会因为遇到字符串结束"\0"而结束。memcpy( )函数的指针src和dest所指的内存区域不可重叠。在拷贝字符串时，通常使用strcpy( )函数，在拷贝其他数据（例如结构）时，通常使用memcpy( )函数。

在一般情况下，内存拷贝时CPU需要通过总线访问Cache或内存，中间会涉及一系列的TBL替换、缺页替换、Cache替换等操作，占用较多CPU资源。

7.4.4 跨态拷贝

操作系统隔离了两块空间，也就是用户空间和内核空间。可以理解为，用户程序是在用户空间上跑的，操作系统的内核代码是在内核空间上跑的，操作系统隔离这两个空间是为了如果用户程序发生了故障不会影响到操作系统。

现代操作系统其实已经对数据拷贝做了优化，之前把数据从底层硬件拷贝到内核空间也是CPU实现的，现在CPU只需要通知DMA（Direct Memory Access），底层硬件上的数据拷贝工作就交给了DMA，从而解放CPU去做别的任务。

但是在内核空间和用户空间之间的拷贝都是由CPU完成的。以socket传输为例，内存拷贝底层实际上是通过调用read( )和write( )来实现的，即：

read(file,tmp_buf,len);

write(socket,tmp_buf,len);

通过read( )把数据从硬盘读取到内核缓冲区，然后复制到用户缓冲区，再通过write( )写入socket缓冲区，最后写入网卡设备。整个过程发生了4次用户态和内核态的上下文切换、2次DMA拷贝和2次CPU拷贝。

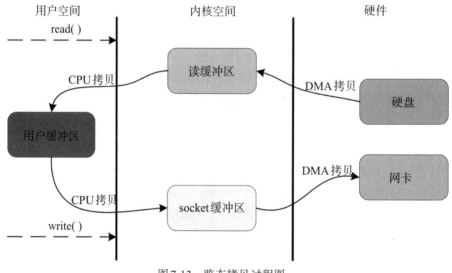

图7-13　跨态拷贝过程图

如图7-13所示，socket文件传输的跨态拷贝的步骤如下：

（1）用户进程通过read( )方法向操作系统发起调用，此时上下文从用户态转向内核态；

（2）DMA控制器把数据从硬盘中拷贝到读缓冲区；

（3）CPU把读缓冲区数据拷贝到用户缓冲区，上下文从内核态转为用户态，read( )返回；

（4）用户进程通过write( )方法发起调用，上下文从用户态转为内核态；

（5）CPU将用户缓冲区中数据拷贝到socket缓冲区；

（6）DMA控制器把数据从socket缓冲区拷贝到网卡。

7.4.5　零拷贝

零拷贝技术是指计算机执行操作时，CPU可以不需要先将数据从某处内存复制到另一个特定的区域，这种技术通常用于网络传输文件时节省CPU周期和内存带宽。由于零拷贝在数据读写的过程中减少了不必要的CPU拷贝，因此可以大大提升CPU的处理效率。

跨态拷贝在拷贝过程中，整个过程线程上下文切换了4次，一共有4次拷贝，2次DMA，2次CPU。为什么不让数据在内核空间直接从内核缓存到socket缓存呢？这就是第一种零拷贝技术mmap的原理。

- mmap零拷贝

如图7-14所示，mmap的主要实现方式是将读缓冲区的地址和用户缓冲区的地址进行映射，内核缓冲区和应用缓冲区共享，从而减少了从读缓冲区到用户缓冲区的一次CPU拷贝，即

tmp_buf = mmap（file，len）;

write（socket，tmp_buf，len）;

传统的跨态拷贝要把数据从内核缓存拷贝到用户缓存才能写，mmap这种方法直接在用户缓存写，有了映射关系，对应的内核缓存也就有了。

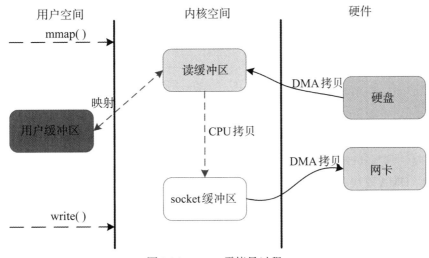

图7-14　mmap零拷贝过程

mmap实现的零拷贝流程如下：

（1）用户进程读取硬盘文件，告诉内核进程发起mmap()函数调用；

（2）内核调用mmap()，将一块内核缓存和一块用户缓存建立映射关系。DMA将文件数据拷贝到内核缓存中；

（3）由于磁盘文件已经被DMA拷贝到内核缓存中去了，又被映射到了用户缓存，所以直接在用户缓存里就读到了；

（4）线程发起write()调用，状态由用户态切换为内核态，这时候内核基于CPU拷贝将数据从那块映射的内核缓存拷贝到socket缓存，CPU也就拷贝了这一次；

（5）DMA将数据从socket缓冲区拷贝到网卡。

整个过程线程上下文切换了4次，一共有3次拷贝，即2次DMA拷贝，1次CPU拷贝。

● Sendfile

sendfile系统调用在Linux内核版本2.1中被引入，目的是简化通过网络在两个文件之间进行的数据传输过程。sendfile系统调用的引入，减少了上下文切换的次数。使用方法如下：

sendfile（socket，file，len）；

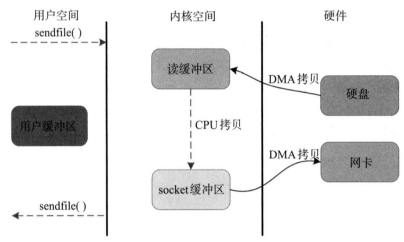

图7-15　sendfile拷贝

sendfile实现的零拷贝流程如图7-15所示：

（1）sendfile系统调用导致文件内容通过DMA模块被复制到某个内核缓冲区，之后再被复制到与socket相关联的缓冲区内；

（2）DMA模块将位于socket相关联缓冲区中的数据传递给网卡协议引擎时，执行第3次复制。

可以看到总共有2次DMA拷贝，1次CPU拷贝，相比mmap来说，整个过程减少了2次上下文切换。

● 带DMA的Sendfile

如图7-16所示，带DMA的sendfile实现零拷贝的过程如下：

（1）用户线程发起sendfile()函数调用，与mmap()函数不同的是，不仅告诉内核去哪里读数据，也告诉了往哪里写数据。线程从用户态切换到了内核态。

（2）DMA把数据从磁盘拷贝到内核空间读缓冲区。

（3）把记录数据位置和长度的数据描述信息从内核缓存复制到指定的socket缓存，DMA根据这些数据描述信息将数据从内核缓存拷贝到网卡。

（4）sendfile( )函数调用结束，线程从内核态切换到了用户态。

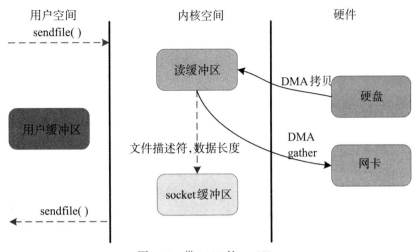

图7-16 带DMA的sendfile

整个过程用户线程切换了两次，但是只有2次拷贝，并且都是DMA拷贝，CPU拷贝一次都没有，因此这种拷贝方式也被称为"真正的（CPU）零拷贝"。

习题7

7.1 使用ulimit命令调整堆栈大小，并编写代码测试在栈上可分配内存的大小（通过溢出和不溢出来验证）。

7.2 测试read/write和sendfile实现socket发送文件的性能差异。提示注意以下两点：

（1）在Windows下使用打开文件的系统调用函数时，需要加上"O_BINARY"标志选项，让其作为二进制文件处理（避免按照文本方式处理），比如：fp_read = open（"***.**"，O_WRONLY|O_BINARY）。

（2）在Windows的接收端使用socket通信，如果使用gcc直接编译，需加上编译选项"-l wsock32"。

第8章 通信相关编程及优化

多进程并发技术，往往需要进行进程间高效数据通信。本章首先从进程基本概念开始，介绍常见进程间通信机制，并通过用函数接口代替消息接口，从性能角度比较多进程和多线程系统设计的优劣。其次介绍RDMA技术来解决网络传输中服务器端数据处理的延迟。最后介绍可以显著提高程序在大量并发连接中只有少量活跃的情况下的系统CPU利用率的epoll技术。

8.1 进程间通信方法

8.1.1 进程概念

进程（Process）概念最早于20世纪60年代初由麻省理工学院的MULTICS系统和IBM公司的CTSS/360系统引入，其是计算机科学中最重要和最成功的概念之一。

进程是指一个具有独立功能的程序在一个数据集合上的一次动态执行过程。它可以申请和拥有系统资源，是系统进行资源分配和调度的基本单位，是操作系统结构的基础。它不只是程序的代码，还包括当前的活动，是一个动态的概念，是一个活动的实体，通过程序计数器的值和处理寄存器的内容来表示。总而言之，进程是操作系统对一个正在运行的程序的一种抽象。程序是静态的可执行文件，进程是执行中的程序，同一个程序多次执行对应不同的进程。

8.1.2 进程与内核关系

内核即操作系统内核，用于控制计算机硬件。同时，将用户态的进程和底层硬件隔离开，以保障整个计算机系统的稳定运转。应用进程即用户态进程，运行于操作系统之上，通过系统调用与操作系统进行交互。

由于需要限制不同的程序之间的访问能力，防止它们获取别的程序的内存数据，或者获取外围设备的数据并发送到网络，CPU划分出两个权限等级：用户态和内核态。内核态CPU可以访问内存的所有数据及外围设备，例如硬盘、网卡，CPU也可以将自己从一个程序切换到另一个程序。用户态只能受限地访问内存，且不允许访问外围设备，CPU资源可以被其他程序剥夺。

所有用户程序都是运行在用户态，但是有时候程序确实需要做一些内核态的事情，例如从硬盘读取数据等。而唯一可以做这些事情的就是操作系统，所以此时程序就需要通过操作系统请求以程序的名义来执行这些操作。这时需要这样的机制：用户态程序切换到内核态，但是不能控制在内核态中执行的指令。这种机制叫系统调用，在CPU中的实现称为陷阱指令（Trap Instruction）。

如图8-1所示，内核指的是操作系统内核，进程指的是用户态进程。进程与内核关系如下：1）进程受操作系统调度，不同进程共享操作系统内核；2）进程间相互独立，用户态地址空间互不干扰；3）不同进程间要实现通信只能依赖操作系统提供的用户态切换内核态的机制。

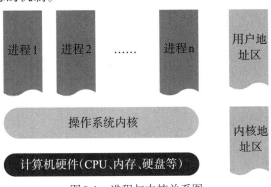

图8-1　进程与内核关系图

8.1.3　进程间通信

进程是一个独立的资源分配单元，不同进程之间的资源是独立的，不能在一个进程中直接访问另一个进程的资源。但是有些复杂程序或者是系统需要多个进程共同完成某个具体的任务，不同的进程需要进行信息的交互和状态的传递等，因此需要进程间通信（Inter Processes Communication，IPC）。

就表现形式而言，IPC进程间通信是一组编程接口，让程序员能够协调不同的进程，使之能在一个操作系统里同时运行，并相互传递、交换信息。IPC方法包括管道（PIPE）、消息排队、旗语、共用内存以及套接字（SOCKET）。每个IPC方法均有它自己的优点和局限性，对单个程序而言同时使用所有的IPC方法是不常见的。

进程间通信的目的有如下几个方面：

● 数据传输：一个进程需要将它的数据发送给另一个进程。

● 共享数据：多个进程想要操作共享数据，一个进程对共享数据的修改，别的进程应该能立刻看到。

● 通知事件：一个进程需要向另一个或一组进程发送消息，通知它（它们）发生了某种事件（如进程终止时要通知父进程）。

● 资源共享：多个进程之间共享同样的资源。为了做到这一点，需要内核提供互斥和同步机制。

● 进程控制：有些进程希望完全控制另一个进程的执行（如Debug进程），此时控制进程希望能够拦截另一个进程的所有陷入和异常，并能够及时知道它的状态改变。

8.1.4　进程通信分类

进程间通信是进程进行通信和同步的机制，可以分为同节点进程通信和跨节点进程通信（如图8-2所示）。同节点指的是进程通信是在同一主机下进行的，主要包括管道、系统IPC（包括信号、消息队列、共享内存等）和套接字等。

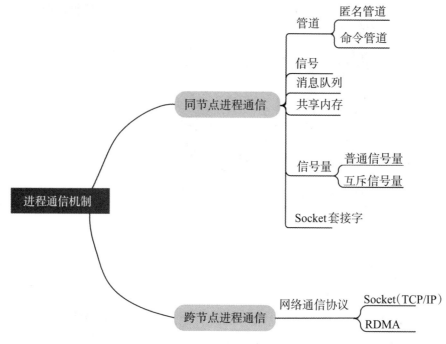

图8-2　进程通信分类

将一个进程连接到另一个进程的一个数据流可以称为"管道"，主要有匿名管道和命令管道两种方式，其本质上是内核的一块缓存，通过缓存来实现数据传输。匿名管道简称管道，是半双工机制（数据只能在一个方向上流动），具有固定的读写端，只能用于有亲缘关系的进程间通信（父子进程或兄弟进程）。命令管道本质上是一个管道文件，可以通过命令创建或函数创建，用户可以看见，有自己的所有者、大小以及访问权限。它最大的特点就是可以在无亲缘的进程间进行通信。

系统IPC的几种方式（信号、消息队列、共享内存）比较类同，都是使用了内核里的标识符来识别的。

信号是进程间的软件中断通知和处理机制，操作系统通过信号来通知进程系统中发生了某种预先规定好的事件（一组事件中的一个），它也是用户进程之间通信和同步的一种原始机制。信号接收有捕获、忽略、屏蔽三种方式。其传送的信息量少，且只有一个类型。

消息队列，是一个消息的链表，是一系列保存在内核中消息的列表，由消息队列标识符标识。用户进程可以向消息队列添加消息，也可以从消息队列读取消息。消息队列与管道通信相比，其优势是对每个消息指定特定的消息类型，接收的时候不需要按照队列次序，而是可以根据自定义条件接收特定类型的消息。可以把消息看作一个记录，具有特定的格式以及特定的优先级。消息队列克服了信号传递信息少、管道只能承载无格式字节流以及缓冲区大小受限等缺点。

信号量主要用于互斥或者同步机制，本质上是一个计数器。它可以用来控制多个进程对共享资源的访问。它常作为一种锁机制，防止某进程正在访问共享资源时，其他进程也访问该资源。因此，主要作为进程间以及同一进程内不同线程之间的同步手段。

共享内存和套接字两种通信方式是本章节重点，将在接下来的小节中详细介绍其通信机制，并通过实验对比两种通信方式的性能。

跨节点通信即不同主机之间的通信，主要依靠网络通信协议，常见的方式有 SOCKET 和 RDMA（Remote Direct Memory Access）两种。远程过程调用（Remote Procedure Call，RPC）就是基于 SOCKET 技术实现，而 RDMA 是为了解决网络传输中服务器端数据处理的延迟而产生的，在后续章节会更为详细地介绍。

8.1.5　共享内存的进程通信

共享内存（shared memory）指在多处理器的计算机系统中，可以被不同 CPU 访问的大容量内存。由于多个 CPU 需要快速访问存储器，这样就要对存储器进行缓存（Cache）。任何一个缓存的数据被更新后，由于其他处理器也可能要存取，共享内存就需要立即更新，否则不同的处理器可能用到不同的数据。共享内存是 UNIX 下的多进程之间的通信方法，这种方法通常用于一个程序的多进程间通信，实际上多个程序间也可以通过共享内存来传递信息。

共享内存是进程间通信中最简单的方式之一。共享内存允许两个或更多进程访问同一块内存，当一个进程改变了这块地址中的内容的时候，其他进程都会察觉到这个更改。进程的虚拟内存空间会被分成不同的若干区域，每个区域都有其相关的属性和用途，一个合法的地址总是落在某个区域当中的，这些区域也不会重叠。在 Linux 内核中，这样的区域被称为虚拟内存区域（virtual memory areas），简称 VMA。

如图 8-3 所示，操作系统通过 VMA 机制，让每个进程都能独享虚拟地址空间，不同进程之间也实现了隔离。而创建了共享内存后，进程 2 和进程 3 都将自己的逻辑虚拟地址空间指向共享内存块中。随后需要访问这个共享内存块的进程都必须将这个共享内存绑定到自己的地址空间中去。当一个进程往一个共享内存块中写入了数据，共享这个内存区域的所有进程都可以看到其中的内容变化。

共享内存是进程间共享数据最快的一种方法。一个进程向共享的内存区域写入了数据，共享这个内存区域的所有进程就可以立刻看到其中的内容。使用共享内存要注意的是多个进程之间对一个给定存储区访问的互斥。若一个进程正在向共享内存区写数据，则在它做完这一步操作前，别的进程不应当去读、写这些数据。由于共享内存不提供同步机制，因此需要采用信号量来实现同步与互斥。

对于一个共享内存，实现采用的是计数的原理，当进程脱离共享存储区后，计数器减1，挂载成功时，计数器加1，只有当计数器变为0时，才能被删除。当进程终止时，它所附加的共享存储区都会自动脱离。

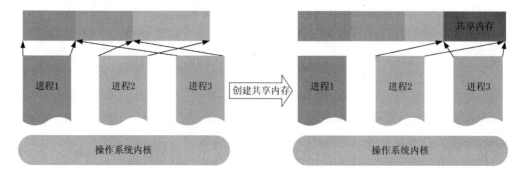

图8-3 共享内存进程通信

8.1.6 SOCKET 进程通信

套接字（SOCKET）是一种通信机制，凭借这种机制，客户/服务器系统的开发工作既可以在本地单机上进行，也可以跨网络进行。也就是说，它可以让不在同一台计算机但通过网络连接的计算机上的进程进行通信。因此，套接字明确地将客户端和服务器区分开来。

套接字的特性由三个属性确定，即域、类型和协议。

域用于指定套接字通信中使用的网络介质。最常见的套接字域是 AF_INET，它指的是因特网。当客户使用套接字进行跨网络连接时，它就需要用到服务器计算机的 IP 地址和端口来指定一台联网机器上的某个特定服务，所以在使用 SOCKET 作为通信的端点，服务器应用程序必须在开始通信之前绑定一个端口，并在指定的端口等待客户的连接。另一个域 AF_UNIX 表示 UNIX 文件系统，它就是文件输入/输出，而它的地址就是文件名。

因特网提供了两种通信机制：流（stream）和数据报（datagram），因而套接字的类型也就分为流套接字和数据报套接字。流套接字表示传输层使用 TCP 协议提供的是一个有序、可靠、双向字节流的连接，因此发送的数据可以确保不会丢失、重复或乱序到达，而且它还有一定的出错后重新发送的机制。与流套接字相对的是数据报套接字，它不需要建立和维持一个连接，在 AF_INET 中通常是通过传输层 UDP 协议实现的。数据报作为一个单独的网络消息被传输，它可能会丢失、复制或错乱到达。UDP 不是一个可靠的协议，对发送的数据长度有限制；但是它的速度比较快，因为它并不需要建立和维持连接。

套接字的协议一般没有限制要求，只要底层的传输机制允许不止一个协议来提供要求的套接字类型，就可以为套接字选择一个特定的协议。通常只需要使用默认值。

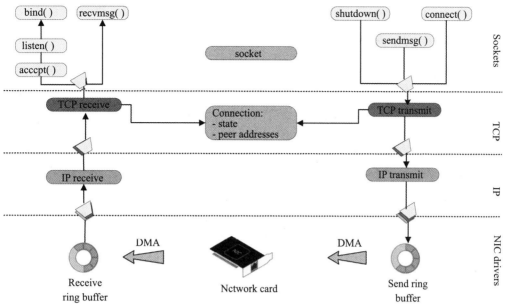

图 8-4　SOCKET 进程通信

如图 8-4 所示，基于 AF_INET 的 SOCKET 进程通信从上至下依次为应用层、传输层、网络层和链路层，其中传输层、网络层和链路层等称作 TCP/IP 协议族。SOCKET 是应用层与 TCP/IP 协议族通信的中间软件抽象层，它是一组接口。在设计模式中，SOCKET 其实就是把复杂的 TCP/IP 协议族隐藏在 SOCKET 接口后面，对用户来说，一组简单的接口就是全部，让 SOCKET 去组织数据，以符合指定的协议。

套接字通信的过程如下：

（1）服务器端

首先，服务器应用程序使用系统调用 socket( ) 来创建一个套接字，它是系统分配给该服务器进程的类似文件描述符的资源，不能与其他的进程共享。

其次，使用系统调用 bind( ) 来给套接字命名，服务器进程就开始等待客户连接到这个套接字。

再次，系统调用 listen( ) 来创建一个队列并将其用于存放来自客户的进入连接。

最后，服务器通过系统调用 accept( ) 来接受客户的连接。它会创建一个与原有的命名套接字不同的新套接字，这个套接字只用于与这个特定客户端进行通信，而命名套接字（即原先的套接字）则被保留下来继续处理来自其他客户的连接。

（2）客户端

基于 SOCKET 的客户端比服务器端简单，客户应用程序首先调用 socket( ) 来创建一个未命名的套接字，然后将服务器的命名套接字作为一个地址来调用 connect( ) 与服务器建立连接。

一旦连接建立，就可以像使用底层的文件描述符那样用套接字来实现双向数据的通信。发送进程在发送端从用户态向内核态拷贝数据，发送之前对数据进行协议栈处理（加 TCP 头、IP 头等）。接收端在接收到数据后，进行协议栈处理（去 TCP

头、IP头等），接收端将数据从内核态拷贝到用户态，接收进程完成数据接收。

8.1.7 进程间通信实例

共享内存直接通过内存读取进行通信，是最快的进程通信方式之一。而SOCK-ET套接字需要两次跨态内存拷贝，并且通过协议软件转发处理，协议软件占用CPU资源。从理论上分析，共享内存通信性能应该远大于SOCKET套接字通信性能。

可以通过实例对比两种进程通信的时间开销，具体思路是client进程将发送开始时间给server端，server端完成数据接收后，通过接收到的时间与发送时间计算差值从而得到通信开销。对于共享内存的进程间通信，实现步骤如下：

（1）检查是否安装C语言编译工具

Linux系统编写C语言代码会使用gcc、vim、gdb三个自带工具，若系统没有安装，可以通过apt get×××命令安装对应的工具。通过×××－version命令查看三种工具是否安装成功。

（2）编写客户端和服务端代码

指定一个文件夹，打开终端，通过vim shm_client.c命令创建一个名为shm_client.c的C语言源文件，并对其进行编辑，按下i输入对应代码，并按下Esc后输入：wq对文件进行保存。同理，按上述方法创建服务端文件shm_server.c。

（3）对源文件进行编译

在当前终端使用gcc工具，通过gcc×××.c -o new_name命令对源文件进行编译，通过-o可以为编译生成的文件命名。在本示例中，分别将客户端和服务端编译文件命名为client.out和server.out。

（4）运行demo代码

首先运行server进程，在终端输入./server.out命令，再打开另一个终端输入./client.out运行客户端进程，客户端发送开始时间给服务端，由服务端接收信息后得到通信花销。

同理，对于基于SOCKET的进程间通信，先创建SOCKET_client.c和SOCKET_server.c两个文件，编译后，先运行服务端文件，再运行客户端文件，最后得到SOCKET进程通信花销结果。

上述代码可以通过出版社网址https://www.uestcp.com.cn/进行下载运行。在发送少量数据时，上述示例在测试机上，共享内存耗时11197ns，SOCKET耗时16759ns，共享内存比SOCKET耗时少5553ns。当发送大量数据时，通信开销的时间差距会更加明显，共享内存进程通信的性能远大于SOCKET进程通信。

8.2 线程间通信

8.2.1 线程概念

线程（thread）是进程的一部分，用来描述指令流执行状态，它是进程中指令执行流的最小单元，是CPU调度的基本单位。进程由一组相关资源构成，包括地址空间、打开的文件等，线程描述了在进程资源环境中的指令流执行状态。

进程好比是工厂，线程是工厂里的生产线，一个进程里面可以包含多个线程，每个线程之间可以并发执行。每个进程都有独立的代码和数据空间（程序上下文），程序之间的切换会有较大的开销。线程可以看作轻量级的进程，同一类线程共享代码和数据空间，每个线程都有自己独立的运行栈和程序计数器（PC），线程之间切换的开销小。线程之间可以直接通信而不需要像进程通信那么复杂，但是当一个线程崩溃时，其所属进程的所有线程都会崩溃。

进程和线程不同点主要体现在：

● 地址空间：线程是进程内的一个执行单元，进程内至少有一个线程，所有线程共享进程的地址空间，而进程是自己独立的地址空间；

● 资源拥有：进程是资源分配和拥有的单位，同一个进程内的线程共享进程的资源，因此线程的资源利用率好，切换速度快；

● 并发性：二者均可并发执行，线程是处理器调度的基本单位，但进程不是；

● 独立性：每个独立的进程有一个程序运行的入口、顺序执行序列和程序的出口，而线程不能够独立执行，必须依存在进程中，由进程提供多个线程执行控制；

● 线程使用公共变量或者内存的时候需要同步机制，不利于资源的管理和保护，而进程则相反，它们通信方式的差异也是由于这个原因造成的。

8.2.2　线程间通信

由于多线程共享地址空间和数据空间，所以多个线程间的通信是一个线程的数据可以直接提供给其他线程使用，而不必通过操作系统（也就是内核的调度）。此时，只需做好同步/异步、互斥的处理，保护共享的全局变量，具体涉及三种机制。

（1）锁（Lock）机制

● 互斥锁：提供以排他方式防止数据结构被并发修改的方法；

● 读写锁：允许多个线程同时读共享数据，而对写操作互斥；

● 条件变量：可以以原子的方式阻塞进程，直到某个特定条件为真为止。对条件的测试是在互斥锁的保护下进行的，条件变量始终与互斥锁一起使用。

（2）信号量（Semaphore）机制

线程的信号量与进程间通信中使用的信号量的概念是一样的，它是一种特殊的变量，可以被增加或减少，但对其的关键访问被保证是原子操作。如果一个程序中有多个线程试图改变一个信号量的值，系统将保证所有的操作都将依次进行。

（3）信号（Signal）机制

信号机制类似进程间的信号处理。即一个线程在接收到某个信号时，才开始执行，否则处于等待状态。与进程不同的是：将对信号的异步处理，转换成同步处理。也就是说用一个线程专门来"同步等待"信号的到来，而其他的线程可以完全不被该信号中断/打断（interrupt）。这样就在相当程度上简化了在多线程环境中对信号的处理，而且可以保证其他线程不受信号的影响。

8.2.3　多进程和多线程应用部署比较

在实际应用时，原始数据往往需要经过多个模块的处理后，才能得到最终数据。这种应用场景可以进行多进程部署，也可以进行多线程部署。表8-1是基于不同维度的多进程和多线程应用部署对比。

表8-1　多进程与多线程应用对比

对比维度	多进程	多线程	总结
数据共享、同步	数据共享复杂，需要用IPC；数据是分开的，同步简单	因为共享进程数据，数据共享简单，但也是因为这个原因导致同步复杂	各有优势
内存、CPU	占用内存多，切换复杂，CPU利用率低	占用内存少，切换简单，CPU利用率高	线程占优
创建销毁、切换	创建销毁、切换复杂，速度慢	创建销毁、切换简单，速度很快	线程占优
编程、调试	编程简单，调试简单	编程复杂，调试复杂	进程占优
可靠性	进程间不会互相影响	一个线程挂掉将导致整个进程挂掉	进程占优
分布式	适应于多核、多机分布式；如果一台机器不够，扩展到多台机器比较简单	适应于多核分布式	进程占优

若部署时有数据量大、性能要求高、各模块数据相关度强等要求，建议使用单进程多线程部署，并且使用函数调用通信。多线程通过函数调用通信时，线程之间共享资源，减少了信息拷贝，从而大幅提升了通信效率。

8.2.4　多线程通信实例

设置原始数据量为50000块，数据大小为4KB，需经过4个模块处理得到最终数据。通过实际执行时间、用户CPU时间和系统CPU时间来对比多线程中使用消息接口和函数调用的通信效率。

（1）编写多线程代码

指定一个文件夹，打开终端，通过vim命令创建C语言源文件，并对其进行编辑，按下i输入代码，并按下Esc后输入：wq对文件进行保存。主要包含头文件basedef.h、头文件list.h、头文件msg_queue.h、多线程消息接口示例multi_thread_msg.c、多线程函数调用示例multi_thread_call.c和多线程频繁读写示例pthread.c。上述代码在出版社网站（https://www.uestcp.com.cn/）下载。

（2）编译

在终端输入如下命令，对C文件进行编译，其中-g会保留代码的文字信息，便于调试。-lpthread是因为代码中调用了pthread.h头文件，这里调用对应的动态链接库。

gcc multi_thread_call.c -g -lpthread -o multi_thread_call

gcc multi_thread_msg.c -g -lpthread -o multi_thread_msg

gcc pthread.c -g -lpthread -o pthread

（3）执行命令

在执行文件后面输入两个参数，第一个参数4表示数据经过4块模块处理，第二个参数50000表示数据个数。

time ./multi_thread_msg 4 50000

time ./multi_thread_call 4 50000

time ./pthread 4 50000

在测试机上最终得到的测试结果见表8-2所列，可看出使用函数调用通信的方式性能会更好。

表8-2　多线程消息接口与函数调用通信效率对比

模式	模块数	数据数量	数据大小	Real（实际执行时间）	User（用户CPU时间）	Sys（系统CPU时间）
单进程多线程（消息队列）	4	50000	4KB	0′1.007″	0′1.941″	0′0.056″
单进程多线程（函数调用）	4	50000	4KB	0′0.086″	0′0.148″	0′0.016″
单进程多线程（频繁读写）	4	50000	4KB	0′0.006″	0′0.000″	0′0.008″

多线程频繁读写示例pthread.c是一个特殊的多线程文件，在执行该文件时对其进行了频繁的读写操作，Linux内核为了提高读写性能与速度，将数据在Cache中进行了缓存，因此其时间开销最少，效率更高。

在实际应用中，使用多进程还是多线程，使用消息队列还是共享内存都没有绝对的优劣之分，需要根据实际具体场景对不同方式进行评估，然后选择最有效的方式。

8.3　RDMA

8.3.1　DMA与RDMA概念

DMA（Direct Memory Access，直接存储器访问）是指一种高速的数据传输操作，允许在外部设备和存储器之间直接读写数据。整个数据传输操作在一个称为"DMA控制器"的控制下进行的。CPU除了在数据传输开始和结束时做一点中断处理外，在传输过程中CPU可以进行其他的工作。这样，在大部分时间里，CPU和输入/输出都处于并行操作。因此使整个计算机系统的效率大大提高。

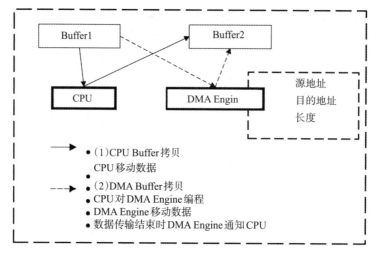

图 8-5　DMA 原理图

如图 8-5 所示，传统内存访问需要通过 CPU 进行数据 copy 来移动数据，即通过 CPU 将内存中的 Buffer1 拷贝到 Buffer2 中。而 DMA Engine 直接通过硬件将数据从 Buffer1 移动到 Buffer2，而不需要 CPU 的参与，大大降低了 CPU Copy 的开销。

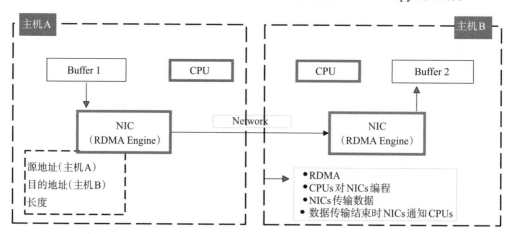

图 8-6　RDMA 原理

RDMA 是 Remote Direct Memory Access 的缩写，通俗地说可以看成是远程的 DMA 技术，为了解决网络传输中服务器端数据处理的延迟而产生的。RDMA 允许用户态的应用程序直接读取或写入远程内存，而无内核干预和内存拷贝发生。即在两个或者多个计算机进行通信的时候使用 DMA，从一个主机的内存直接访问另一个主机的内存。

如图 8-6 所示，对于两个不同的主机，RDMA 通过 NIC（网卡）将数据从 Buffer1 移动到 Buffer2，而不需要 CPU 的参与。

8.3.2　RDMA 与传统 TCP/IP

RDMA 模式和传统 TCP/IP 模式下的数据传输对比如图 8-7 所示。

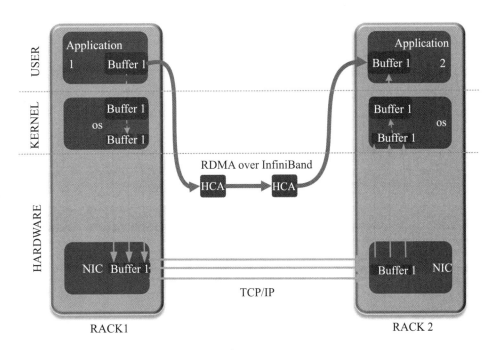

图 8-7　RDMA 与 TCP/IP 对比

TCP/IP 传统模式数据传输过程如下：首先把数据从应用缓存拷贝到 Kernel 中的 TCP 协议栈缓存，然后再拷贝到驱动层，最后拷贝到网卡缓存。多次内存拷贝需要 CPU 多次介入，导致处理延时大，达到数十微秒。同时，整个过程中 CPU 过多参与，大量消耗 CPU 时间，影响正常的数据计算。

在 RDMA 模式下，应用数据可以绕过 Kernel 协议栈直接向网卡 HCA 写数据，带来的显著好处有：处理延时由数十微秒降低到 1 微秒内，整个过程几乎不需要 CPU 参与，传输带宽更高。

相较于传统的 TCP/IP 模式，RDMA 模式的特点主要体现在以下几个方面：

（1）内核旁路（Kernel bypass）

应用程序可以直接在用户态执行数据传输，不需要在内核态与用户态之间做上下文切换；

（2）数据零拷贝

应用程序能够直接执行数据传输，在不涉及网络软件栈的情况下，数据能够被直接发送到缓冲区或者能够直接从缓冲区里接收，而不需要被复制到网络层；

（3）不需要 CPU 干预（No CPU involvement）

应用程序可以访问远程主机内存而不消耗远程主机中的任何 CPU。远程主机内存能够被读取而不需要远程主机上的进程（或CPU）参与。远程主机的CPU的缓存（Cache）不会被访问的内存内容所填充。

（4）消息基于事务（Message based transactions）

数据被处理为离散消息而不是流，消除了应用程序将流切割为不同消息/事务的需求。

（5）支持分散/聚合条目（Scatter/gather entries support）

RDMA原生态支持分散/聚合。也就是说，读取多个内存缓冲区然后作为一个流发出去，或者接收一个流然后写入多个内存缓冲区里去。

8.3.3 RDMA协议栈

如图8-8所示，目前支持RDMA的网络协议有以下三种：

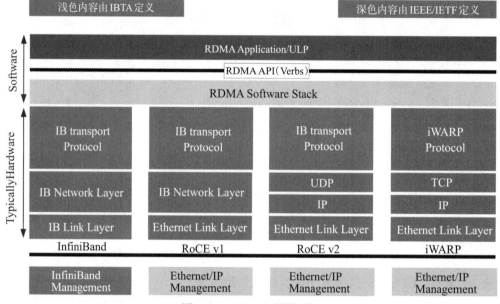

图8-8　RDMA三种协议栈

（1）IB：基于InfiniBand的RDMA

InfiniBand是一开始就支持RDMA的新一代网络协议，是一种开放标准的高带宽、高速网络互联技术。InfiniBand从硬件级保证可靠传输，需要特殊的网卡和交换机以及线路进行组网。成本比较高，但性能也最好。InfiniBand技术主要应用于服务器与服务器（比如复制、分布式工作等），服务器和存储设备（比如SAN和直接存储附件）以及服务器和网络之间（比如LAN、WANs和Internet）的通信。

（2）RoCE：基于Ethernet的RDMA

基于增强型以太网的RDMA承载层协议，传输层和网络层采用InfiniBand网络，在链路层用Ethernet的链路。既具有InfiniBand网络的低时延、低CPU使用率等特点，又能够很好地兼容于Ethernet网络。性能与IB协议相当，且成本是三种协议中最低的。此外，RoCE协议存在两个版本：ROCE v1基于二层以太网协议，受广播域限制，不能路由；ROCE v2基于UDP协议，可以跨3层路由。一般需要网卡是支持RoCE的特殊NIC。

（3）iWARP：基于TCP/IP的RDMA

iWARP是一个在TCP/IP之上执行的RDMA协议，可靠传输由TCP/IP协议栈来保证，但是要求网卡支持iWARP。从一定程度上来看，所有iWARP栈都可以在软件中实现，但iWARP失去了大部分RDMA的性能优势。

8.3.4　RDMA通信模型

RDMA通信中一共支持三种队列：发送队列（SQ）、接收队列（RQ）、完成队列（CQ）。其中，发送队列（SQ）和接收队列（RQ）负责调度工作，它们总是成对被创建，被称为队列对（Queue Pairs，QP）。当放置在工作队列上的指令被完成的时候，完成队列（CQ）用来发送完成通知。

RDMA是基于消息的传输协议，数据传输都是异步操作。如图8-9所示，RDMA操作可以分为以下几种类型：

1）Host提交工作请求（WR）到工作队列（WQ）：工作队列包括发送队列（SQ）和接收队列（RQ）。工作队列的每一个元素叫作WQE，也就是WR。

2）Host从完成队列（CQ）中获取工作完成（WC）：完成队列里的每一个元素叫作CQE，也就是WC。

3）具有RDMA引擎的硬件就是一个队列元素处理器。RDMA硬件不断地从工作队列（WQ）中去取工作请求（WR）来执行，执行完了就给完成队列（CQ）中放置工作完成（WC）。

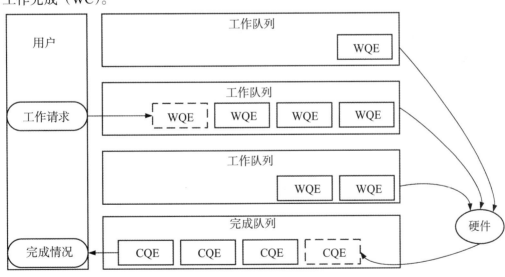

图8-9　RDMA队列操作

8.3.5　RDMA操作流程

RDMA数据传输主要有三个操作，分别是发送/接收操作、写操作和读操作。发送/接收操作跟TCP/IP的send/recv类似，不同的是RDMA是基于消息的数据传输协议（而不是基于字节流的传输协议），所有数据包的组装都在RDMA硬件上完成的，也就是说OSI模型中的下面4层（传输层、网络层、数据链路层、物理层）都在RDMA硬件上完成。RDMA写操作本质上就是Push操作，把本地系统内存里的数据推送到远程系统的内存里。RDMA读操作本质上就是Pull操作，把远程系统内存里的数据拉回到本地系统的内存里。

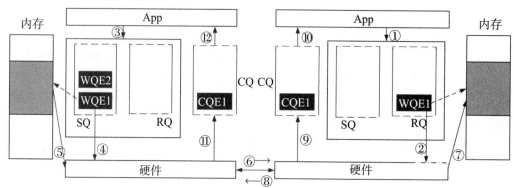

图8-10　发送/接收操作流程图

如图8-10所示，以RDMA数据传输中一次接收操作（Send/Receive原语）为例，其运行流程如下：

接收端硬件从RQ中拿到任务书，准备接收数据；发送端App以WQE的形式下发一次SEND任务；发送端硬件从SQ中拿到任务书，从内存中拿到待发送数据，组装数据包；发送端网卡将数据包通过物理链路发送给接收端网卡；接收端收到数据，进行校验后回复ACK报文给发送端；接收端硬件将数据放到WQE中指定的位置，然后生成"任务报告"CQE，放置到CQ中；接收端App取得任务完成信息；发送端网卡收到ACK后，生成CQE，放置到CQ中；接收端App取得任务完成信息。

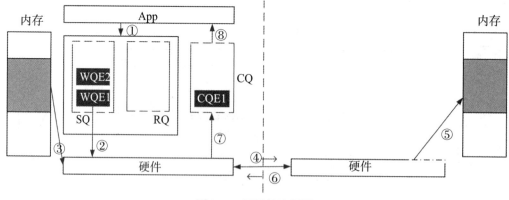

图8-11　写操作流程图

如图8-11所示，RDMA写操作（Write原语）运行流程如下：
请求端App以WQE（WR）的形式下发一次WRITE任务；请求端硬件从SQ中取

出WQE，解析信息；请求端网卡根据WQE中的虚拟地址，转换得到物理地址，然后从内存中拿到待发送数据，组装数据包；请求端网卡将数据包通过物理链路发送给响应端网卡。

响应端收到数据包，解析目的虚拟地址，转换成本地物理地址，解析数据，将数据放置到指定内存区域；响应端回复ACK报文给请求端；请求端网卡收到ACK后，生成CQE，放置到CQ中；请求端App取得任务完成信息。

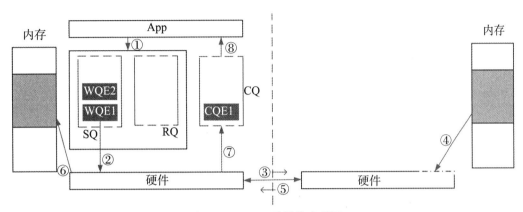

图8-12 RDMA读操作流程图

如图8-12所示，RDMA读操作（Read原语）运行流程如下：

请求端App以WQE的形式下发一次READ任务；请求端网卡从SQ中取出WQE，解析信息；请求端网卡将READ请求包通过物理链路发送给响应端网卡；响应端收到数据包，解析目的虚拟地址，转换成本地物理地址，解析数据，从指定内存区域取出数据；响应端硬件将数据组装成回复数据包发送到物理链路；请求端硬件收到数据包，解析提取出数据后放到READ WQE指定的内存区域中；请求端网卡生成CQE，放置到CQ中；请求端App取得任务完成信息。

8.3.6 RDMA内存注册（MR）

RDMA硬件对用来做数据传输的内存是有特殊要求的。应用程序不能修改数据所在的内存，操作系统不能对数据所在的内存进行page out操作，即物理地址和虚拟地址的映射必须是固定不变的。

内存注册是RDMA中对内存保护的一种措施，只要将内存注册到RDMA Memory Region中，这块内存就交给RDMA保护域来操作了。内存操作的起始地址、操作Buffer的长度，可以根据程序的具体需求进行设置。只要保证接收方的Buffer接收的长度大于等于发送的Buffer长度即可。

内存注册实际上就是CA（Channel Adapter）对这段内存空间建立虚拟地址和物理地址之间的转换表，实现地址转换。在内存注册时，要设置这个内存区域的操作权限：本地读写、远程读写、原子操作和绑定。每个内存注册都有本地关键字（L_Key）和远程关键字（R_Key），L_Key用于控制本地CA访问本地内存的权限，

R_Key用于控制远程CA访问本地内存的权限。同一内存空间可以进行多次注册，每次注册都有各自不同的关键字。

内存注册时，CA会建立内存保护表（Memory Protection Table，MPT）和内存转换表（Memory Translation Table，MTT）。当CA获取虚拟地址后，首先根据内存关键字（R_Key或者L_Key）在MPT中查找该关键字并验证访问权限，找到对应的表项后，根据表项中的内容获取MTT的地址，将MTT表项中的内容和虚拟地址结合实现地址转换。

8.3.7　RDMA优势及应用

传统的TCP/IP技术在数据包处理过程中，要经过操作系统及其他软件层，需要占用大量的服务器资源和内存总线带宽，数据在系统内存、处理器缓存和网络控制器缓存之间来回进行复制移动，给服务器的CPU和内存造成了沉重负担。尤其是网络带宽、处理器速度与内存带宽三者的严重"不匹配性"，更加剧了网络延迟效应。

RDMA技术，最大的突破是将网络层和传输层放到了硬件中（服务器的网卡上）来实现，数据报文进入网卡后，在网卡硬件上就完成四层解析，直接上送到应用层软件，四层解析无须CPU干预。

RDMA是一种新的直接内存访问技术，RDMA让计算机可以直接存取其他计算机的内存，而不需要经过处理器的处理。RDMA将数据从一个系统快速移动到远程系统的内存中，而不对操作系统造成任何影响。

在实现上，RDMA实际上是一种智能网卡与软件架构充分优化的远端内存直接高速访问技术，通过将RDMA协议固化于硬件（即网卡）上，以及支持Zero-copy和Kernel bypass这两种途径来达到其高性能的远程直接数据存取的目标。

RDMA在高性能计算、大数据分析、分布式存储、云计算等场景下，提供了超高带宽、超低时延、极低CPU占用率的网络服务。OpenFabric联盟制定了RDMA技术的相关协议，并推出了RDMA协议栈OFED（Open Fabrics Enterprise Distribution）。

8.4　epoll

8.4.1　epoll原理

epoll是一种I/O（输入/输出）事件通知机制，是Linux内核I/O多路复用的一个实现。I/O多路复用是指，在一个操作里同时监听多个输入/输出源，在其中一个或多个I/O源可用的时候返回，然后对其进行读写操作。I/O的对象可以是文件（file）、网络（SOCKET）、进程之间的管道（pipe）。在Linux系统中，都用文件描述符（fd）来表示。事件可分为可读事件和可写事件。通知机制可采用轮询机制，或者当事件发生时主动通知。

为了更好地了解Epoll机制，在此先介绍select和poll机制。select本质上是通过设置或检查存放fd标志位的数据结构进行下一步处理。但是每次调用select，都需把

fd集合从用户态拷贝到内核态，并且需在内核遍历传递进来的所有fd，fd数量较多时开销就很大。select文件描述符数量太小，默认最大支持1024个。而且使用的是主动轮询机制，效率很低。poll与selcet类似，只是描述fd集合的方式不同，而且poll没有最大文件描述符数量限制。虽然没有最大连接数限制，但是大量的fd数组被整体复制于用户态和内核地址空间，而不管其是否被使用。而且报告的fd如果没有被处理，那么下次poll时会再次报告该fd。

epoll是Linux内核为处理大批量文件描述符而做了改进的poll，是Linux下多路复用I/O接口select/poll的增强版本，它能显著提高程序在大量并发连接中只有少量活跃的情况下的系统CPU利用率。上述三者的对比见表8-3所列。

表8-3　select、poll与epoll特点对比

类型	概述	CPU利用率	复杂度	线程数	优点
select	通过设置或者检查存放fd标志位的数据结构来进行下一步处理	低	O(n)	多	时间可以精确至微秒，可移植性好，很多操作系统都支持
poll	通过死轮所有监听事件，来确定后处理操作	低	O(n)	多	在高性能定制化系统中，少量监听对象时，可以快速响应
epoll	通过内核通知链方式，回调后处理操作	高	$O(\log n)$	一个	在大量多路I/O复用情况下，可以利用少量的CPU资源，高效完成事件处理

使用select或poll的方式就好比在寝室等同学打电话叫你出去打球，你只有一部看不见号码，只能接听的老年机，你也不知道同学什么时候给你打电话，你只能开机等待同学打电话。此时，你手机一直在响铃，很多都是骚扰电话，但是你必须接听，因为这些电话中很可能有你的同学打来的电话。这造成浪费了你大量时间去处理骚扰电话，非常没有效率。

而epoll模式就很好地解决了这个问题，epoll模型修改主动轮询为被动通知，当有事件发生时，被动接收通知。所以epoll模型注册套接字后，主程序可做其他事情，当事件发生时，接收到通知后再去处理。这相当于换成了一部智能机，你知道同学的电话号码，并且设置了只接听同学的电话，如果不是你同学打的，那么你有大量的时间去处理别的事情。

epoll的管理是基于文件描述符的管理，当添加一个需要被监听的描述符到epoll监听列表中后，如果内核有该描述符所触发的事件时，就会通知应用做相应的处理。即当文件描述符的内核缓冲区非空的时候，发出可读信号进行通知，当写缓冲区不满的时候，发出可写信号通知的机制。

如图8-13所示，epoll的核心数据结构是一个红黑树和一个链表。通过epoll_create( )函数内核会产生一个epoll实例数据结构并返回一个文件描述符fd。

当文件描述符添加至列表中的时候，此时通过epoll_ctl( )函数将被监听的描述符

添加到红黑树。文件描述符fd1～fdn按照红黑树结构进行管理，而红黑树是当前搜索性能最高的数据结构，保证了epoll的性能要求。

最后通过epoll_wait( )函数阻塞等待注册的事件发生。一旦事件发生，就返回事件的数目，并且将触发的事件写入events数组中。处于ready状态的文件描述符会被复制进一个ready list，形成等待队列，由应用进行处理。

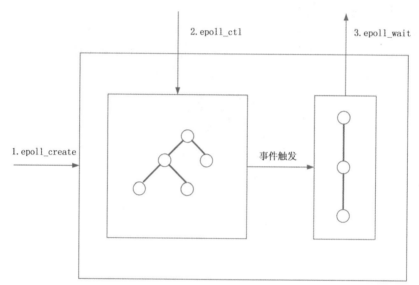

图8-13　epoll工作原理

8.4.2　epoll使用方式

Linux操作系统中实现epoll主要通过三个核心API来完成。

（1）创建epoll处理描述符

函数原型：int epoll_create（int size）

内核会产生一个epoll实例数据结构并返回一个文件描述符，这个特殊的描述符就是epoll实例的句柄，后面的两个接口都以它为中心（即epfd形参）。

（2）添加待监听描述符到epoll结构中

函数原型：int epoll_ctl（int epfd，int op，int fd，struct epoll_event *event）

将被监听的描述符fd添加到红黑树或从红黑树中删除或者对监听事件进行修改。op变量可选：

● epoll_ctl_add：往事件表中注册fd上的事件

● epoll_ctl_mod：修改fd上的注册事件

● epoll_ctl_del：删除fd上的注册事件

struct epoll_event结构描述一个文件描述符的epoll行为。在使用epoll_wait函数返回处于ready状态的描述符列表时，data域是唯一能给出描述符信息的字段，所以在调用epoll_ctl加入一个需要检测的描述符时，一定要在此域写入描述符相关信息。

Events域是bit mask，描述一组epoll事件，在epoll_ctl调用中解释为：描述符所期望的 epoll 事件，可多选。常用的 epoll 事件描述如下：

- EPOLLIN：描述符处于可读状态
- EPOLLOUT：描述符处于可写状态
- EPOLLET：将 epoll event 通知模式设置成 edge triggered
- EPOLLONESHOT：第一次进行通知，之后不再监测
- EPOLLHUP：本端描述符产生一个挂断事件，默认监测事件
- EPOLLRDHUP：对端描述符产生一个挂断事件
- EPOLLPRI：由带外数据触发
- EPOLLERR：描述符产生错误时触发，默认检测事件

（3）创建 epoll 监听事件处理线程，等待内核通知

函数原型：int epoll_wait（int epfd，struct epoll_event *events，int maxevents，int timeout）

events：返回监听到的事件通知

maxevents：指定一次最多接收多少个事件通知

timeout：描述在函数调用中阻塞时间上限，单位是 ms

- timeout = −1 表示调用将一直阻塞，直到有文件描述符进入 ready 状态或者捕获到信号才返回
- timeout = 0 用于非阻塞检测是否有描述符处于 ready 状态，不管结果怎么样，调用都立即返回；
- timeout > 0 表示调用将最多持续 timeout 时间，如果期间有检测对象变为 ready 状态或者捕获到信号则返回，否则直到超时。

8.4.3　epoll 实例

借助上述三个 API 搭建一个服务端和客户端，实现一个简单的 epoll 通信。步骤如下：

（1）编写客户端与服务端代码

分别编写客户端代码 client.c 和服务端代码 server.c。可从出版社网站（前面有）下载。

（2）编译代码

由于代码中调用了 pthread.h 头文件，gcc 编译命令如下：

gcc server.c -g -lpthread -o server

gcc client.c -g -lpthread -o client

（3）实现 epoll 通信

启动 ./server 和 ./client 分别运行服务端和客户端，需要先在服务端输入一个数字注册 epoll 事件。此时，在客户端任意输入数字，如果不是服务端输入的数字，服务端不会有任何反应。当客户端输入数字触发事件后，服务端会产生新的文件描述符 new_fd。

习题 8

8.1 完成进程间通信实例的测试，分析共享内存的进程间通信和基于 SOCKET 的进程间通信的优劣。

8.2 完成多线程通信实例的测试，进行单进程多线程（消息队列）、单进程多线程（函数调用）、单进程多线程（频繁读写）的通信效率对比。

8.3 完成 epoll 代码实例，验证其工作特性。

第9章 　**嵌入式AI硬件平台**

嵌入式AI将硬件、软件和算法相结合，以此提供高性价比、高性能、低功耗的解决方案，可应用于自动驾驶、安防、机器人、智能家居等各种场景。目前的嵌入式AI硬件平台，大多立足于ARM体系结构，结合人工智能算法优化嵌入式SoC基础计算能力；构建嵌入式智能机器基础计算框架；整合智能机器应用场景的服务接口，体现为芯片、硬件、软件整个产业链的深入协作。

9.1　AI芯片发展历程

芯片是集成电路（Integrated circuit）的简称，由半导体材料以及电容、电阻等器件集成并封装得到，是半导体元件产品的主要构成部分。人工智能（AI）芯片，也被称为"AI加速器"，是人工智能应用领域的专用集成电路。

在一般情况下，可以把冯·诺依曼架构的五大组成部分分为三类：输入/输出归类于交互，控制和逻辑归类于计算，存储单独列为一类，也就是交互、计算和存储三部分。而传统的计算力无法满足深度学习大量数据的运算，深度学习对这三方面都提出了非常多的创新要求。

如图9-1所示，在存储方面，要求高速访问、低延迟、大带宽；在计算方面，使用GPU/FPGA/ASIC进行硬件加速；在交互方面，使用高性能传感器进行输入，包括摄像头、激光雷达等等。这些都需要在AI芯片的设计中得到体现，进而为AI算法提供支撑。

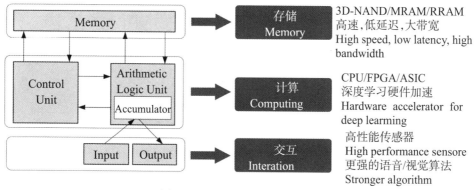

图9-1　AI芯片的组织结构要求

9.1.1 AI芯片分类

人工智能芯片的设计目的不是为了执行常见的计算机指令，而是为了大量数据训练和应用的计算。AI芯片可以划分为训练芯片和推理芯片。训练是指通过大量标记过的数据在平台上进行"学习"，并形成具备特定功能的神经网络模型；推理则是利用已经训练好的模型输入新数据通过计算得到各种结论。训练芯片对算力、精度要求非常高，而且还需要具备一定的通用性，以适应多种算法的训练；推理芯片更加注重综合能力，包括算力能耗、时延、成本等因素。

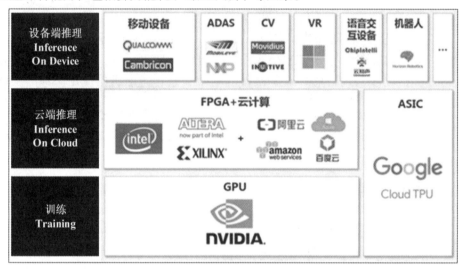

图9-2　AI芯片的需求类别

从市场角度而言，如图9-2所示，目前AI芯片的需求可归纳为三个类别：首先是面向于各大人工智能企业及实验室研发阶段的训练环节市场，AI训练芯片市场集中度高，英伟达和谷歌领先，英特尔和AMD正在积极地加入；其次是数据中心推理（Inference on Cloud），无论是亚马逊Alexa还是出门问问等主流人工智能应用，均需要通过云端提供服务，即推理环节放在云端而非用户设备上；第三种是面向智能手机、智能安防摄像头、机器人/无人机、自动驾驶、VR等设备的设备端推理（Inference on Device）市场，设备端推理市场需要高度定制化、低功耗的人工智能芯片产品。如华为昇腾310在功耗和计算能力等方面突破了传统设计的约束，将人工智能从数据中心延伸到边缘设备，为平安城市、自动驾驶、智能制造、机器人等应用场景提供了全新的解决方案。

表9-1　训练和推理的AI芯片类型及特性

对比项	训练（Training）	推理（Inference）
硬件	GPU、TPU2.0	CPU、GPU、FPGA、ASIC（TPU1.0/2.0、DianNao…）
需要的数据量	多	少
运算量	大	小

从广义上讲，能运行AI算法的芯片都叫AI芯片。目前，通用的CPU、GPU都能执行AI算法，只是效率不同。但从狭义上讲，一般将AI芯片定义为"专门针对AI算法做了特殊加速设计的芯片"。在深度学习的训练和推理环节，常用到的芯片类型及特征见表9-1所列。总体而言，AI芯片经历了从CPU到GPU、ASIC/TPU、FPGA、SOC的发展历程。

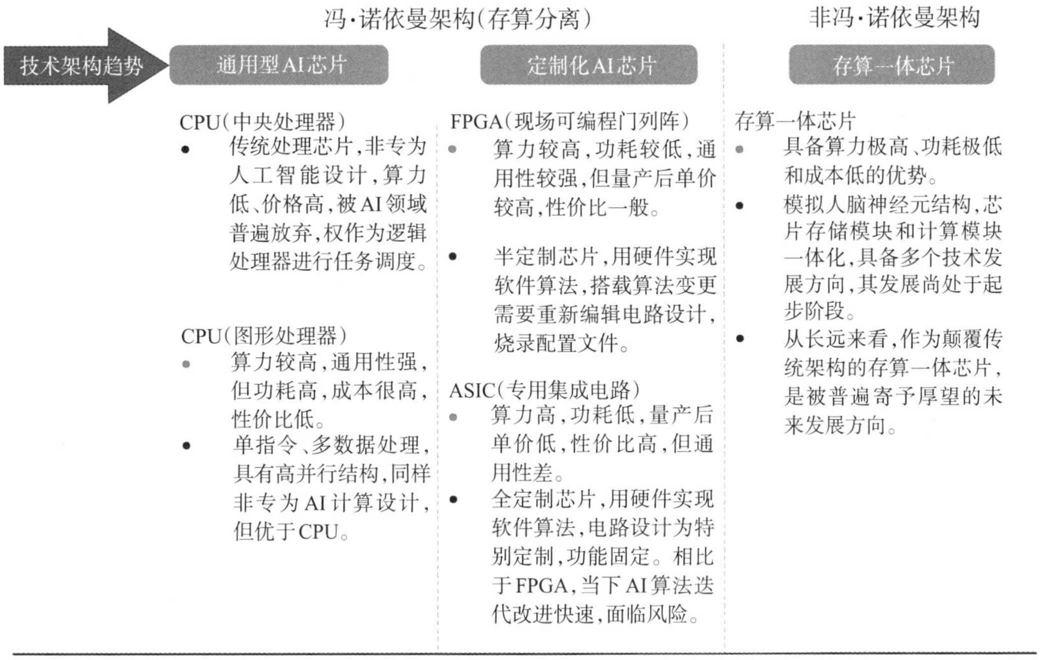

图9-3　AI芯片技术架构趋势

从架构的角度而言，不同场景的应用对AI芯片的性能提出了不同的要求，如图9-3所示。在以传统冯·诺依曼架构方式为主的AI芯片市场中，当运算能力发展到一定程度，存储部件就决定了AI芯片的性能上限，在同等条件下，"存算一体"架构能够有效降低AI芯片能耗和成本，突破"存储墙"难题，是AI芯片未来发展的方向。

9.1.2　CPU

在计算机的发展历程中，CPU（Central Processing Unit）发挥着相当重要的作用。随着深度学习的飞速发展，人们对于计算机性能的要求越来越高，但计算机性能的提高有很大一部分依赖底层硬件技术的进步。散热和功耗等限制使得传统CPU结构下的串行程序的性能几近走到尽头，这促使人们不断探索其他的体系结构和相应的软件框架。

AVX-512是英特尔推出的向量计算（SIMD）指令集，既兼顾了过去SSE指令集支持的计算类型，也扩展了更多功能，代号为"Skylake"的第一代英特尔至强可扩展处理器产品家族是首个全面支持AVX-512指令集的至强处理器产品线，如图9-4所示。

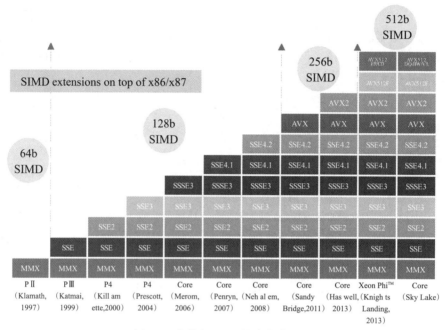

图 9-4　英特尔 SIMD 指令集演变

从2017年INTEL第一代至强可扩展处理器集成 AVX-512 VNNI（VNNI代表向量神经网络指令），开始基于CPU对AI训练和推理提供加速支持；到2018年第二代至强可扩展处理器在 AVX-512 技术之上扩展出深度学习加速技术，主打 INT8 推理加速；到2020年面向多路服务器的第三代至强可扩展处理器新增 BF16 加速，开始兼顾推理和训练的加速；再到2021发布的面向单路和双路服务器的第三代至强可扩展处理器（Ice Lake）进一步强化 INT8 推理加速，将推理能力提升到上一代产品的1.74倍，这一套连贯的技术演进，足以证明在一定场景下可以用CPU跑AI。

9.1.3　GPU

GPU（Graph Processing Unit）是专门用于图像处理的芯片，在矩阵计算和并行计算中具有突出的性能，是异构计算的主力。与CPU架构的设计侧重点不同，CPU侧重于指令执行中的逻辑控制，而GPU在大规模的密集型数据并行计算方面的优势极为突出。因为这个特点，GPU最早作为深度学习的加速芯片被引入AI领域。

英伟达公司（INVIDIA）早期推出的 GeForce GTX280 显卡，不但采用了多个内核流处理器构成的图像处理单元，而且每一个流处理器都支持一种称为单指令、多线程的处理方式。这种大规模的硬件并行解决方案为高通量计算，尤其是浮点数运算带来突破性的提升。

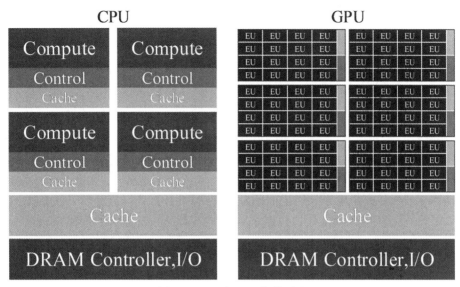

图9-5 CPU与GPU架构对比

图9-5显示了CPU和GPU之间的区别。EU是GPU上处理的基本单位。每个EU可以处理多个SIMD指令流。在相同的硅空间中，GPU比CPU具有更多的内核/EU。GPU是按层次结构组织的，多个EU组合在一起，形成具有共享本地内存和同步机制的计算单元，计算单元组合再形成GPU。

一方面，与多核CPU相比，GPU的设计并没有从指令控制逻辑的角度出发，也没有不断扩大缓存，从而没有增加复杂指令和数据访问造成的时延；另一方面，GPU采用了比较简单的存储模型和数据执行流程，主要依靠挖掘程序内在数据并行性来提高实际吞吐量，使得很多数据密集型程序能够获得相比CPU更大的提升。

通常而言，对于程序中的串行部分，CPU可以发挥其执行优势，对于大规模数据的并行处理，GPU则有更大优势。为实现CPU和GPU融合进行运算，英伟达公司提出了CUDA（Compute Unified Device Architecture），用来解决适用于GPU的复杂计算问题。CUDA由专用的指令集架构以及GPU内部的并行计算引擎组成。CUDA提供了GPU硬件的直接访问接口，使得访问GPU无须依赖传统的图形应用程序编程接口，而可以直接使用一种类C语言的方式对GPU进行编程，尤其适合进行大数据计算。

NVIDIA沿用GPU架构，针对深度学习任务，一方面丰富生态，突出了cuDNN针对神经网络的优化库，提升易用性并优化GPU底层架构；另一方面提出了诸多定制性功能，增加了多种数据类型的支持（如不再坚持float32一种数据类型，增加了对int8等数据类型的支持），添加了深度学习的专用模块，如引入并配备张量核的改进型架构——V100的TensorCore。

由于其竞争对手AMD在通用计算以及生态圈构建方面都长期缺位，导致了在深度学习GPU加速市场NVIDIA一家独大的局面。因此，在深度学习的训练阶段，GPU成了目前的事实工具标准。

9.1.4　TPU

随着深度学习的飞速发展，人们对支撑深度学习算法的芯片性能要求与日俱增，虽然GPU的性能强大，但却带来了巨大的功耗负担。因此，人们开始寻找一种更高性能同时也具备更高效能的芯片。谷歌公司早在2006年就已经逐渐开始研发一种新型芯片，致力于将专用集成电路（ASIC）的设计理念应用到神经网络领域，发布了支撑深度学习开源框架TensorFlow的人工智能定制芯片TPU（Tensor Processing Unit，即张量处理单元）。利用大规模脉动阵列结合大容量片上存储来高效加速深度神经网络中最为常见的卷积运算。

脉动阵列在计算机体系架构里面已经存在很长时间。在冯·诺依曼架构下，很多时候数据是存储在内存里面的，当要运算的时候需要从内存里面传输到缓冲区或者缓存里面去。当使用计算的功能来运算的时候，往往计算消耗的时间并不是瓶颈，更多的瓶颈在于内存的存和取。所以脉动阵列的逻辑也很简单，既然内存读取一次需要消耗更多的时间，脉动阵列将尽力在一次内存读取的过程中可以运行更多的计算，来平衡存储和计算之间的时间消耗。

如图9-6所示，脉动阵列是一个二维的滑动阵列，依靠硬件电路结构来实现。其中每一个节点都是一个脉动计算单元（PE），每个单元在一个周期内完成一次乘加操作。计算单元之间通过横向或纵向的数据通路来实现数据的传递。

参考《昇腾AI处理器架构与编程》一书，以3×3×2的特征图和2×2×2×2的卷积核在8×2的脉动阵列计算为例，卷积核权重固定在PE单元中，特征值横向脉动传递，中间计算结果纵向脉动传递，计算操作如下：

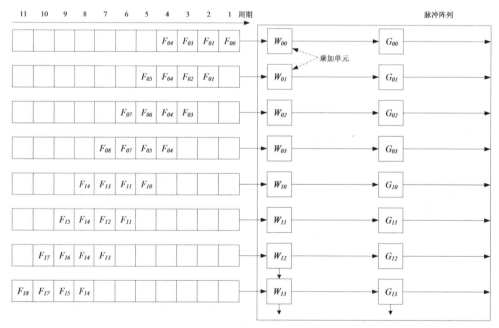

第0个周期

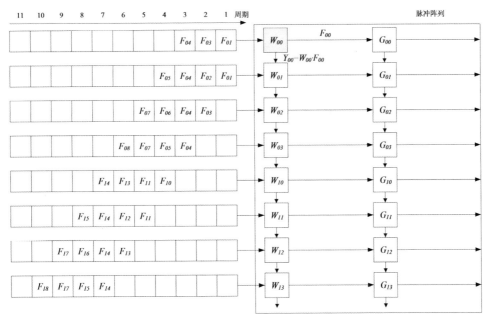

第1个周期

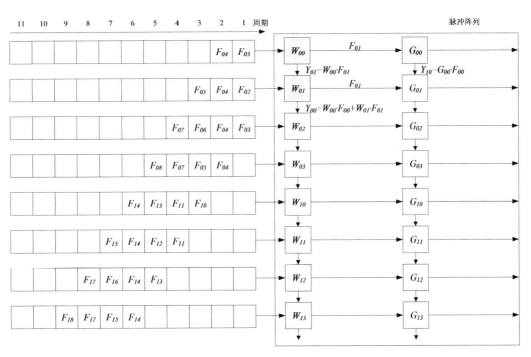

第2个周期

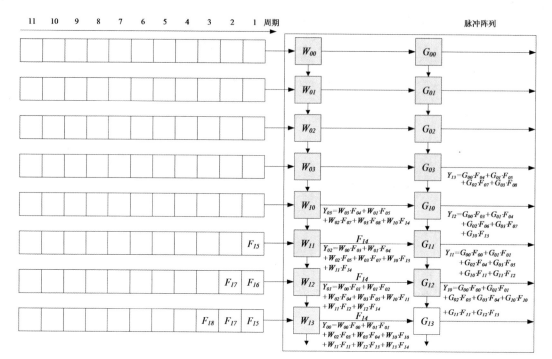

第8个周期

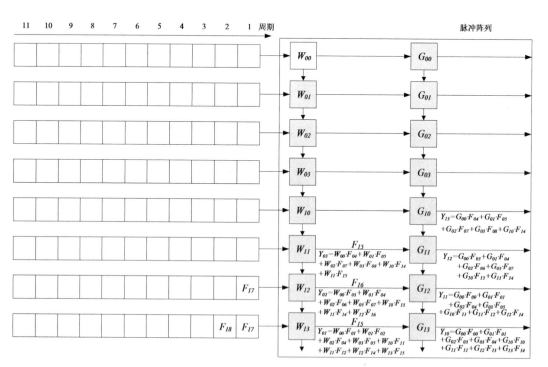

第9个周期

	通道1			通道2		
F	F_{00}	F_{01}	F_{02}	F_{10}	F_{11}	F_{12}
	F_{03}	F_{04}	F_{05}	F_{13}	F_{14}	F_{15}
	F_{06}	F_{07}	F_{08}	F_{16}	F_{17}	F_{18}

图9-6 脉动阵列计算过程图与输入特征图 F

周期0：两个卷积核 W 和 G 的权重静态存储在脉动阵列的计算单元中，同一卷积核的权重排列在同一列；将输入特征图 F 排列展开，每行相隔一个周期；

周期1：输入特征图 F_{00} 进入 W_{00} 单元，并与 W_{00} 计算得到 Y_{00} 的中间计算值；

周期2：

横向： F_{00} 向右脉动传递至 G_{00} 单元，计算第二张输出特征图的 Y_{10} 的第一个中间计算值；

纵向：第二行特征图的 F_{01} 进入计算单元 W_{01} 并与其进行计算，计算结果与 W_{00} 传递的 F_{00} 中间计算结果累加获得 Y_{00} 的第二个中间计算结果。

周期8：在第一列脉动阵列的最后一个计算单元，进行 Y_{00} 的最后一个中间计算结果的乘累加，得到第一个输出特征图的第一个点。

周期9：第一列计算单元输出第一张输出特征图的第二个点，第二列计算单元输出第二张输出特征图的第一个点。

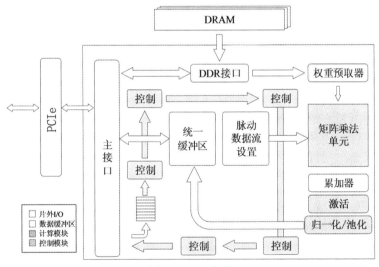

图9-7 TPU架构

如图9-7所示，在脉动阵列计算的基础上，TPU通过优化设计的整体架构和提供数据的方式始终让计算单元保持运行，从而实现了极高的吞吐率。TPU的运算过程采用了多级流水线，主要通过重叠执行多条乘加指令来隐藏时延。与传统的CPU、GPU不同，TPU采用的脉动阵列结构特别适合规模较大的卷积运算，整个计算过程中数据如潮水一般流过运算阵列，满载时可以达到极限性能。另外，脉动阵列通过数据之间的移位操作可以充分利用卷积计算中的数据局部性特点，大大节省了反复读取数据所产生的额外功耗。

TPU与同期的CPU和GPU相比，可以提供15～30倍的性能提升，以及30～80倍的效率（性能/瓦特）提升。但TPU属于ASIC，是不可配置的高度定制专用芯片（TPU 2.0+TensorFlow+Google Cloud），需要大量的研发投入。如果不能保证出货量其单颗成本难以下降，而且芯片的功能一旦流片后则无更改余地。若市场深度学习方向一旦改变，ASIC前期投入将无法回收，意味着其具有较大的市场风险。

目前，TPU应用在谷歌街景服务、AlphaGo、CloudTPU平台和谷歌机器学习的超级计算机上，展现了良好的应用前景。

9.1.5 FPGA

FPGA（Field-Programmable Gate Array，即可编程门阵列）是作为专用集成电路（ASIC）领域中的一种半定制电路而出现的，它既解决了定制电路的不足，又克服了原有可编程器件门电路数有限的缺点，以其自身高度灵活的硬件可编程性，计算资源的并行性和相对成熟的工具链，使得熟悉硬件描述语言的开发者可以快速实现人工智能算法并取得客观的加速效果。

FPGA的优点是可重构性，允许被多次编程并改变其硬件功能，使得它可以通过不断试验，测试多种不同的硬件设计和对应程序，找出性能的优化点，从而得出特定神经网络在特定的应用场景下的最优解决方案。但可重构性在为FPGA应用在深度神经网络带来优势的同时也带来了相对应的劣势，比如重新编程需要花费较长时间，这对于一个实时性强的程序来说是不可接受的。FPGA的可重构性是建立在硬件编程语言的基础上的，往往需要使用硬件描述语言来进行编程，相对于高级程序语言来说，这些语言难度高、复杂性较大，不易被熟练掌握。

百度的一项性能研究显示，对于大量的矩阵运算GPU远好于FPGA，但是当处理小计算量、大批次的实时计算时FPGA性能优于GPU。另外，FPGA有低延迟的特点，非常适合在推理环节支撑海量的用户实时计算请求（如云机器翻译），即云端推理（Inference On Cloud）。

虽然单次推理的计算量远远无法与训练相比，但如果假设有1000万人同时使用这项机器翻译服务，其推理的计算量总和足以对云服务器带来巨大压力。由于海量的推理请求仍然是计算密集型任务，CPU在推理环节再次成为瓶颈。在云端推理环节，GPU不再是最优的选择，取而代之的是云服务器+FPGA芯片模式。阿里云、腾讯云均有类似围绕FPGA的布局，具体见表9-2所列。

云计算巨头纷纷布局云计算+FPGA芯片，首先因为FPGA作为一种可编程芯片，非常适合部署于提供虚拟化服务的云计算平台之中。FPGA的灵活性，可赋予云服务商根据市场需求调整FPGA加速服务供给的能力。比如一批深度学习加速的FPGA实例，可根据市场需求导向，通过改变芯片编程内容，将其变更为如加解密实例等其他应用，以确保数据中心中FPGA的巨大投资不会因为市场风向变化而陷入风险之中。另外，由于FPGA的体系结构特点，非常适合用于低延迟的流式计算密集型任务处理，这意味着FPGA芯片做面向海量用户高并发的云端推理，相比GPU具备更低计算延迟的优势，能够提供更佳的消费者体验。

表9-2　FPGA云服务

时间	公司	内容
2015-6-10	IBM	在IBM POWER系统上运用Xilinx FPGA加速工作负载处理技术
2016-3-23	Facebook	Facebook开始采用CPU+FPGA服务器
2016-9-30	微软	微软开始使用FPGA加速Bing搜索和Azure云计算
2016-11-30	亚马逊AWS	亚马逊AWS推出FPGA云服务EC2 F1
2017-1-20	腾讯云	腾讯云推出国内首款高性能异构计算基础设施——FPGA云服务器
2017-1-21	阿里云	阿里云发布异构计算解决方案:弹性GPU实例和FPGA解决方案
2017-5-25	百度云	百度对外正式发布FPGA云服务器

9.1.6　SOC

　　SOC主要用于嵌入式AI推理，即设备层芯片推理（Inference On Device）。随着人工智能应用生态的爆发，将会出现越来越多不能单纯依赖云端推理的设备。例如，自动驾驶汽车的推理，不能交由云端完成，否则如果出现网络延时将导致灾难性的后果；或者大型城市动辄百万级数量的高清摄像头，其人脸识别推理如果全交由云端完成，高清录像的网络传输带宽将让整个城市的移动网络不堪重负。

　　未来在相当一部分人工智能应用场景中，要求终端设备本身具备足够的推理计算能力，显然当前ARM等架构芯片的计算能力，并不能满足这些终端设备的本地深度神经网络推理，此时需要全新的低功耗异构芯片，赋予设备足够的算力去应对未来越发增多的人工智能应用场景。这些场景包括智能手机、ADAS、CV设备、VR设备、语音交互设备以及机器人等。

　　智能手机：智能手机中嵌入深度神经网络加速芯片，这是业界的一个新趋势。华为在Mate 10的麒麟970中搭载寒武纪IP，为Mate 10带来较强的深度学习本地端推理能力，让各类基于深度神经网络的摄影/图像处理应用能够为用户提供更好的体验。高通同样在芯片中加入骁龙神经处理引擎用于本地端推理。同时，ARM也推出了针对深度学习优化的DynamIQ技术。

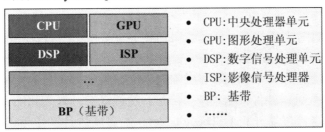

图9-8　典型的手机SOC芯片组成

　　ADAS（高级辅助驾驶系统）：ADAS作为最吸引大众眼球的人工智能嵌入式应

用之一，需要处理由激光雷达、毫米波雷达、摄像头等传感器采集的海量实时数据。作为ADAS的中枢大脑，ADAS芯片市场的主要厂商包括被英特尔收购的Mobil-eye、被高通收购的NXP，以及汽车电子的领军企业英飞凌。随着NVIDIA推出自家基于GPU的ADAS解决方案Drive PX2，NVIDIA也加入竞争之中。

CV（Computer Vision，计算机视觉）设备：计算机视觉领域全球领先的芯片提供商是Movidius，目前已被英特尔收购，大疆无人机、海康威视和大华股份的智能监控摄像头均使用了Movidius的Myriad系列芯片。需要深度使用计算机视觉技术的设备，如智能摄像头、无人机、行车记录仪、人脸识别迎宾机器人、智能手写板等设备，往往都具有嵌入式AI推理的刚需。

嵌入式AI推理领域是一个缤纷的生态。无论是手机、ADAS还是各类CV、VR等设备领域，人工智能应用仍远未成熟，各人工智能技术服务商在深耕各自领域的同时，逐渐由人工智能软件演进到软件+芯片解决方案，从而形成丰富的芯片产品方案。

9.2 华为昇腾310处理器

飞速发展的深度神经网络对芯片算力要求越来越高，面对这一问题，华为公司于2018年推出了昇腾系列AI处理器。昇腾AI处理器可以对整数型或浮点型数据提供强大且高效的乘加计算力。同时，昇腾AI处理器还在硬件结构上对深度神经网络进行了特殊的优化，从而使之能够以极高的效率完成目前主流深度神经网络的前向计算，因而，昇腾AI处理器在智能终端领域拥有广泛的应用前景。

9.2.1 昇腾310处理器结构

华为昇腾310 AI处理器本质上是一个片上系统（SOC），可以应用在与图像、视频、语音和文字处理相关的场景中。其主要组成部件包括特制的计算单元、大容量的存储单元和相应的控制单元，如图9-9所示。该芯片大致可以划分为：芯片系统控制CPU（Control CPU）、AI计算引擎（包括AI Core和AI CPU）、多层级的片上系统缓存（Cache）或缓冲区（Buffer）、数字视觉预处理模块（Digital Vision Pre-Processing，DVPP）等。

昇腾310集成了2个AI Core，AI Core是昇腾AI芯片的计算核心，负责执行矩阵、向量、标量计算密集的算子任务，采用达芬奇架构。CPU核心集成了8个ARM Cortex-A55。其中一部分部署为AI CPU，负责执行不适合跑在AI Core上的算子（承担非矩阵类复杂计算）；一部分部署为专用于控制芯片整体运行的控制CPU。两类任务占用的CPU核数可由软件根据系统实际运行情况动态分配。此外，还部署了一个专用CPU作为任务调度器（Task Scheduler，TS），以实现计算任务在AI Core上的高效分配和调度，该CPU专门服务于AI Core和AI CPU，不承担任何其他的事务和工作。

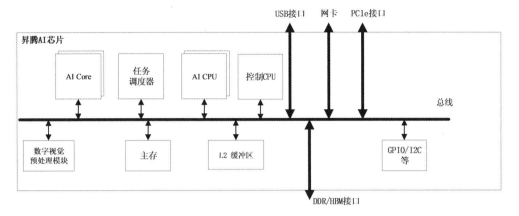

图9-9　昇腾AI处理器结构

昇腾310中的数字视觉预处理子系统，完成图像视频的编解码。用于将从网络或终端设备获得的视觉数据，进行预处理以进行格式和精度转换等，之后提供给AI计算引擎。

昇腾310片内有层次化的存储结构，AI Core内部有两级memory buffer（输入缓冲区和输出缓冲区），SOC片上还有8MB L2 buffer，专用于AI Core、AI CPU，提供高带宽、低延迟的memory访问。芯片还集成了LPDDR4x控制器，为芯片提供更大容量的DDR内存。

昇腾310AI处理器支持PCIE 3.0、RGMII、USB 3.0等高速接口，以及GPIO、UART、I²C、SPI等低速接口。

9.2.2　达芬奇架构

昇腾310处理器的计算核心主要由AI Core构成，其在整个处理器中的位置如图9-10所示，主要负责执行标量、向量和张量相关的计算密集型算子。

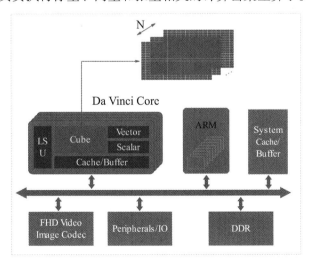

图9-10　AI Core在昇腾处理器中的位置

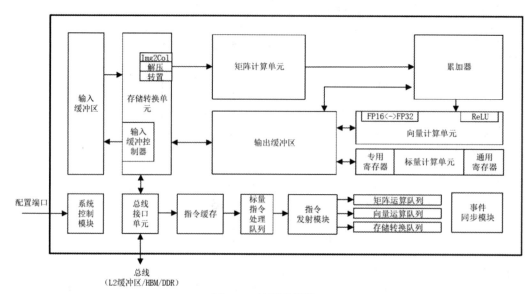

图9-11　达芬奇架构

AI Core采用了华为自研的达芬奇架构，通常也被称为"Da Vinci Core"，其基本结构如图9-11所示。达芬奇架构主要包括了计算单元、存储系统和控制单元三个部分。

9.2.2.1　计算单元

计算单元是AI Core的核心单元，承担了绝大部分的计算任务。如图9-12中加黑部分所示，计算单元主要包括矩阵计算单元（Cube Unit）、向量计算单元（Vector Unit）、标量计算单元（Scalar Unit）和累加器。

矩阵计算单元、向量计算单元和标量计算单元三种基础计算资源，分别对应了张量、向量和标量三种深度学习中常见的计算模式，在实际计算过程中相互独立，通过系统软件的统一调度来相互配合以达到高效率的计算能力。

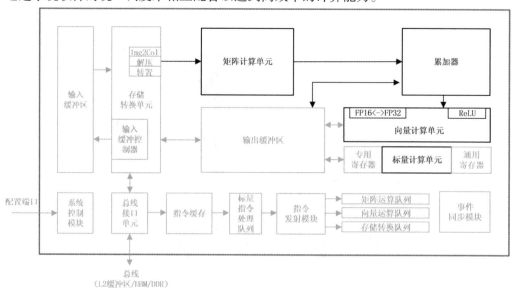

图9-12　计算单元

（1）矩阵计算单元

达芬奇架构针对深度神经网络算法中最常见的矩阵运算进行了深度优化并设计了定制化的矩阵计算单元来支持高吞吐量的矩阵计算。

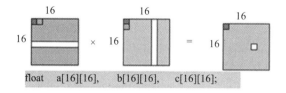

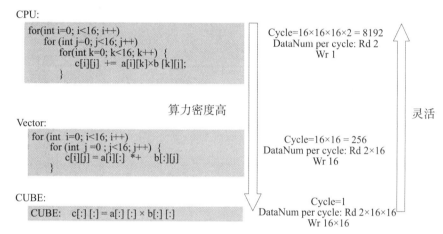

图9-13　不同方法计算矩阵乘法的对比

如图9-13所示，在传统CPU中计算矩阵乘法的典型代码需要三个循环才能进行一次完整的矩阵相乘计算，如果在一个单发射的CPU上执行一次16×16的矩阵之间的乘法运算，至少需要16×16×16个时钟周期，可以看出当矩阵非常庞大时，矩阵运算的执行过程极为耗时。

选用向量计算方式时，程序中的最小元素是向量，每次计算取向量进行乘法运算，因此仅需要2个循环就可以进行一次完整的矩阵相乘计算，在单发射的CPU上执行仅需要16×16个时钟周期。

昇腾AI处理器则采取了名为CUBE的矩阵运算方法，通过精巧设计的定制电路和极致的后端优化手段，矩阵计算单元可以仅仅使用一条指令就完成两个16×16矩阵的相乘运算（标记为16^3，也即为cube这一名称的来源），等同于在极短的时间内进行了16^3=4096次乘加运算，且可以实现FP16的运算精度。

需要说明的是，在矩阵较大时，由于芯片上计算和存储资源有限，往往需要对矩阵进行分块平铺处理（Tiling）。受限于片上缓存的容量，当一次难以装下整个矩阵B时，可以将矩阵B划分成为B0、B1、B2和B3等多个子矩阵。而每一个子矩阵的大小都可以适合一次性存储到芯片上的缓存中并与矩阵A进行计算从而得到结果子矩阵，如图9-14所示。

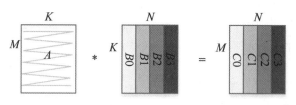

图9-14　矩阵分块计算示意图

　　这样做的目的是充分利用数据的局部性原理，尽可能地把缓存中的子矩阵数据重复使用完毕并得到所有相关的子矩阵结果后，再读入新的子矩阵开始新的周期。如此往复可以依次将所有的子矩阵都一一搬运到缓存中，并完成整个矩阵计算的全过程，最终得到结果矩阵C。

　　（2）向量计算单元

　　AI Core中的向量计算单元主要负责完成与向量相关的运算，能够实现向量和标量，或双向量之间的计算，功能覆盖各种基本和多种定制的计算类型，主要包括FP32、FP16、INT32和INT8等数据类型的计算。

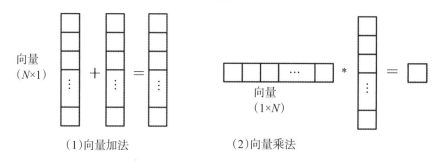

图9-15　向量运算示意图

　　如图9-15所示，向量计算单元可以快速完成两个相同类型的向量相加或者相乘。向量计算单元的源操作数和目的操作数通常都保存在输出缓冲器中。对向量计算单元而言，输入的数据可以不连续，这取决于输入数据的寻址模式。

　　（3）标量计算单元

　　标量计算单元负责完成AI Core中与标量相关的运算，它相当于一个微型CPU，控制整个AI Core的运行。标量计算单元可以对程序中的循环进行控制，可以实现分支判断，其结果可以通过在事件同步模块中插入同步符的方式来控制AI Core中其他功能性单元的执行流水。

　　它还能够为矩阵计算单元或向量计算单元提供数据地址和相关参数的计算，并且能够实现基本的算术运算。其他复杂度较高的标量运算则由专门的AI CPU通过算子完成。

　　在标量计算单元周围配备了多个通用寄存器（General Purpose Register，GPR）和专用寄存器（Special Purpose Register，SPR）。这些通用寄存器可以用于变量或地址的寄存，为算术逻辑运算提供源操作数和存储中间计算结果。专用寄存器的设计是为了支持指令集中一些指令的特殊功能，一般不可以直接访问，只有部分可以通过指令读写。

9.2.2.2　存储系统

昇腾AI处理器面向深度学习任务，所涉及的应用大多是需要对海量数据进行处理，因此，合理设计数据存储和数据传输结构至关重要。昇腾AI Core采用了大容量的片上缓冲区设计，通过增大的片上缓存数据量来减少数据从片外存储系统搬运到AI Core中的频次，从而降低数据搬运过程中所产生的功耗，有效控制整体计算的能耗。图9-16为AI Core中的存储单元结构和数据通路。

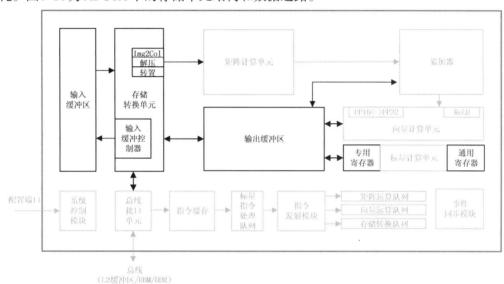

图9-16　存储单元和相应的数据通路

昇腾AI Core中的存储单元由存储控制单元、缓冲区和寄存器组成。存储控制单元通过总线接口直接访问AI Core之外的更低层级的缓存，也可以通到DDR或HBM直接访问内存。其中，还设置了存储转换单元，作为AI Core内部数据通路的定制传输控制器，负责AI Core内部数据在不同缓冲区之间的读写管理，以及完成一系列的格式转换操作，如补零、Img2Col、转置、解压缩等。不仅节省了格式转换过程中的消耗，同时也节省了数据转换的指令开销。

缓冲区包含了用来暂时保留需要频繁重复使用的数据输入缓冲区，以及用来存放神经网络中每层计算的中间结果，从而在进入下一层计算时方便地获取数据的输出缓存区。输入缓存区使得读取数据不需要每次都通过总线接口到AI Core的外部读取，从而在减少总线上数据访问频次的同时也降低了总线上产生拥堵的风险，达到节省功耗、提高性能的效果。而相比通过总线读取数据的带宽低、延迟大，在输出缓冲区读取中间结果可以大大提升计算效率。

在进行卷积计算时，在矩阵计算单元中还包含有直接提供数据的寄存器，提供当前正在进行计算的大小为16×16的左输入、右输入矩阵。在矩阵计算单元之后，累加器也含有结果寄存器，用于缓存当前计算的结果矩阵。在软件的控制下，当累加的次数达到要求后，结果寄存器中的数据便可以一次性地被传输到输出缓冲区内。

数据通路是指AI Core在完成一次计算任务时，数据在AI Core中的流通路径。达芬奇架构数据通路的特点是多进单出，主要是考虑到神经网络在计算过程中，输入的数据种类繁多并且数量巨大，可以通过并行输入的方式来提高数据流入的效率。与此相反，将多种输入数据处理完成后往往只生成输出特征矩阵，数据种类相对单一，单输出的数据通路，可以节约芯片硬件资源。

9.2.2.3　控制单元

在达芬奇架构中，控制单元为整个计算过程提供了指令控制，负责整个AI Core的运行，相当于AI Core的大脑。控制单元主要组成部分为系统控制模块、指令缓存、标量指令处理队列、指令发射模块、矩阵运算队列、向量运算队列、存储转换队列和事件同步模块，如图9-17所示。

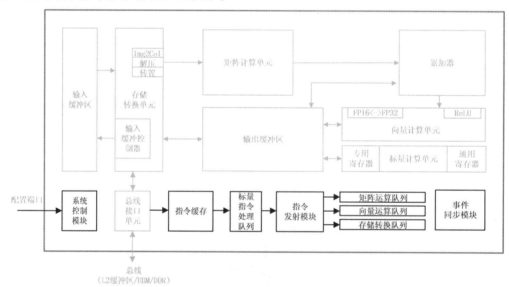

图9-17　控制单元逻辑图

在控制单元中，系统控制模块控制任务块（AI Core最小任务计算粒度）的执行进程，在任务块执行完成后，系统控制模块会进行中断处理和状态申报。如果执行过程出错，会把执行的错误状态报告给任务调度器。

在指令执行中，可以提前预取后续指令，并一次读入多条指令进入缓存，提升指令执行效率，这便是指令缓存。指令被解码后便会被导入标量队列中，实现地址解码与运算控制，这些指令包括矩阵计算指令、向量计算指令以及存储转换指令。

指令发射模块读取标量指令队列中配置好的指令地址和参数解码，然后根据指令类型分别发送到对应的指令执行队列中，而标量指令会驻留在标量指令处理队列中进行后续执行。指令执行队列由矩阵运算队列、向量运算队列和存储转换队列组成，不同的指令进入相应的运算队列，队列中的指令按进入顺序执行。

在上述过程中，事件同步模块时刻控制每条指令流水线的执行状态，并分析不同流水线的依赖关系，从而解决指令流水线之间的数据依赖和同步的问题。

9.2.3 DVPP数字视频预处理模块

DVPP数字视觉预处理模块作为昇腾AI处理器中的编解码和图像转换模块，为神经网络发挥着预处理辅助功能。当来自系统内存和网络的视频或图像数据进入昇腾AI处理器的计算资源中运算之前，由于Davinci架构对输入数据有固定的格式要求，如果数据未满足架构规定的输入格式、分辨率等要求，就需要调用数字视觉处理模块进行格式的转换，才可以进行后续的神经网络计算步骤。

DVPP作为昇腾AI芯片提供的图像预处理硬件加速模块，其集成如下六个功能：

- 格式转换，抠图与缩放（VPC）
- H264/H265视频解码（VDEC）
- H264/H265视频编码（VENC）
- Jpeg图片解码（JPEGD）
- Jpeg图片编码（JPEGE）
- Png图片解码（PNGD）

数字视觉处理（DVPP）模块的执行流程如图9-18所示，需要由Matrix、DVPP、DVPP驱动和DVPP硬件模块共同协作完成。

- 位于框架最上层是Matrix，负责调度DVPP中的功能模块进行相应处理并管理数据流。

- DVPP位于功能架构的中上层，为Matrix提供调用视频图形处理模块的编程接口，通过这些接口可以配置编解码和视觉预处理模块的相关参数。

- DVPP驱动位于功能架构的中下层，最贴近于DVPP的硬件模块，主要负责设备管理、引擎管理和引擎模组的驱动。驱动会根据DVPP下发的任务分配对应的DVPP硬件引擎，同时还对硬件模块中的寄存器进行读写，完成其他一些硬件初始化工作。

- 最底层的是真实的硬件计算资源DVPP模块组，是一个独立于昇腾AI处理器中其他模块的单独专用加速器，专门负责执行与图像和视频相对应的编解码和预处理任务。

整个预处理过程中，Matrix完成不同模块的功能调用。DVPP作为定制化的数据补给模块，采用了异构或专用的处理方式来对图像数据进行快速变换，为AI Core提供充足的数据源，从而满足神经网络计算中大数据量、大带宽的需求。

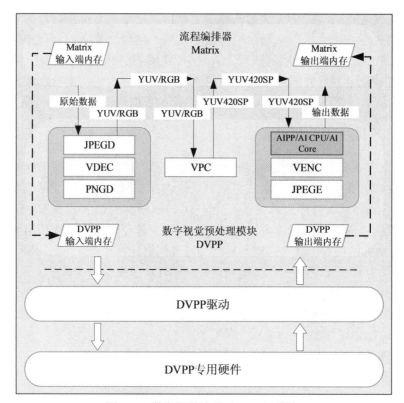

图9-18　数字视觉处理（DVPP）模块

9.2.4　昇腾AI芯片推理中的数据流

以人脸识别推理应用为例，如图9-19所示，昇腾AI芯片推理中的数据流过程如下：

1. Camera数据采集和处理

从摄像头传入压缩视频流，通过PCIE存储至DDR内存中。

DVPP将压缩视频流读入缓存。

DVPP经过预处理，将解压缩的帧写入DDR内存。

2. 对数据进行推理

任务调度器（TS）向直接存储访问引擎（DMA）发送指令，将AI资源从DDR预加载到片上缓冲区。

任务调度器（TS）配置AI Core以执行任务。

AI Core在工作时，它将读取网络模型和权重，并将推理结果写入DDR或片上缓冲区。

3. 人脸识别结果输出

AI Core完成处理后，发送信号给任务调度器（TS），任务调度器检查结果，如果需要会分配另一个任务，并返回步骤④。

当最后一个AI任务完成，任务调度器（TS）会将结果报告给Host。

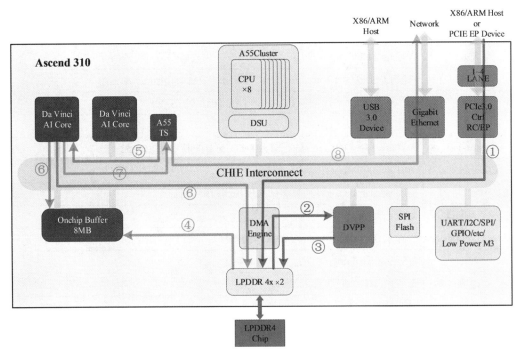

图9-19 昇腾AI芯片推理中的数据流

9.3 Atlas 200DK开发者套件

9.3.1 Atlas 200DK外观和参数

Atlas开发者套件Atlas 200 Developer Kit是以昇腾310处理器为核心的一个开发者板形态产品。主要功能是将昇腾310处理器的核心功能通过板上的外围接口开放出来，方便用户快速简捷地接入并使用昇腾310处理器的强大处理能力。Atlas 200DK可以运用于平安城市、无人机、机器人、视频服务器等众多领域的预研开发。其外观如图9-20所示，参数见表9-3所列。

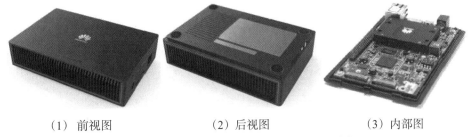

（1）前视图　　　　　（2）后视图　　　　　（3）内部图

图9-20 Atlas 200DK的前视图、后视图和内部图

表9-3　Atlas 200DK **参数表**

型号	Atlas 200DK
SOC	Ascend 310
CPU	ARM Cortex™-A55 8-Core up to 1.6GHz（ARM v8 instruction set）
NPU	2-Core,Inference性能:8TFLOPs/FP16（16TOPs/INT8）
RAM	8GB（支持带内ECC）
Storage	1 Micro-SD（TF）Card slot,支持SD3.0,最高支持速率SDR52
Ethernet port	10/100/1000Mbps Ethernet RJ45 port
USB	1 USB3.0 Type C接口,只能做从设备,兼容USB2.0
扩展接口	40 pins header
Camera	两个15pin raspberry pi Camera连接器
Mic	2个板载模拟mic
电源	5～28V DC 默认配置12V 3A适配器
功耗	典型功耗30W
结构尺寸	137.8mm × 93.0mm × 32.9mm
重量	234g

Atlas 200DK可以提供16TOPS（INT8）的峰值计算能力，支持两路Camera输入，两路ISP图像处理，支持HDR10高动态范围技术标准，支持1000M以太网对外提供高速网络连接，并且预留了40pin扩展接口，方便产品原型设计。

9.3.2　Atlas 200DK **系统架构**

开发者板主要包含两大部分，分别是多媒体处理芯片Hi3559C和Atlas 200 AI加速模块（Mini模块），如图9-21所示。其中，Atlas 200 AI加速模块（型号3000）是一款高性能的AI智能计算模块，集成了昇腾310 AI处理器，可以实现图像、视频等多种数据分析与推理计算。

整个单板的系统设计特点如下：

● 开发者板通过一个144pin的连接器与Atlas200加速模块连接，通过该连接器将加速模块的PCIE 3.0接口、TGMII接口、USB 3.0/2.0接口、SD接口、I²C、SPI、UART以及启动模式选择等接口引到开发者板上，方便用户使用这些接口。

● 开发者板上配备有华为海思芯片Hi3559C，主要功能是为加速模块提供Camera和mic接入能力，并使其ISP做图像和音频处理，然后数据通过PCIe送给加速模块处理。

● 开发者板对用户开放了USB 3.0/2.0接口、SD接口及千兆以太网口。还通过一个40pin连接器外接出了SPI、UART、I²C、CAN等低速接口，方便用户接入其他传感器或者与其他系统通信。

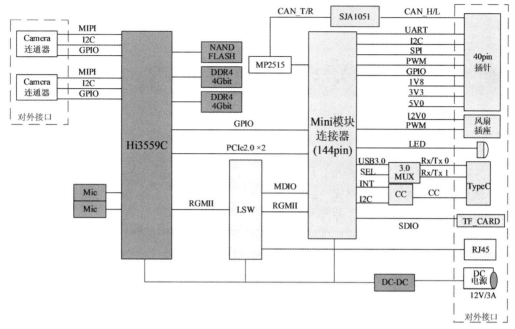

图9-21 Atlas 200DK结构框图

习题9

9.1 用作人工智能硬件时，FPGA具有什么特点？其主要应用场景是什么？

9.2 什么叫SOC？应用于人工智能的SOC具有什么特点？

9.3 华为昇腾AI芯片分成哪几个系列？其中昇腾310针对什么应用场景？

9.4 在昇腾310中，AI Core和AI CPU分别完成什么功能？

9.5 达芬奇架构主要包含哪几部分？各部分的作用是什么？

9.6 达芬奇矩阵计算单元的特点是什么？其为什么对卷积运算能够加速？

9.7 DVPP具有哪些功能？对于监控摄像头中的人体姿态检测，可能会用到其哪部分功能？

9.8 Atlas200DK开发板除了用到昇腾310模块，还用到了什么芯片？其作用是什么？

第 10 章 嵌入式 AI 软件开发平台

昇腾 AI 芯片的达芬奇架构在硬件设计上采用了计算资源的定制化设计，功能执行与硬件高度适配，为卷积神经网络计算性能的提升提供了强大的硬件基础。对于一个神经网络的算法，从各种开源框架，到神经网络模型的实现，再到实际芯片上的运行，中间需要多层次的软件结构来管理网络模型、计算流以及数据流。神经网络软件流为从神经网络到昇腾 AI 芯片的落地实现过程提供了有力支撑，与此同时开发工具链为基于昇腾 AI 芯片的神经网络应用开发带了诸多便利，这两者构成了昇腾 AI 芯片的基础软件栈 CANN（Compute Architecture for Neural Networks），从上而下支撑起整个芯片的执行流程。

10.1 CANN 异构计算架构

CANN 是华为公司针对 AI 场景推出的异构计算架构，通过提供多层次的编程接口，支持用户快速构建基于昇腾平台的 AI 应用和业务。其主要包括昇腾硬件的统一编程接口——AscendCL（Ascend Computing Language）、算子开发工具，以及深度协同优化的高性能算子库。

10.1.1 AI 异构计算架构

通常实现 AI 模型分两步，先选用一种框架来搭建 AI 模型，像常见的 Caffe、Tensorflow、PyTorch、MindSpore 等；再选用合适的硬件（CPU、GPU 等）来训练 AI 模型。但是在 AI 训练框架和硬件之间，其实还有一层不可或缺的"中间架构"，用来优化 AI 模型在处理器上的运行性能，这就是 AI 异构计算架构。

区别于同构计算（如多核 CPU），异构计算指将任务高效合理地分配给不同的硬件，例如 GPU 做浮点运算、NPU 做神经网络运算、FPGA 做定制化编程计算。面对各种 AI 任务，AI 异构计算架构会针对硬件特点进行分工，然后组合起来加速训练/推理速度，最大限度地发挥异构计算的优势。如果没有这种机制，各类硬件在处理 AI 任务时，就可能出现"长跑选手被迫举重"的情况，硬件算力和效率不仅达不到最优，甚至可能比只用 CPU/GPU 更慢。

华为开发了 AI 全栈架构，包括底层的系列硬件、芯片，以及异构计算架构、AI 框架、行业应用等。其中，异构计算架构 CANN 是昇腾 AI 全栈的核心，发挥承上启下的关键作用。其通过提供多层次的编程接口，支持用户快速构建基于昇腾平台的

AI应用和业务。

10.1.2　CANN软件栈

CANN软件栈包含了计算资源和性能调优的运行框架，以及多样的配套工具。该软件栈具体可分为神经网络软件流、工具链和其他软件模块。其中，神经网络软件流主要用来完成神经网络模型的生成、加载和执行等功能。包含了流程编排器（Matrix）、框架管理器（Framework）、运行管理器（Runtime）、数字视觉预处理模块（Digital Vision Pre-Processing，DVPP）、张量加速引擎（Tensor Boost Engine，TBE）以及任务调度器（Task Scheduler，TS）等功能模块。

如图 10-1 所示，这些主要组成部分在软件栈中的功能和作用相互依赖，承载着数据流、计算流和控制流的运行。

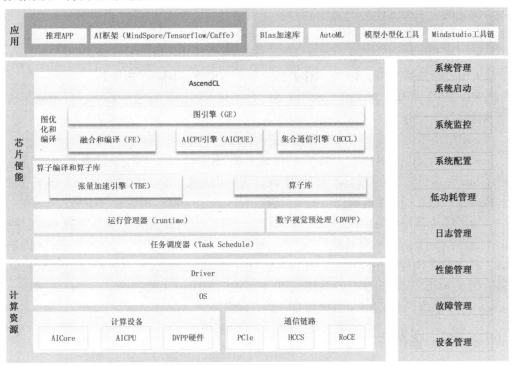

图 10-1　CANN神经网络计算架构

（1）计算资源层

计算资源层主要实现系统对数据的处理和对数据的运算执行。

● 计算设备主要包括 AI Core：执行 NN 类算子；AI CPU：执行 CPU 算子；DVPP：视频/图像编解码、预处理。

● 通信链路主要包括 PCIe：芯片间或芯片与 CPU 间高速互联；HCCS：实现芯片间缓存一致性功能；RoCE：实现芯片内存 RDMA 功能。

（2）芯片使能层

芯片使能层实现解决方案对外能力开放，以及基于计算图的业务流的控制和运行。

● AscendCL 昇腾计算语言库是开放编程框架，提供 Device/Context /Stream/内存等的管理、模型及算子的加载与执行、媒体数据处理、Graph 管理等 API 库，供用户开发深度神经网络应用；

● 图优化和编译统一的 IR 接口对接不同前端，支持 TensorFlow/Caffe/ MindSpore 表达的计算图的解析/优化/编译，提供对后端计算引擎最优化部署能力；

● 数字视觉预处理实现视频编解码（VENC/VDEC）、JPEG 编解码（JPEGD/E）、PNG 解码（PNGD）、VPC（预处理）；

● 执行引擎包含运行管理器和任务调度器两个部分，运行管理器为神经网络的任务分配提供资源管理通道，任务调度器主要实现任务序列的管理、调度以及执行。

（3）应用层

应用层包括基于昇腾平台开发的各种应用，以及昇腾提供给用户进行算法开发、调优的应用类工具。

● 推理应用基于 AscendCL 提供的 API 构建；

● AI 框架包括 Mindspore、Tensorflow、Caffe 以及其他第三方框架；

● 加速库是基于 AscendCL 构建的加速库（当前支持 Blas 加速库）；

● AutoML 是基于 MindSpore 的自动学习工具，根据昇腾芯片特点进行搜索生成亲和性网络，充分发挥昇腾性能；

● 模型小型化工具可以对模型进行量化，加速模型；

● MindStudio 是提供给开发者的集成开发环境和调试工具。开发者可以通过 MindStudio 进行离线模型转换、离线推理算法应用开发、算法调试、自定义算子开发和调试、日志查看、性能调优、系统故障查看等。

为了完成神经网络应用的实现和运行，昇腾 AI 软件系统在深度学习框架和昇腾 AI 处理器之间架起了一座桥梁，为神经网络应用从原始的模型，到中间的计算图表征，再到独立执行的离线模型，提供了方便快捷的转换路径。这其中涉及的软件架构包括了 ACL 子系统、GE 子系统、FE 子系统、TBE 子系统、HCCL 子系统、Runtime&TS 子系统、AI CPU 子系统和 DVPP 子系统。

10.1.3　ACL 子系统

ACL，即 Ascend Computing Language，昇腾计算语言库，提供 Device 管理、Context 管理、Stream 管理、内存管理、模型加载与执行、算子加载与执行、媒体数据处理等 API 库供用户开发深度神经网络应用，通过加载模型推理实现目标识别、图像分类等功能。用户可以通过第三方框架调用 ACL 接口，以便使用昇腾 AI 处理器的计算能力。用户还可以使用 ACL 封装实现第三方 lib 库，以便提供昇腾 AI 处理器的运行管理、资源管理能力。

在运行应用时，ACL 调用 GE 执行器提供的接口实现模型和算子的加载与执行、调用运行管理器的接口实现 Device 管理/Context 管理/Stream 管理/内存管理等。

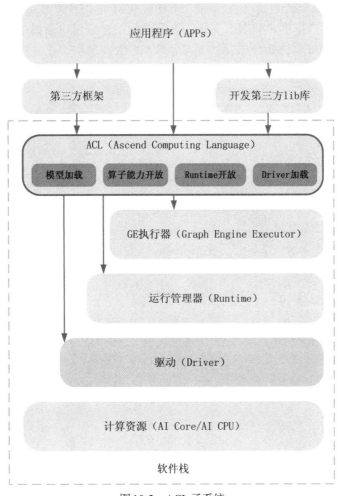

图 10-2　ACL 子系统

　　如图 10-2 所示，ACL 提供的是分层开放能力的管控，通过不同的组件对不同的使能部件进行对接。包含 GE 能力开放、算子能力开放、Runtime 能力开放、Driver 能力开放等。

　　● GE 能力开放：处理基于图及 session 的开放，能力引擎在 GE 侧，但接口的开放是通过 ACL，包含图编辑、图编译、图执行的能力；

　　● 算子能力开放：算子能力实现在 CANN 中，但算子能力开放是通过 ACL；

　　● Runtime 能力开放：处理基于 stream 的设备能力、内存、event 等资源能力开发诉求，对 app 屏蔽底层实现；

　　● Driver 能力开放：使用户程序能够使用驱动提供的队列等管理机制，屏蔽硬件架构的复杂性和异构性。

10.1.4　GE 子系统

　　GE，即 Graph Engine，图引擎模块，是图编译和运行的控制中心，提供运行环境管理、执行引擎管理、算子库管理、子图优化管理、图操作管理和图执行控制。GE通过统一的接口提供多前端的支持，不同的前端框架可以通过适配层完成不同格式图到GE IR Graph的转换。GE API对外呈现GE Core中初始化、Session管理模块的接口，支持运行环境初始化，Session创建、销毁，图添加执行。

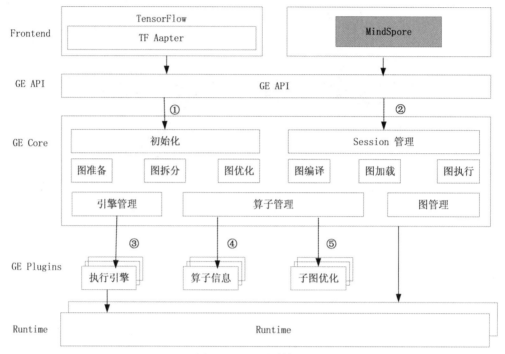

图10-3　GE子系统

如图10-3所示，GE Core从上往下，共分为三层，分别是执行控制层、业务功能层、数据管理层。执行控制层，提供API接口实现逻辑的控制，通过Runtime、业务功能模块、数据管理模块的接口，完成功能的实现；业务功能层，为图执行提供最优执行引擎匹配，端到端执行路径优化，提供最低执行开销，支持不同的物理运行环境部署；数据管理层，包含对外部插件的管理（执行引擎、算子库）及GE执行过程中需要的内部数据管理，对业务功能提供支持。

10.1.5　FE子系统

昇腾为了业务的编排，抽象出融合引擎FE（Fusion Engine）。它是一个逻辑概念，里面分三个部件：控制引擎、计算引擎、I/O引擎。每个部件中都包含有算子库。

如图10-4所示，FE的功能框架，从业务层次上划分，可以分为三层：上层是接口层，对外提供各种接口；中间是业务层，主要是两块功能，包括图优化和Task生成；底层是数据层，维护着计算引擎信息、融合规则信息和算子信息库。

图10-4　FE子系统

FE定位于AI Core的数据引擎，它提供图的优化分析、管理算子融合规则、算子融合功能、算子信息库管理、使能自定义算子等功能，具体如下：

● 接口管理层：对GE提供了算子管理、优化管理、task生成等接口；

● 量化部署优化模块：提供INT8量化的部署优化，辅助量化工具完成对图的INT8量化处理；

● 原图优化模块：提供对整图的图融合处理；

● 算子选择模块：提供了对图上各节点优先选择AI Core算子实现；

● Format转换模块：提供了芯片下算子实现支持的format和插入转换op的功能；

● 子图优化模块：对GE拆分的AI Core引擎子图进行优化处理；

● L2 buffer/Cache优化模块：对图上算子进行L2 buffer/Cache的优化处理；

● Task生成模块：提供了生成taskinfo的功能；

● 算子适配层：提供了适配TBE算子，自定义算子的功能；

● 规则库：提供了融合的规则列表；

● 算子信息库：提供了算子实现的信息库文件列表。

10.1.6　TBE子系统

TBE，即Tensor Boost Engine，张量加速引擎。通常，神经网络使用不同的算子来组成功能各异的网络结构，而张量加速引擎为基于昇腾AI处理器运行的神经网络提供了算子开发能力。通过TBE提供的API和自定义算子编程开发环境可以完成相应神经网络算子的开发。TBE在昇腾软件中的逻辑位置如图10-5所示。

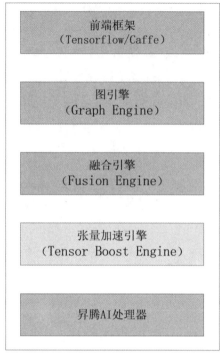

图10-5　TBE在昇腾软件中的逻辑位置

如图10-5所示，前端框架包含第三方开源框架Tensorflow、Caffe等。图引擎GE是基于昇腾AI处理器软件栈对不同的机器学习框架提供统一的IR接口，对接上层网络模型框架。其主要功能包括：图准备、图拆分、图优化、图编译、图加载、图执行和图管理等（此处图指网络模型拓扑图）。

融合引擎FE负责对接GE和TBE算子，具备算子信息库的加载与管理、融合规则管理、原图融合和子图优化的能力。GE在子图优化阶段将子图传递给FE，FE根据算子信息库以及FE融合优化进行预编译，例如修改数据类型、插入转换算子等，该子图将再次传递给GE进行子图合并及子图优化。

张量加速引擎（TBE）通过IR定义为GE的图推导提供必要的算子信息，通过算子信息库和融合规则为FE提供子图优化信息和TBE算子调用信息，TBE生成的二进制代码对接昇腾AI处理器，最终生成网络在昇腾AI处理器上的执行任务。

张量加速引擎的功能框架如图10-6所示，在TBE子系统中进行算子开发时，算子逻辑描述模块面向开发者，提供算子逻辑的编写接口（Compute接口），使得开发者可以使用接口来编写算子的计算过程和调度过程。算子的计算过程描述指明算子的计算方法和步骤，而调度过程描述完成数据切块和数据流向的规划。

图10-6　TBE功能模块

调度模块（Schedule）用于描述指定Shape下算子如何在昇腾AI处理器上进行切分，包括Cube类算子的切分、Vector类算子的切分。在完成算子基本实现过程定义之后，需要使用调度模块中的分块（Tiling）子模块，对算子中的数据按照调度描述进行切分。除了数据形状的切分之外，张量加速引擎的算子融合和优化能力是由调度模块中的融合（Fusion）子模块提供的。

在算子完成编写之后，需要生成中间表示来进一步优化，中间表示模块通过类似于TVM的IR模块来进行中间表示的生成。在中间表示生成后，需要将模块针对各种应用场景进行编译优化，优化的方式有双缓冲、流水线同步、内存分配管理、指令映射、分块适配矩阵计算单元等。

在算子经过编译器传递模块后，由代码生成模块生成类C代码的临时文件，这个临时代码文件可以通过编译器生成算子的实现文件，被网络模型直接加载调用。由此，一个完整的自定义算子通过张量加速引擎中的子模块完成了整个开发流程。

10.1.7　Runtime&TS子系统

如图10-7所示Runtime为神经网络的任务分配提供了资源管理通道。Runtime运行在应用程序的进程空间中，为应用程序提供了存储（Memory）管理、设备（Device）管理、执行流（Stream）管理、事件（Event）管理、核（Kernel）函数执行等功能。

Task Schedule运行在Device侧的任务调度CPU上，负责将Runtime分发的具体任务进一步分发到AI CPU上，或者通过硬件任务调度器（HWTS）把任务分配到AI Core上执行，并在执行完成后返回任务执行的结果给运行管理器。通常Task Schedule处理的主要事务有AI Core任务、AI CPU任务、内存复制任务、事件记录任务、事件等待任务、清理维护（Maintenance）任务和性能分析（Profiling）任务等。

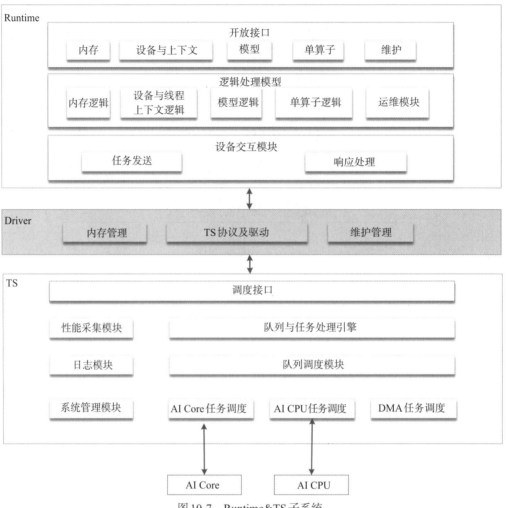

图 10-7　Runtime&TS 子系统

10.1.8　AI CPU 子系统

在异构计算架构中，昇腾 AI 处理器与 CPU 通过 PCIe 总线连接在一起来协同工作。CPU 所在位置称为主机端（Host），是指与昇腾 AI 处理器所在硬件设备相连的 X86 服务器、ARM 服务器或者 Windows PC，利用昇腾 AI 处理器提供的 NN（Neural-Network）计算能力完成业务。通常 Device 是指安装了昇腾 AI 处理器的设备，利用 PCIe 接口与 Host 连接，为 Host 提供 NN 计算能力。

AI CPU 子系统提供两大功能，部署在 Host 端的 AI CPU 算子编译和部署在 Device 端的 AI CPU 调度执行，如图 10-8 所示。

在 AI CPU 算子编译功能中，AI CPU 算子信息库提供 TF 算子信息库支持的 TF 算子名称、支持的 format 等。AI CPU 图优化器实现 TF 子图优化器，将 TF 子图优化成单 function 执行，减少 task 中断次数，提升 AI CPU 算子执行效率。图优化器同时包含 GE IR to TF 算子的配置信息，可灵活地设置 GE IR 与 TF 算子的映射关系。

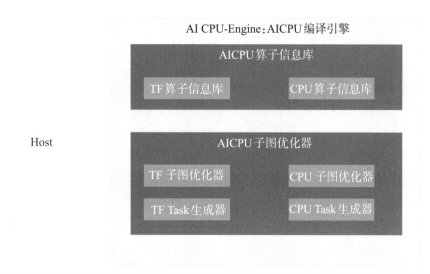

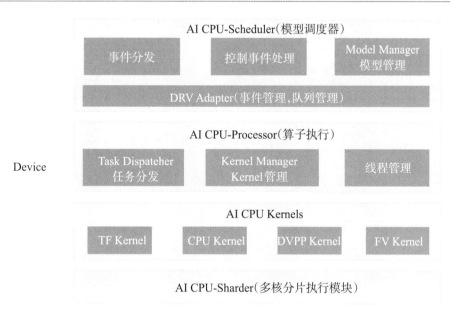

图 10-8 AI CPU 子系统

在 AI CPU 调度执行中,AI CPU-Scheduler 负责模型、stream 等信息管理和模型状态管理,负责与 TS 交互控制命令,调度模型执行和结束。AI CPU-Processor 提供 AI CPU 任务工作线程管理和 Kernels 注册管理,同时提供 task 分发功能,将 CPU 的 task 分发调度到各 AI CPU 工作线程进行执行。AI CPU-Kernels 提供 CPU 算子、TF 算子、DVPP 算子、FV(短特征)算子的执行功能。

10.1.9　DVPP子系统

DVPP（Digital Vision Pre-Processing），即数字视觉预处理模块，作为整个软件流执行过程中的编解码和图像转换模块，为神经网络发挥着预处理辅助功能。当来自系统内存和网络的视频或图像数据进入昇腾AI处理器的计算资源中运算之前，由于达芬奇架构对输入数据有固定的格式要求，如果输入数据未满足架构规定的输入格式和分辨率等要求，就需要调用数字视觉预处理模块进行格式的转换，才可以进行后续的神经网络计算步骤。

DVPP主要实现视频解码（VDEC）、视频编码（VENC）、JPEG编解码（JPEGD/E）、PNG解码（PNGD）、VPC（预处理），如图10-9所示。

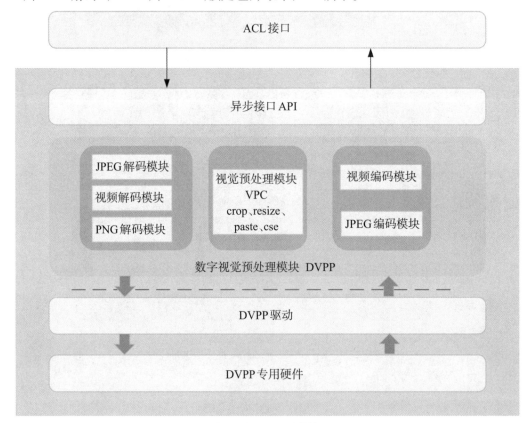

图10-9　DVPP子系统

视频解码模块提供H264、H265两种视频格式的解码功能，对输入的视频码流进行解码输出图像，用于视频识别等场景的预处理。与之对应的，视频编码模块提供输出视频的编码功能，能够实现YUV/YVU420图片数据的编码，支持H264、H265两种视频格式的编码。同样的，对于JPEG格式的图片，也有相应的JPEG编码模块和JPEG解码模块。JPEG编码模块能够将YUV格式图片编码成.JPG图片，支持YUV422 Packed、YUV420SP（NV12，NV21）等格式。JPEG解码模块支持

.JPG、.JPEG图片的解码，对于硬件不支持的格式，则会使用软件解码。当输入图片为PNG格式时，则需要调用PNG解码模块进行解码，将PNG格式的图片以RGB的格式进行数据输出给昇腾AI处理器进行训练或推理计算。

除了这些基本的视频和图片格式的编解码转化模块，数字视觉预处理模块还提供对图片和视频其他方面的处理功能，如格式转换、缩放、裁剪、叠加等功能。

10.2　基于AscendCL的开发方法

10.2.1　ACL概述

AscendCL（Ascend Computing Language）是CANN提供给用户的开发接口，其是一套用于在昇腾平台上开发深度神经网络推理应用的C语言API库，提供运行资源管理、内存管理、模型加载与执行、算子加载与执行、媒体数据处理等API，能够实现利用昇腾硬件计算资源，在昇腾CANN平台上进行深度学习推理计算、图形图像预处理、单算子加速计算等能力。其在CANN逻辑架构中的位置如图10-10所示。

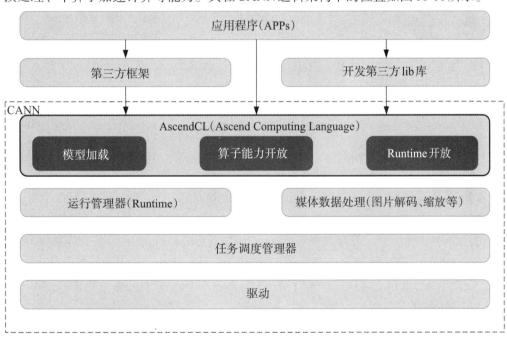

图10-10　ACL在CANN中的位置

使用ACL进行应用开发的基本流程如图10-11所示。

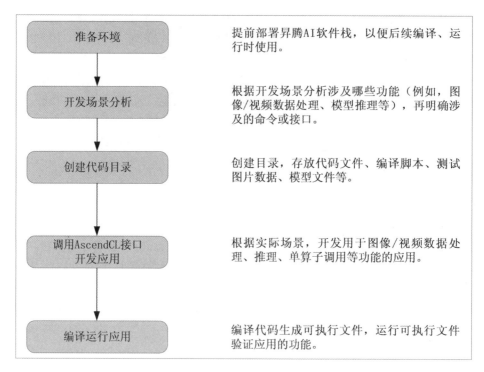

图 10-11　使用 ACL 的开发流程

10.2.2　相关概念

（1）Host

Host 指与 Device 相连接的 X86 服务器、ARM 服务器，会利用 Device 提供的 NN（Neural-Network）计算能力，完成业务。

（2）Device

Device 指安装了昇腾 AI 处理器的硬件设备，利用 PCIe 接口与 Host 侧连接，为 Host 提供 NN 计算能力。若存在多个 Device，多个 Device 之间的内存资源不能共享。

（3）进程/线程

此处提及的进程、线程，若无特别注明，则表示 Host 上的进程、线程。

（4）同步/异步

此处提及的同步、异步是站在调用者和执行者的角度，在当前场景下，若在 Host 调用接口后不等待 Device 执行完成再返回，则表示 Host 的调度是异步的；若在 Host 调用接口后需等待 Device 执行完成再返回，则表示 Host 的调度是同步的。

（5）Context

Context 作为一个容器，管理了所有对象（包括 Stream、Event、设备内存等）的生命周期。不同 Context 的 Stream、不同 Context 的 Event 是完全隔离的，无法建立同步等待关系。在多线程编程场景下，每切换一个线程，都要为该线程指定当前 Context，否则无法获取任何其他运行资源。

（6）Stream

Stream 用于维护一些异步操作的执行顺序，确保按照应用程序中的代码调用顺序在 Device 上执行。基于 Stream 的 kernel 执行和数据传输能够实现 Host 运算操作、Host 与 Device 间的数据传输、Device 内的运算并行。同步接口在调用的时候，当前线程会阻塞在调用点等待接口执行结束返回。异步接口在调用之后会立即返回，此类接口在调用的时候要指定一个 Stream 作为执行队列，以保证多个异步调用按照调用顺序执行。

如图 10-12 所示，线程、Context、Stream 之间的关系说明如下：

● 一个用户线程一定会绑定一个 Context，所有 Device 的资源使用或调度，都必须基于 Context。

● 一个线程中当前会有一个唯一的 Context 在用，Context 中已经关联了本线程要使用的 Device。

● 一个线程中可以创建多个 Stream，不同的 Stream 上计算任务是可以并行执行的。

● 多线程的调度依赖于运行应用的操作系统调度，多 Stream 在 Device 侧的调度，由 Device 上调度组件进行调度。

10.2.3　ACL 接口调用流程

使用 ACL 接口开发应用时，其接口调用流程如图 10-13 所示。图中根据应用开发中的典型功能抽象出主要的接口调用流程。例如，如果模型对输入图片的宽高要求与用户提供的源图不一致时，则需要媒体数据处理，将源图裁剪成符合模型的要求；如果需要实现模型推理的功能，则需要先加载模型，模型推理结束后，则需要卸载模型；如果模型推理后，需要从推理结果中查找最大置信度的类别标识对图片分类，则需要数据后处理。

（1）AscendCL 初始化

调用 aclInit 接口实现初始化 AscendCL。

（2）运行管理资源申请

依次申请运行管理资源：Device、Context、Stream。

（3）算子调用/模型推理

a）算子调用

● 生成算子 om 文件，需使用 ATC 工具将算子定义文件（*.json）编译成适配昇腾 AI 处理器的离线模型（*.om 文件）。

● 加载算子 om 文件，运行算子时使用。

● 执行算子，输出算子的运行结果。

b）模型推理

● 生成模型 om 文件：在模型推理场景下，必须有适配昇腾 AI 处理器的离线模型，需提前构建模型。

- 用户指定计算设备。生命周期源于首次调用aclrtSetDevice接口。
- 每次调用aclrtSetDevice接口，系统会进行引用计数加1；调用ResetaclrtSetDevice接口，系统会进行引用计数减1。
- 当引用计数减为0时，在本进程中Device上的资源不可用。

- Device上的执行流，在同一个stream中的任务执行严格保序。
- Stream分隐式创建和显式创建。
- 每个Context都会包含一个默认Stream，这个属于隐式创建，隐式创建的Stream归属于Context。
- 用户可以显式创建stream，在同一个stream生命周期内调用aclrtCreateStream接口，显式创建的stream生命周期起于调用aclrtDestroyStream接口。显式创建的Stream归属的Context被销毁或生命周期结束后，会影响该stream的使用。虽然该stream没有被销毁，但不可再用。

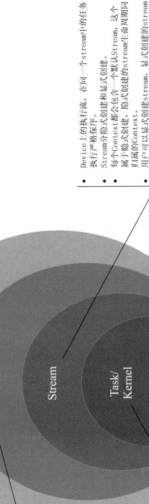

- Context在Device下，一个Context一定属于唯一的Device。
- Context分隐式创建和显式创建。
- 隐式创建的Context（即默认Context），生命周期起于调用aclrtSetDevice接口使引用计数，终结于调用aclrtResetDevice接口使引用计数为零时。隐式Context只会被创建一次，调用aclrtSetDevice接口重复指定一个Device，只增加隐式创建的Context的引用计数。
- 显式创建的Context，生命周期起于调用aclrtCreateContext接口，终结于调用aclrtDestroyContext接口。
- Context与用户线程绑定，一个用户线程对应一个Context，可调用aclrtSetCurrentContext接口绑定。隐式创建的Context不需要调用aclrtSetCurrentContext接口指定。
- 进程内的Context是共享字的，可以通过aclrtSetCurrentContext进行切换。

- Device 上真正的执行体，从属于 Stream。
- 用户编程不感知。

图10-12 进程、线程、Device、Context、Stream之间的关系

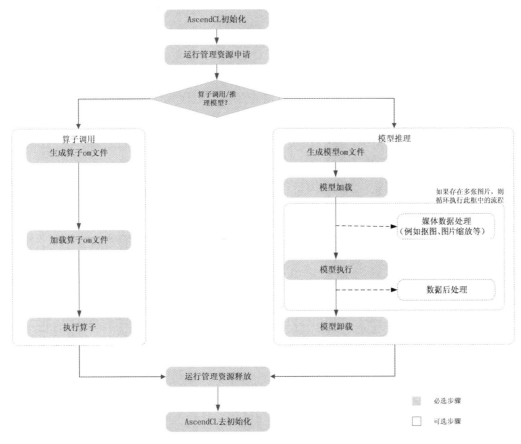

图10-13　ACL接口调用流程

● 模型加载：模型推理前，需要先将对应的模型加载到系统中。

● （可选）媒体数据处理：可实现JPEG图片解码、视频解码、抠图/图片缩放/格式转换、JPEG图片编码等功能。

● 模型执行：使用模型实现图片分类、目标识别等功能。

● （可选）数据后处理：根据用户的实际需求来处理推理结果，例如用户可以将获取到的推理结果写入文件、从推理结果中找到每张图片最大置信度的类别标识等。

● 模型卸载：调用aclmdlUnload接口卸载模型。

（4）运行管理资源释放

所有数据处理都结束后，需要依次释放运行管理资源：Stream、Context、Device。

（5）AscendCL去初始化

调用aclFinalize接口实现AscendCL去初始化。

10.2.4　推理应用开发流程

10.2.4.1　基本开发流程

　　如图10-14所示，基本开发流程包括准备环境、创建代码目录、构建模型、开发应用、编译运行等过程。而实现过程的主要步骤为：包含ACL头文件，调用aclInit接口进行AscendCL初始化，运行管理资源申请，数据传输，执行模型推理，数据后处理，运行管理资源释放，执行AscendCL去初始化。

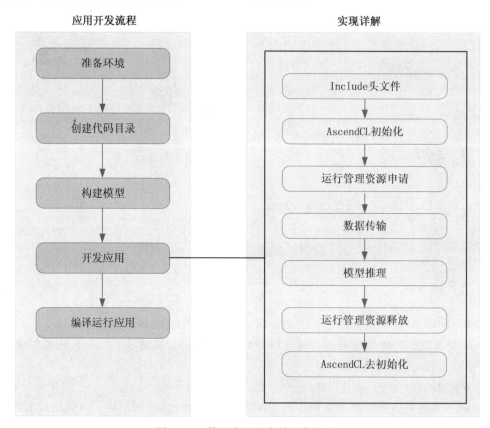

图10-14　推理应用开发的基本流程

10.2.4.2　运行管理资源的申请和释放

　　在开发应用时，应用程序中必须包含运行管理资源申请的代码逻辑，运行管理资源包括：Device、Context、Stream。

　　（1）运行管理资源申请

　　需按照Device、Context、Stream的顺序依次申请，如图10-15所示。其中，创建Context、Stream的方式分为隐式创建和显式创建。

　　●隐式创建Context和Stream：适合简单、无复杂交互逻辑的应用，但缺点是在多线程编程中，每个线程都使用默认Context或默认Stream，默认Stream中任务的执行顺序取决于操作系统线程调度的顺序。

● 显式创建Context和Stream：适合大型、复杂交互逻辑的应用，且便于提高程序的可读性和可维护性。

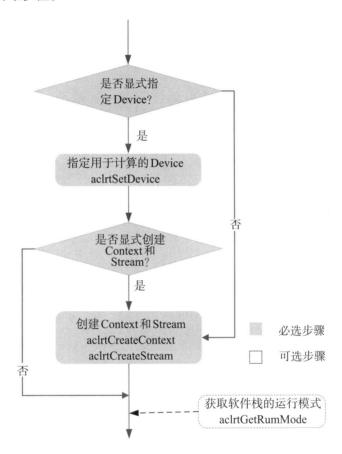

图10-15　运行管理资源申请的流程和接口

（2）运行管理资源释放

如图10-16所示，释放运行管理资源时，需按顺序依次释放：Stream、Context、Device。

● 显式创建的Context和Stream，需调用aclrtDestroyStream接口释放Stream，再调用aclrtDestroyContext接口释放Context。若显式调用aclrtSetDevice接口指定运算的Device时，还需调用aclrtResetDevice接口释放Device上的资源。

● 不显式创建Context和Stream时，仅需调用aclrtResetDevice接口释放Device上的资源。

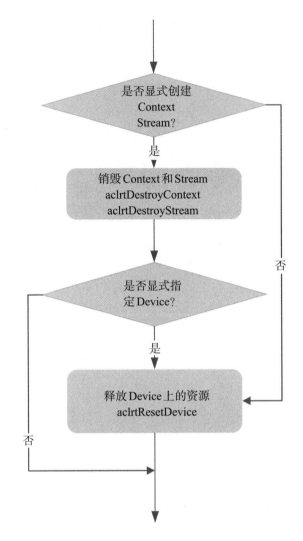

图 10-16　运行管理资源释放流程及接口

10.2.4.3　模型加载

在开发应用时，如果涉及模型推理，则应用程序中必须包含模型加载的代码逻辑，如图 10-17 所示。

在模型加载前，需要先构建出适配昇腾 AI 处理器的离线模型（*.om 文件）。当由用户管理内存时，为确保内存不浪费，在申请工作内存、权值内存前，需要调用 aclmdlQuerySize 接口查询模型运行时所需工作内存、权值内存的大小。如果模型输入数据的 Shape 不确定，则不能调用 aclmdlQuerySize 接口查询内存大小，在加载模型时，就无法由用户管理内存，因此需选择由系统管理内存的模型加载接口（例如，aclmdlLoadFromFile、aclmdlLoadFromMem）。

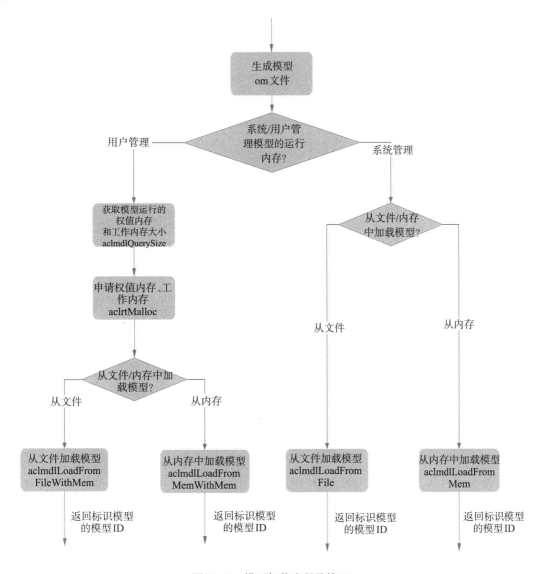

图 10-17 模型加载流程及接口

从使用的接口上区分从文件加载，还是从内存加载，以及内存是由系统内部管理，还是由用户管理。

● aclmdlLoadFromFile：从文件加载离线模型数据，由系统内部管理内存。

● aclmdlLoadFromMem：从内存加载离线模型数据，由系统内部管理内存。

● aclmdlLoadFromFileWithMem：从文件加载离线模型数据，由用户自行管理模型运行的内存（包括工作内存和权值内存，工作内存用于模型执行过程中的临时数据，权值内存用于存放权值数据）。

● aclmdlLoadFromMemWithMem：从内存加载离线模型数据，由用户自行管理模型运行的内存（包括工作内存和权值内存）。

10.2.4.4　模型执行

在开发应用时，如果涉及模型推理，则在应用程序中必须包含模型执行的代码逻辑，如图10-18所示。

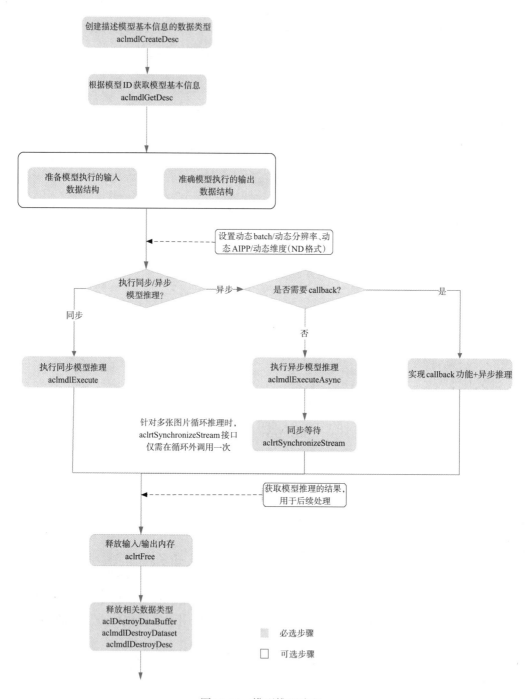

图10-18　模型推理流程

关键接口的说明如下：

（1）调用 aclmdlCreateDesc 接口创建描述模型基本信息的数据类型。

（2）调用 aclmdlGetDesc 接口根据接口调用流程中返回的模型 ID 获取模型基本信息。

（3）准备模型执行的输入、输出数据结构使用 aclmdlcreatc，Dataset 和 aclCreate-Buffer 接口。

（4）执行模型推理。

同步推理时调用 aclmdlExecute 接口，异步推理时调用 aclmdlExecuteAsync 接口，此时需调用 aclrtSynchronizeStream 接口阻塞应用程序运行，直到指定 Stream 中的所有任务都完成。

（5）获取模型推理的结果。

对于同步推理，直接获取模型推理的输出数据即可。对于异步推理，在实现 Callback 功能时，在回调函数内获取模型推理的结果，供后续使用。

（6）释放输入/输出内存。

调用 aclrtFree 接口释放 Device 上的内存。

（7）释放相关数据类型的数据。

在模型推理结束后，需及时调用 aclDestroyDataBuffer 接口和 aclmdlDestroyDataset 接口释放描述模型输入的数据，且先调用 aclDestroyDataBuffer 接口，再调用 aclmdlDestroyDataset 接口。如果存在多个输入、输出，需调用多次 aclDestroyDataBuffer 接口。

10.3 Mindstudio 集成开发环境

MindStudio 是一款基于 Intellij Platform 的集成开发环境（IDE），支持 Python、C/C++ 语言进行代码开发、编译、调试、运行等基础功能。作为昇腾 AI 全栈中的全流程开发工具链，MindStudio 提供在 AI 开发所需的一站式开发环境，支持模型开发、算子开发以及应用开发三个主流程中的开发任务。依靠模型可视化、算力测试、IDE 本地仿真调试等功能，MindStudio 在一个工具上就能高效便捷地完成 AI 应用开发。同时 MindStudio 采用了插件化扩展机制，开发者可以通过开发插件来扩展已有功能。

10.3.1 MindStudio 功能框架

MindStudio 功能框架如图 10-19 所示，目前含有的工具链包括：工程管理工具、编译工具、离线模型转换工具、应用开发工具、设备管理工具、精度比对工具、自定义算子开发工具、性能分析工具、仿真器、日志管理工具等。

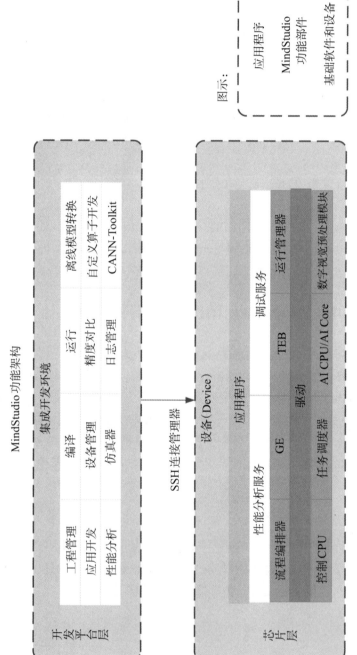

图 10-19　工具链功能架构

MindStudio工具中的主要几个功能特性如下：

● 工程管理：为开发人员提供创建工程、打开工程、关闭工程、删除工程、新增工程文件目录和属性设置等功能。

● SSH管理：为开发人员提供新增SSH连接、删除SSH连接、修改SSH连接、加密SSH密码和修改SSH密码保存方式等功能。

● 应用开发：针对业务流程开发人员，MindStudio工具提供基于AscendCL的应用开发编程方式，编程后的编译、运行、结果显示等一站式服务让流程开发更加智能化。

● 自定义算子开发：提供了基于TBE和AI CPU的算子编程开发的集成开发环境，让不同平台下的算子移植更加便捷，适配昇腾AI处理器的速度更快。

● 离线模型转换：训练好的第三方网络模型可以直接通过离线模型工具导入并转换成离线模型，并可一键式自动生成模型接口，方便开发者基于模型接口进行编程，同时也提供了离线模型的可视化功能。

● 日志管理：MindStudio为昇腾AI处理器提供了覆盖全系统的日志收集与日志分析解决方案，提升运行时算法问题的定位效率。提供了统一形式的跨平台日志可视化分析能力及运行时诊断能力。

● 性能分析：MindStudio以图形界面呈现方式，实现针对主机和设备上多节点、多模块异构体系的高效、易用、可灵活扩展的系统化性能分析，以及针对昇腾AI处理器的性能和功耗的同步分析，满足算法优化对系统性能分析的需求。

● 设备管理：MindStudio提供设备管理工具，实现对连接到主机上的设备的管理功能。

● 精度比对：可以用来比对自有模型算子的运算结果与Caffe、TensorFlow、ON-NX标准算子的运算结果，以便用来确认神经网络运算误差发生的原因。

● 开发工具包的安装与管理：为开发者提供基于昇腾AI处理器的相关算法开发套件包Ascend-cann-toolkit，旨在帮助开发者进行快速、高效的人工智能算法开发。开发者可以将开发套件包安装到MindStudio上，使用MindStudio进行快速开发。Ascend-cann-toolkit包含了基于昇腾AI处理器开发依赖的头文件和库文件、编译工具链、调优工具等。

10.3.2　MindStudio安装方式

10.3.2.1　基础信息介绍

MindStudio所在的环境为开发环境，开发人员可以进行普通的工程管理、代码编写、编译、模型转换等功能。实际安装昇腾AI处理器的环境为运行环境，其运行用户开发的应用。如果需要在真实的昇腾AI处理器上运行开发的工程，则需要将Mind-Studio连接到运行环境，并通过运行环境和带有昇腾AI处理器的设备上的工具后台服务模块进行配合，完成所有开发工程的运行、日志和性能分析等功能。

Ascend-cann-toolkit开发套件包为开发者提供基于昇腾AI处理器的相关算法开发

工具包，旨在帮助开发者进行快速、高效的模型、算子和应用的开发。开发套件包只能安装在Linux服务器上，开发者可以在安装开发套件包后，使用MindStudio开发工具进行快速开发。

纯开发场景（分部署形态）：在未安装昇腾AI设备的服务器上安装MindStudio和Ascend-cann-toolkit开发套件包，可作为开发环境，仅能用于代码开发、编译等开发活动（例如ATC模型转换、算子和推理应用程序的纯代码开发）。如果想运行应用程序或进行训练，需要通过远程连接方式，连接纯开发环境服务器与已安装昇腾AI设备的运行环境服务器。

开发运行场景（共部署形态）：在安装昇腾AI设备的服务器上安装MindStudio、Ascend-cann-toolkit开发套件包、npu-firmware安装包、npu-driver安装包和AI框架，可以同时作为开发环境和运行环境，运行应用程序或进行训练。

10.3.2.2　Windows安装方案

MindStudio可以单独安装在Windows上。如图10-20所示，在安装MindStudio前需要在Linux服务器上安装部署好Ascend-cann-toolkit开发套件包，之后在Windows上安装MindStudio，安装完成后通过配置远程连接的方式建立MindStudio所在的Windows服务器与Ascendcann-toolkit开发套件包所在的Linux服务器的连接，实现全流程开发功能。

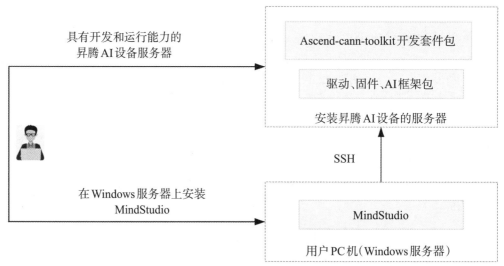

图10-20　MindStudio的Windows安装方案

10.3.3　MindStudio开发步骤

MindStudio可进行三种类型的开发：应用开发、模型开发和算子开发，每种类型的开发涉及的内容如图10-21所示。

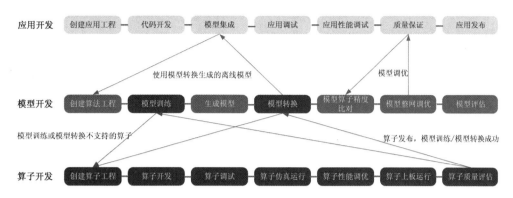

图10-21　MindStudio的开发内容

以推理应用开发为例，其主要涉及以下实现步骤：

- 应用工程管理
- 模型转换与可视化
- 应用开发（在第12章通过例子说明）
- 应用编译
- 应用调试与运行
- 应用调优（参考10.3.4）

（1）应用工程管理

应用工程管理，如图10-22所示。

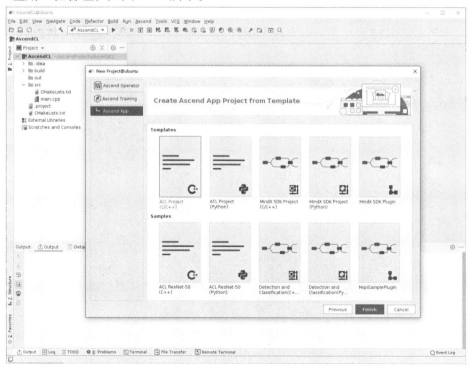

图10-22　应用工程管理

● 提供工程管理功能，包括创建工程和导入工程，支持C/C++和Python代码开发，提供工程模板和Sample样例，支持：

□ AscendCL

□ pyACL

□ MindX SDK

□ MindX SDK Plugin

● 对于C/C++工程模板，搭建基础CMake工程；对于样例，只需要准备数据和模型文件，即可完成推理。

（2）模型转换与可视化

基于 AscendCL 的模型推理应用，使用统一的离线模型（OM）进行推理。MindStudio 封装 ATC 工具来完成将 Caffe/TensorFlow/MindSpore/ONNX 等框架训练好的模型转换为离线模型，通过界面操作代替命令行操作，如图10-23 和图10-24所示。

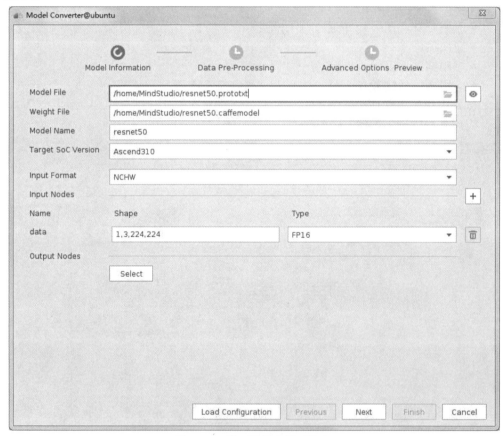

图10-23　模型转换的模型信息

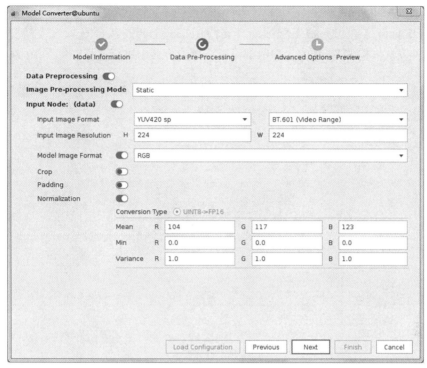

图10-24　模型转换的数据预处理设置

MindStudio 单独提供离线模型（OM）网络结构可视化查看，支持网络节点搜索、网络节点详细信息查看等、设置 Output Nodes 等功能，如图10-25 所示。

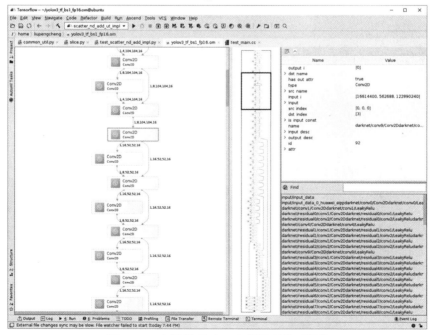

图10-25　离线模型（OM）网络结构可视化

（3）C/C++代码编译

MindStudio支持CMake工程编译，支持Release/Debug编译选项，支持交叉编译（需要额外安装异构的Toolkit），这些都可以在图形界面中进行选择，如图10-26所示。

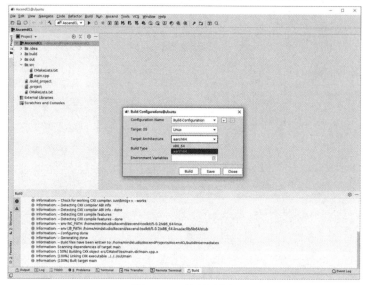

图10-26　编译配置

（4）应用调试与运行

支持本地运行和远端运行，远端运行以工程为维度通过SSH通道将工程下文件推送至远端并执行应用，执行完成后远端文件同步回本地。支持基于GDB的C/C++代码调试，以及本地和远端调试，如图10-27和图10-28所示。

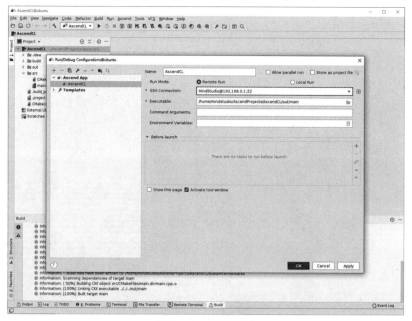

图10-27　远端运行

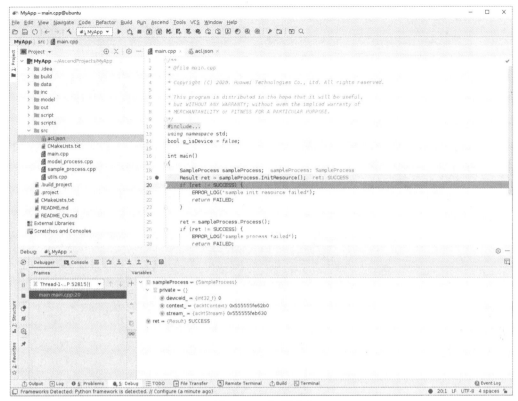

图10-28　代码调试

10.3.4　MindStudio 工具

（1）调优工具精度比对

模型转换过程对模型进行优化，包括算子消除、算子融合、算子拆分，可能会造成自有实现的算子运算结果与业界标准算子运算结果存在偏差。MindStudio 支持基于GPU的原始模型推理与基于NPU的离线模型推理结果进行精度比对。

MindStudio 提供基于模型可视化的 Dump Configuration，按照配置自动生成 dump 配置文件。AscendCL 初始化时引用 dump 配置文件，运行推理应用即可生成 NPU 的 Dump 数据，如图10-29所示。

MindStudio 提供精度比对功能，提供 Vector 比对能力，支持下列算法：

- 余弦相似度
- 最大绝对误差
- 累积相对误差
- 欧氏相对距离
- KLD 散度
- 标准差

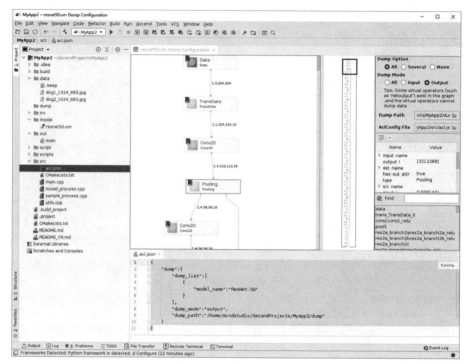

图 10-29   dump 配置

支持基于模型可视化的精度比对结果与模型节点联动（如图 10-30 所示），开发者可以查看原始模型与离线模型网络的差异（如图 10-31 所示）。

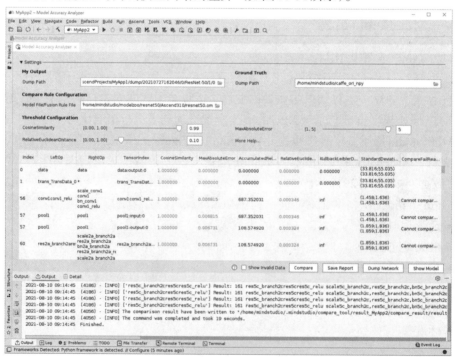

图 10-30   模型精度分析

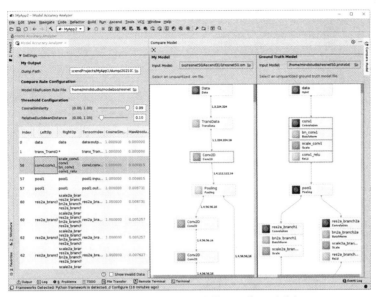

图10-31　原始模型与离线模型网络差异分析

（2）Profiling性能分析

MindStudio集成推理Profiling性能分析，通过界面配置代替命令行配置，支持多种指标数据采集。具体包括Host侧CPU、Memory、Disk、Network利用率和Device侧应用工程的硬件和软件性能数据。帮助快速发现和定位AI应用的性能瓶颈，指导算法性能提升和系统资源利用率的优化。其配置选项如图10-32所示。

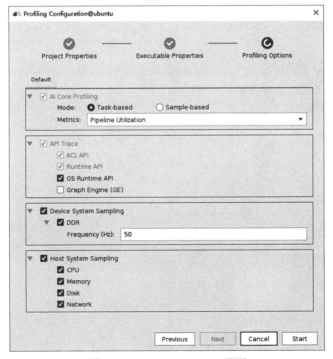

图10-32　Profiling Options配置

Profiling 数据采集后自动完成数据解析和展示，支持多维度信息展示，如图 10-33、图 10-34、图 10-35 所示，包括：

● Analysis Summary 视图

基础硬件信息

● Timeline View 视图

    ➢ Timeline，时序图

    ➢ Event View，事件相关 API Statistics

    ➢ Runtime/ACL/GE API Statistics

    ➢ AI Core Metrics

● Baseline Comparison 视图

两轮 Profiling 数据比对

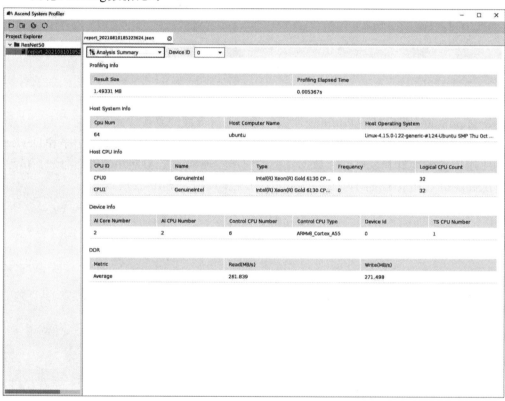

图 10-33　Analysis Summary 视图

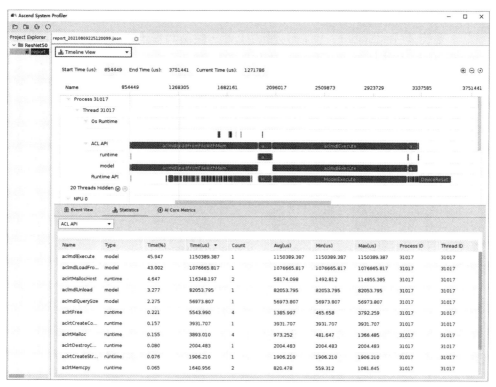

图 10-34　Timeline View 视图

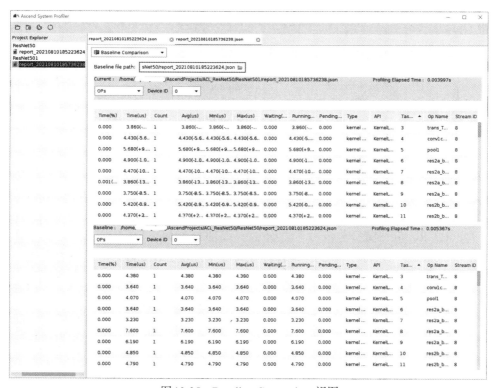

图 10-35　Baseline Comparison 视图

（3）专家系统工具

专家系统（MindStudio Advisor）是用于聚焦模型和算子的性能调优 TOP 问题，识别性能瓶颈，重点构建瓶颈分析、优化推荐模型，支撑开发效率提升的工具。当前提供的功能有：基于 Roofline 模型的算子瓶颈识别与优化建议、基于 Timeline 的 AI CPU 算子优化、算子融合推荐、TransData 算子识别和算子优化分析。

以基于 Roofline 模型的算子瓶颈识别与优化为例。如图 10-36 所示，横坐标单位是 FLOP/Byte，表示计算强度，每搬运 1Byte 数据可以进行多少次运算，越大表示内存搬运利用率越高。纵坐标单位是 FLOP/s，表示运算速度，越大表示运算越快。

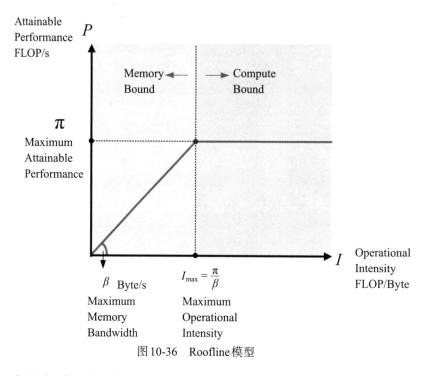

图 10-36　Roofline 模型

当横坐标很大时，表示每搬运 1Byte 数据可以进行很多的运算，但是每秒的运算次数无法超过硬件的性能上限 π，即图中横线；随着横坐标减小到一定的阈值以下，即图中的横坐标 I_{max}，搬运的数据将不支持硬件达到性能上限的算力，此时的纵坐标性能为 $\beta \cdot x$，β 表示硬件的带宽，即图中斜线，x 为访存比。

I_{max} 点将 Roofline 模型分成两个部分，斜线部分为 Memory Bound，横线部分为 Compute Bound，且实际工作点越靠近斜线或横线，表示 Bound 越严重，为主要瓶颈所在。

（4）AutoML 工具

AutoML（Auto Machine Learning）使用流程如图 10-37 所示，其包括模型自动性能调优、模型自动生成、训练工程超参数自动优化、大模型压缩调优四个模块。

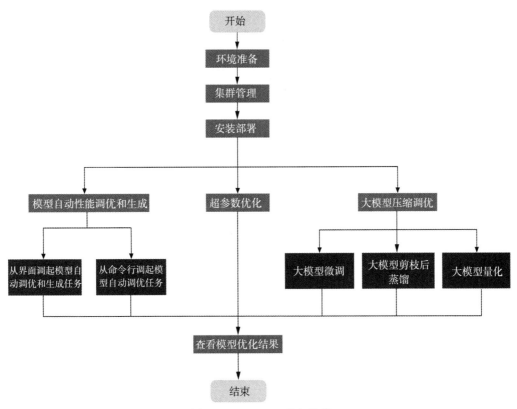

图10-37　AutoML业务流程

　　昇腾模型开发用户可以通过模型自动性能调优功能找到性能更好的模型。AI初学者可以通过AutoML工具结合数据集，自动生成满足需求的模型，对训练超参数进行自动调优。

　　● 模型自动性能调优包含剪枝和量化算法，支持在昇腾910 AI处理器或GPU上进行搜索训练，覆盖MindSpore，PyTorch框架，能对CV领域分类、检测和分割等常用模型进行自动性能调优。支持的场景有：基于脚本定义的模型自动性能调优和基于离线模型的自动性能调优。

　　● 模型自动生成工具以昇腾910 AI处理器的搜索训练，昇腾310 AI处理器的推理验证为前提，覆盖MindSpore，PyTorch框架，面向分类、检测、分割、超分、NLP等场景实现昇腾亲和模型的自动生成。这个场景主要功能是基于数据集自动生成网络和基于预训练模型进行微调后自动生成模型。

　　● 训练工程超参数优化（Hyperparameter Optimization，简称HPO），支持对昇腾910搜索训练，覆盖MindSpore，PyTorch，Tensorflow框架，用自动化的算法来优化超参数，从而提升模型的精度、性能等指标。

　　● 大模型压缩调优功能目前主要解决大模型在推理时需要庞大的显存和密集的计算资源，难以满足其在生产环境下的高吞吐、低延迟和低成本要求的问题，提升推理实时性并降低边侧部署成本。

习题10

10.1 什么是AI异构计算架构？在CANN中是如何体现这种设计思想的？

10.2 CANN的计算资源层包含哪些部分？各部分的作用是什么？

10.3 ACL和TBE子系统的作用分别是什么？

10.4 进程、线程、Device、Context、Stream之间的关系是什么？

10.5 模型加载使用什么ACL接口？这些接口有什么差别？

10.6 MindStudio包含哪些工具？其与ACL、CANN的关系是什么？

10.7 Profiling性能分析模块的作用是什么？其能够分析哪些指标？

第11章 昇腾AI算子开发

在昇腾平台上，算子是表达一个完整计算逻辑的运算，由于昇腾处理器同时拥有AI Core和AI CPU，因此对应的算子有AI Core算子和AI CPU算子两类，其分别对应以下两种场景：

（1）开发者需要进行TBE自定义算子开发

● 昇腾AI处理器不支持开发者网络中的算子。

● 开发者想要自己开发算子来提高计算性能。

● 开发者想要修改现有算子中的计算逻辑。

（2）开发者需要自定义AI CPU算子开发

● 在NN模型训练或者推理过程中，将第三方开源框架转化为适配昇腾AI处理器的模型时遇到了昇腾AI处理器不支持的算子。此时，为了快速打通模型执行流程，可以通过自定义AI CPU算子进行功能调测，提升调测效率。功能调通之后，后续性能调测过程中再将AI CPU自定义算子转换成TBE算子实现。

● 在某些场景下，无法实现在AI Core上运行的自定义算子（比如部分算子需要int64类型，但AI Core指令不支持），此时可以通过开发AI CPU自定义算子实现昇腾AI处理器对此算子的支持。

11.1 相 关 概 念

11.1.1 算子

深度学习算法由很多个计算单元组成，这些计算单元被称为算子（Operator，简称OP）。在网络模型中，算子对应层中的计算逻辑，例如：卷积层（Convolution Layer）是一个算子；全连接层（Fully-connected Layer，FC layer）中的权值求和过程，是一个算子。

对每一个独立的算子，用户需要编写算子描述文件，描述算子的整体逻辑、计算步骤以及相关硬件平台信息等。然后用深度学习编译器对算子描述文件进行编译，生成可在特定硬件平台上运行的二进制文件后，输入待处理数据，运行算子即可得到期望输出。

将神经网络所有被拆分后的算子都按照上述过程处理后，再按照输入/输出关系串联起来即可得到整网运行结果，如图11-1所示。

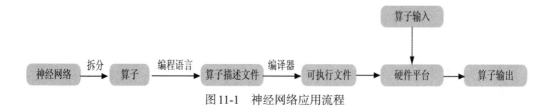

图 11-1　神经网络应用流程

11.1.2　算子名称（Name）和类型（Type）

算子的名称，用于标志网络中的某个算子，同一网络中算子的名称需要保持唯一。如图 11-2 所示，Conv1、Pool1、Conv2 都是此网络中的算子名称，其中 Conv1 与 Conv2 算子的类型为 Convolution，表示分别做一次卷积运算。

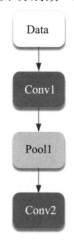

图 11-2　算子的名称和类型

网络中每一个算子根据算子类型进行算子实现的匹配，相同类型算子的实现逻辑相同。在一个网络中同一类型的算子可能存在多个，例如图 11-2 中的 Conv1 算子与 Conv2 算子的类型都为 Convolution。

11.1.3　张量（Tensor）

Tensor 是算子计算数据的容器，TensorDesc（Tensor 描述符）是对 Tensor 中数据的描述，TensorDesc 数据结构包含属性见表 11-1 所列。

表 11-1　TensorDesc 的属性

属性	定义
名称（name）	用于对 Tensor 进行索引，不同 Tensor 的 name 需要保持唯一
形状（shape）	Tensor 的形状，比如（10，）或者（1024，1024）或者（2，3，4）等
数据类型（dtype）	指定 Tensor 对象的数据类型，比如：float16，float32，int8，int16，int32，uint8，uint16，bool 等
数据排布格式（format）	数据的物理排布格式，定义了解读数据的维度

张量的形状，以（D_0，D_1，…，D_{n-1}）的形式表示，D_0到D_n是任意的正整数。如形状（3，4）表示第一维有3个元素，第二维有4个元素，（3，4）表示一个3行4列的矩阵数组。

在形状的小括号中有多少个数字，就代表这个张量是多少维的张量。形状的第一个元素要看张量最外层的中括号中有几个元素，形状的第二个元素要看张量中从左边开始数第二个中括号中有几个元素，依此类推，见表11-2所列。

表11-2　张量的形状举例

张量	形状
1	(0,)
[1,2,3]	(3,)
[[1,2],[3,4]]	(2,2)
[[[1,2],[3,4]], [[5,6],[7,8]]]	(2,2,2)

物理含义可以这样理解：假设有一些照片，每个像素点都由红/绿/蓝3色组成，即Shape里面3的含义，照片的宽和高都是20，也就是20×20=400个像素，总共有4张的照片，这就是Shape=（4，20，20，3）的物理含义。

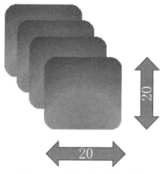

图11-3　照片形状示意图

11.1.4　轴（Axis）

轴是相对shape来说的，轴代表张量的Shape的下标，比如张量a是一个5行6列的二维数组，即shape是（5，6），则axis=0表示是张量中的第一维，即行；axis=1表示是张量中的第二维，即列。

例如张量数据[[[1，2]，[3，4]]，[[5，6]，[7，8]]]，Shape为（2，2，2），则轴0代表第一个维度的数据即[[1，2]，[3，4]]与[[5，6]，[7，8]]这两个矩阵，轴1代表第二个维度的数据即[1，2]、[3，4]、[5，6]、[7，8]这四个数组，轴2代表第三个维度的数据即1，2，3，4，5，6，7，8这八个数。

N维Tensor的轴有：0，1，2，…，N−1。轴axis可以为负数，此时表示是倒数第axis个维度，如图11-4所示。

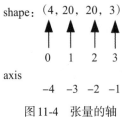

图 11-4　张量的轴

11.1.5　广播

广播规则：将一个数组的每一个维度扩展为一个固定的 shape，需要被扩展数组的每个维度的大小或者与目标 shape 相等，或者为 1，广播会在元素个数为 1 的维度上进行。例如：原数组 a 的维度为（2，1，64），目标 shape 为（2，128，64），则通过广播可以将 a 的维度扩展为目标 shape（2，128，64）。

TBE 的计算接口加、减、乘、除等不支持自动广播，要求输入的两个 Tensor 的 shape 相同，所以操作前，需要先计算出目标 shape，然后将每个输入 Tensor 广播到目标 shape 再进行计算。

例如，Tensor A 的 shape 为（4，3，1，5），Tensor B 的 shape 为（1，1，2，1），执行 Tensor A + Tensor B ，具体计算过程如下：

（1）计算出目标 shape C。

A(4,3,1,5)　　　　A(4,3,1,5)
B(1,1,2,1)　⟶　　B(1,1,2,1)
　　　　　　　　　C(4,3,2,5)

取 Tensor A 与 Tensor B 中每个维度的大值，作为目标 shape，C（4，3，2，5）。

（2）调用广播接口分别将 Tensor A 与 Tensor B 扩展到目标 shape C。

广播的 Tensor 的 shape 需要满足规则：每个维度的大小或者与目标 shape 相等，或者为 1。

若不满足以上规则，则无法进行广播，如下所示：

B'（1,3,2,3）
　　↓
C　（4,3,2,5）　✖

（3）调用计算接口，进行 Tensor A + Tensor B。

11.1.6 降维（Reduction）

Reduction 是将多维数组的指定轴及之后的数据做降维操作。降维有很多种算子，例如 SuM、MEAN 等常见的算子，见表 11-3 所列。

表 11-3 Reduction 算子操作类型

算子类型	说明
SUM	对被 reduce 的所有轴求和
ASUM	对被 reduce 的所有轴求绝对值后求和
SUMSQ	对被 reduce 的所有轴求平方后再求和
MEAN	对被 reduce 的所有轴求均值

Reduction 需要指定一个轴，会对此轴及其之后的轴进行 reduce 操作，取值范围为：$[-N，N-1]$。比如，输入的张量的形状为（5，6，7，8）。

- 如果指定的轴是 3，则输出 Tensor 的形状为（5，6，7）。
- 如果指定的轴是 2，则输出 Tensor 的形状为（5，6，8）。
- 如果指定的轴是 1，则输出 Tensor 的形状为（5，7，8）。
- 如果指定的轴是 0，则输出 Tensor 的形状为（6，7，8）。

下面通过示例了解降维操作。

- 如果对轴 Axis：0 进行降维，Axis=0，对 2 维矩阵来说就是行，也就是对这个 2 维矩阵每行对应的数据进行相加，得到[2，2，2]，降为 1 维，如下所示：

$$
\begin{array}{c}
[[1,1,1] \\
+\ +\ + \\
[1,1,1]] \\
=[2, 2, 2]
\end{array}
$$

- 如果 Axis=1，就是每列对应的数据进行相加。

$$
\begin{bmatrix}[1, +1, +1] \\ [1, +1, +1]\end{bmatrix} = \begin{bmatrix}3, \\ 3\end{bmatrix}
$$

- 如果 Axis=[0，1]，可以理解为先对轴 0 进行降维求和得到[2，2，2]，再对[2，2，2]继续降维求和得到 6，最后得到是 0 维。
- 如果 Axis=[]，就是不降维，原样输出。
- 如果 Axis 为空（NULL），就是对所有维度进行降维，最后得到 0 维的标量。

11.1.7 NCHW 和 NHWC 数据排布格式

Format 为数据的物理排布格式。在深度学习领域，多维数据通过多维数组存储，比如卷积神经网络的特征图（Feature Map）通常用四维数组保存，即 4D，4D 格式解释如下：

- N：Batch 数量，例如图像的数目。
- H：Height，特征图高度，即垂直高度方向的像素个数。

- W：Width，特征图宽度，即水平宽度方向的像素个数。
- C：Channels，特征图通道，例如彩色RGB图像的Channels为3。

由于数据只能线性存储，因此这四个维度有对应的顺序。不同深度学习框架会按照不同的顺序存储特征图数据，比如Caffe，排列顺序为[Batch，Channels，Height，Width]，即NCHW。TensorFlow中，排列顺序为[Batch，Height，Width，Channels]，即NHWC。

如图11-5所示，以一张格式为RGB的图片为例，在NCHW中，C排列在外层，实际存储的是"RRRRRRGGGGGGGBBBBBB"，即同一通道的所有像素值顺序存储在一起；而在NHWC中C排列在最内层，实际存储的则是"RGBRGBRGBRGBRG-BRGB"，即多个通道的同一位置的像素值顺序存储在一起。

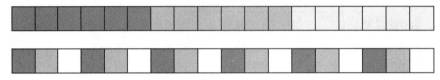

图11-5 NCHW和NHWC存储

尽管存储的数据相同，但不同的存储顺序会导致数据的访问特性不一致，因此即便进行同样的运算，相应的计算性能也会不同。

11.1.8 NC1HWC0

在昇腾AI处理器中，为了提高通用矩阵乘法（GEMM）运算数据块的访问效率，所有张量数据统一采用NC1HWC0的五维数据格式。其中，C0与微架构强相关，等于AI Core中矩阵计算单元的大小，对于FP16类型为16，对于INT8类型则为32，这部分数据需要连续存储。C1=C/C0。如果结果不整除，向上取整。NHWC到NC1HWC0的格式转换示意图如图11-6所示。

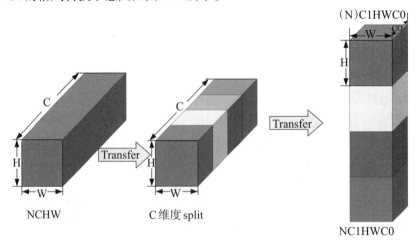

图11-6 NHWC到NC1HWC0的格式转换

NHWC → NC1HWC0的转换过程为：

a. 将NHWC数据在C维度进行分割，变成C1份NHWC0。

b. 将C1份NHWC0在内存中连续排列，由此变成NC1HWC0。

11.2　算子开发方法

11.2.1　TBE简介

随着深度学习的广泛应用，大量的深度学习框架及深度学习硬件平台应运而生，但不同平台的神经网络模型难以在其他硬件平台便捷运行，无法充分利用新平台的运算性能。TVM（Tensor Virtual Machine）的诞生解决了以上问题，它是一个开源深度学习编译栈，它通过统一的中间表达IR（Intermediate Representation）堆栈连接深度学习模型和后端硬件平台，通过统一的结构优化Schedule，可以支持CPU、GPU和特定的加速器平台和语言。

TBE（Tensor Boost Engine）提供了基于TVM框架的自定义算子开发能力，通过TBE提供的API可以完成相应神经网络算子的开发。TBE工具提供了多层灵活的算子开发方式，用户可以根据对硬件的理解程度自由选择，利用工具的优化和代码生成能力，生成昇腾AI处理器的高性能可执行算子。

TBE内部包含了特性域语言（Domain-Specific Language，DSL）模块、调度（Schedule）模块、中间表示（Intermediate Representation，IR）模块、编译优化（Pass）模块以及代码生成（CodeGen）模块，如图11-7所示。

图11-7　TBE内部组成

● DSL模块：面向开发者，提供算子逻辑的编写接口（Compute接口），使用接口来编写算子。

● Schedule模块：用于描述指定shape下算子如何在昇腾AI处理器上进行切分，包括Cube类算子的切分、Vector类算子的切分，使用调度原语来描述。

● IR模块：使用TVM的IR（Intermediate Representation）中间表示，包括IR变形、AST（Abstract Syntax Tree）的维护等功能。

● 编译优化（Pass）：对生成的IR进行编译优化，优化的方式有双缓冲（Double Buffer）、流水线（Pipeline）同步、内存分配管理、指令映射、分块适配矩阵计算单元等。

● 代码生成模块（CodeGen）：CodeGen生成类C代码的临时文件，这个临时代码文件可以通过编译器生成算子的实现文件，被网络模型直接加载调用。

11.2.2　算子编译流程

一个完整的TBE算子包含四部分：对应框架的算子适配插件、算子原型定义、算子信息库和算子实现。

● 算子适配插件：基于第三方框架（TensorFlow/Caffe）进行自定义算子开发的场景，将基于第三方框架的算子映射成适昇腾AI处理器的算子，将算子信息注册到GE中。

● 算子原型库定义：算子原型定义规定了在昇腾AI处理器上可运行算子的约束，主要体现算子的数学含义，包含定义算子输入、输出、属性和取值范围，基本参数的校验和shape的推导。

● 算子信息库：算子信息库主要体现算子在昇腾AI处理器上物理实现的限制，包括算子的输入/输出dtype、format以及输入shape信息。当网络运行时，FE会根据算子信息库中的算子信息做基本校验，判断是否需要为算子插入合适的转换节点，并根据算子信息库中信息找到对应的算子实现文件进行编译，生成算子二进制文件进行执行。

● 算子实现：算子实现的python文件，包含算子的计算实现及Schedule实现。

算子开发完成后在昇腾AI处理器硬件平台上的编译运行的架构如图11-8所示。其中，TF Adapter只有在基于TensorFlow框架进行训练时使用。

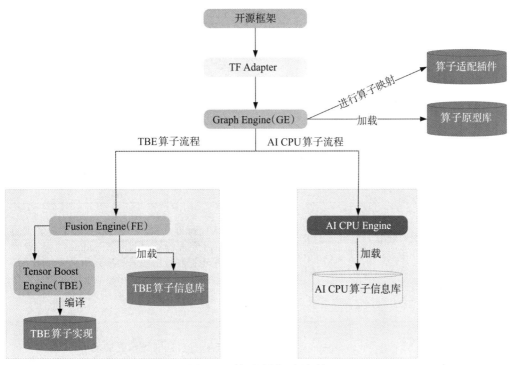

图11-8 算子编译逻辑架构

11.2.3 TBE算子开发方式

昇腾AI软件栈提供了TBE算子开发框架，开发者可以基于此框架使用Python语言开发自定义算子。通过TBE进行算子开发有以下两种方式：

（1）DSL（Domain-Specific Language）开发

为了方便开发者进行自定义算子开发，TBE DSL接口已高度封装，开发者仅需要使用DSL接口完成计算过程的表达，后续的Schedule创建、优化及编译都可通过已有接口一键式完成，适合初级开发者。DSL开发的算子性能可能较低。

● TIK（Tensor Iterator Kernel）开发

TIK是一种基于Python语言的动态编程框架，呈现为一个Python模块。开发者可以通过调用TIK提供的API基于Python语言编写自定义算子，即TIK DSL，然后TIK编译器会将TIK DSL编译为昇腾AI处理器应用程序的二进制文件。

基于TIK的自定义算子开发，提供了对Buffer的管理和数据自动同步机制，但需要开发者手动计算数据的分片和索引，需要开发者对AI Core架构有一定的了解，入门难度更高。不过TIK对矩阵的操作更加灵活，性能会更优。

表 11-4　算子开发方式对比

参数	DSL 方式	TIK 方式
语言	Python	Python
运用场景	常用于各种算术逻辑简单向量运算,或内置支持的矩阵运算及池化运算,例如 eltwise 类操作	适用各类算子的开发,对于无法通过 lambda 表达描述的复杂计算场景也有很好的支持,例如排序类操作
入门难度	较低	较高
适用人群	入门开发者,需要了解 NN、TBE DSL 相关知识	高级开发者,需要了解 NN、昇腾 AI 处理器架构、TIK 指令、数据搬运等相关知识
特点	TBE DSL 接口已高度封装,开发者仅需要使用 DSL 接口完成计算过程的表达,后续的 Schedule 创建、优化及编译都可通过已有接口一键式完成	入门难度高,程序员直接使用 TIK 提供的 API 完成计算过程及 Schedule 过程,需要手工控制数据搬运的参数和 Schedule。开发者无须关注 Buffer 地址的分配及数据同步处理,由 TIK 工具进行管理
不足	在某些场景下,性能可能较低,复杂算子逻辑无法支持表达	TIK 对数据的操作更加灵活,但需要手工控制数据搬运的参数和 Schedule 过程。代码编写接近底层硬件架构,过程优化等基于特定硬件特性

表 11-4 表明:DSL 方式、TIK 方式的开发流程本质上是一样的,只不过开发的抽象层次不一样。

11.3　算子开发过程

11.3.1　算子开发场景

自定义算子开发主要包含如下两种场景:

(1) 全新开发

昇腾 AI 软件栈中不包含相应的算子,需要先完成 TBE 自定义算子的开发,再进行第三方框架的适配。若用户开发的 TBE 自定义算子仅用于构造 Ascend Graph 或者通过 AscendCL 进行单算子调用,则无须进行第三方框架的适配(即算子适配插件开发)。此时算子开发的流程如图 11-9 所示。

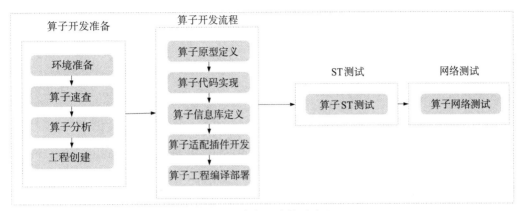

图 11-9　全新开发算子流程

（2）框架适配开发

昇腾 AI 软件栈中已实现了相应的 TBE 算子，可直接进行第三方框架的适配。在此种场景下，适配算子开发的流程如图 11-10 所示。

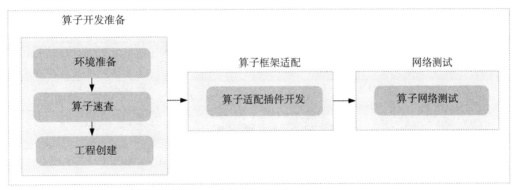

图 11-10　算子框架适配开发流程

11.3.2　算子开发步骤

基于昇腾 AI 软件栈的完整算子开发步骤见表 11-5 所列。

表 11-5　算子开发步骤

序号	步骤	描述
1	环境准备	准备算子开发及运行验证所依赖的开发环境与运行环境
2	算子速查	查看当前昇腾 AI 处理器支持的算子列表及支持的算子的详细规格约束
3	算子分析	算子开发前进行算子分析，明确算子的功能、输入、输出，选取算子代码实现方式，规划算子类型名称以及算子实现函数名称等
4	工程创建	创建算子开发工程

序号	步骤	描述
5	算子原型定义	算子原型定义规定了在昇腾AI处理器上可运行算子的约束,主要体现算子的数学含义,包含定义算子输入、输出、属性和取值范围,基本参数的校验和shape的推导,原型定义的信息会被注册到GE的算子原型库中。当离线模型转换时,GE会调用算子原型库的校验接口进行基本参数的校验,当校验通过后,会根据原型库中的推导函数推导每个节点的输出shape与dtype,进行输出Tensor的静态内存的分配
6	算子代码实现	算子计算逻辑及调度的实现
7	算子信息库定义	算子信息库文件用于将算子的相关信息注册到算子信息库中,包括算子的输入/输出dtype、format以及输入shape信息。离线模型转换时,FE会根据算子信息库中的算子信息做基本校验,判断是否需要为算子插入合适的转换节点,并根据算子信息库中信息找到对应的算子实现文件进行编译,生成算子二进制文件进行执行
8	算子UT测试	仿真场景下验证算子实现代码及算子原型定义的功能及逻辑准确性
9	算子适配	基于第三方框架(TensorFlow/Caffe)进行自定义算子开发的场景,需要进行插件的开发,将基于第三方框架的算子属性映射成适配昇腾AI处理器的算子属性
10	算子工程编译部署	编译自定义算子工程,生成自定义算子安装包并进行自定义算子包的安装,将自定义算子部署到算子库
11	算子ST测试	系统测试(System Test),在真实的硬件环境中,验证算子的正确性
12	算子网络测试	将自定义算子加载到网络模型中进行运行验证

11.4 TBE算子开发示例

11.4.1 算子开发准备

11.4.1.1 MindStudio算子开发流程

通过MindStudio工具进行算子开发的总体流程如图11-11所示。

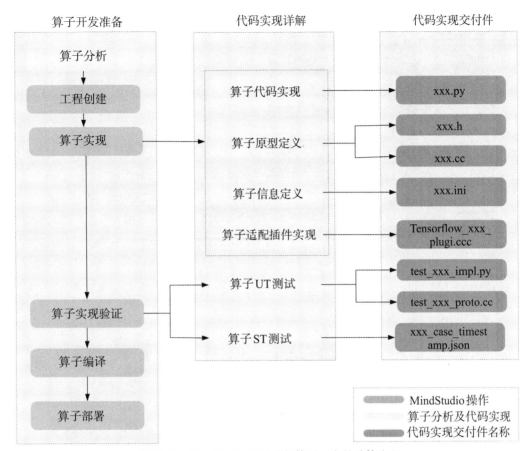

图 11-11　MindStudio 工具进行算子开发的总体流程

11.4.1.2　算子查询

进行自定义算子开发前，先查询当前昇腾 AI 处理器中支持的算子以及对应的算子约束，以确定是否需要开发新算子。可以参考"算子清单"进行离线查询，如图 11-12 所示。

11.4.1.3　算子分析

进行算子开发前应首先进行算子分析，算子分析包含：明确算子的功能及数学表达式，选择算子开发方式（DSL 方式或者 TIK 方式），最后细化并明确算子规格。分析流程如图 11-13 所示。

图11-12　算子查询

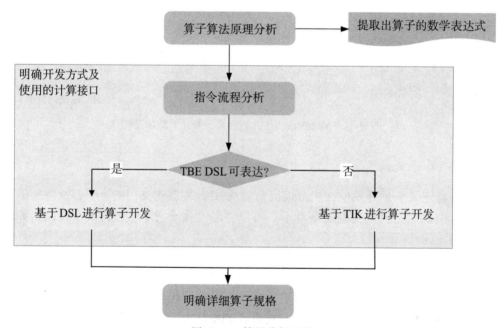

图11-13　算子分析过程

（1）分析算子算法的原理，提取出算子的数学表达式。

例如Atanh算子，反双曲正切函数atanh是双曲正切函数tanh的反函数，等价于tanh⁻¹x，数学表达式如下：

$$\text{atanh}(x) = 0.5 \times \ln\left(\frac{1+x}{1-x}\right)$$

定义区间为（–1，1），值域范围为（–∞，+∞），关于原点对称，为奇函数。

（2）明确算子开发方式及使用的计算接口

根据 Atanh 算子的数学表达式，可看出用到的基本运算有：

+，–，×，/，ln( )

分析 TBE DSL 提供的接口是否可满足计算逻辑描述的要求，若能够满足，则优先选用 DSL 方式进行开发。若 DSL 接口无法满足计算逻辑描述或者实现后性能无法满足开发者要求，则选择 TIK 方式进行开发。理论上所有的算子都是可以使用 TIK 的开发方式。TBE 提供的详细接口参见 TBE DSL API 或 TBE TIK API。

（3）明确详细算子规格

明确算子实现方式及算子实现接口后，需进一步确定算子输入/输出支持的数据类型、形态以及数据排布格式，算子实现文件名称、算子实现函数名称以及算子的类型（OpType）。

11.4.2 工程创建

启动 MindStudio 后，进行如下操作：

（1）创建新工程，选择"Ascend Operator"；如果 CANN 没安装的话，需要选择远程安装"CANN"。如图 11-14 所示。

图 11-14 创建"Ascend Operator"新工程

（2）选择模板类型"Sample Template"，选择"TIK"开发方式，选择"TensorFlow"的"Add"算子。点击"Finish"产生算子工程。如图 11-15 所示。

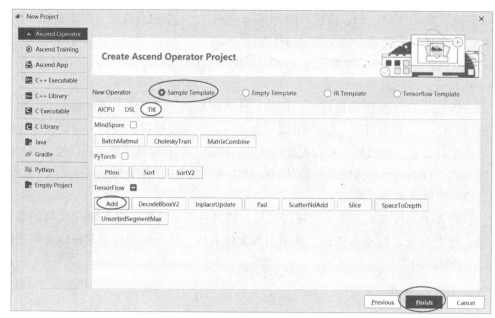

图11-15　选择算子类型

（3）修改和完善适配插件、算子原型定义、算子信息库定义和算子实现文件。如图11-16所示。

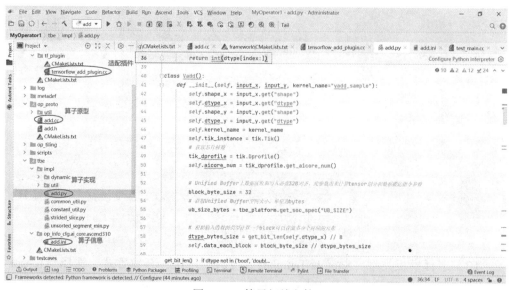

图11-16　算子相关文件

11.4.3　算子原型定义

算子原型定义规定了在昇腾AI处理器上可运行算子的约束。当网络模型生成时，GE会调用算子原型库的校验接口进行基本参数的校验，在校验通过后，会根据原型库中的推导函数推导每个节点的输出shape与dtype，进行输出Tensor的静态

244

内存的分配。

● 算子 IR 头文件.h 注册代码实现

如图 11-17 所示，Graph Engine（GE）提供 REG_OP 宏，以 "." 链接 INPUT、OUTPUT、ATTR 等接口注册算子的输入、输出和属性信息，最终以 OP_END_FACTORY_REG 接口结束，完成算子的注册。

```
namespace ge {
REG_OP(Add)
    .INPUT(x1, TensorType({DT_FLOAT, DT_INT32, DT_FLOAT16}))
    .INPUT(x2, TensorType({DT_FLOAT, DT_INT32, DT_FLOAT16}))
    .OUTPUT(y, TensorType({DT_FLOAT, DT_INT32, DT_FLOAT16}))
    .OP_END_FACTORY_REG(Add)
} // namespace ge
```

图 11-17　算子 IR 头文件.h 注册代码实现

● 算子 IR 定义的.cc 注册代码实现

如图 11-18 所示，IR 的 cc 文件中主要实现如下两个功能：

（1）算子参数的校验，实现程序健壮性并提高定位效率。

（2）根据算子的输入张量描述、算子逻辑及算子属性，推理出算子的输出张量描述，包括张量的形状、数据类型及数据排布格式等信息。这样算子构图准备阶段就可以为所有的张量静态分配内存，避免动态内存分配带来的开销。

```
IMPLEMT_VERIFIER(Add, AddVerify) {
    if (!CheckTwoInputDtypeSame(op, "x1", "x2")) {
        return GRAPH_FAILED;
    }
    return GRAPH_SUCCESS;
}

IMPLEMT_COMMON_INFERFUNC(AddInferShape) {
    bool is_dynamic_output = true;
    if (!InferShapeAndTypeTwoInOneOutBroadcast(op, "x1", "x2", "y", is_dynamic_output)) {
        return GRAPH_FAILED;
    }

    return GRAPH_SUCCESS;
}
```

图 11-18　算子 IR 定义的.cc 注册代码实现

每个 Tensor 都包含三个主要属性：dtype（数据类型）、shape（形状）、format（数据排布），只要全图所有首节点的 TensorDesc 确定了，就可以逐个向下传播，再由算子自身实现的 shape 推导能力，就可以将全图所有 OP 的输入/输出 TensorDesc 推导出来，这就是 Infershape 的推导流程。

11.4.4　算子实现（TIK 方式）

TIK 是一种基于 Python 语言的动态编程框架，呈现为一个 Python 模块。可以通过调用 TIK 提供的 API 基于 Python 语言编写自定义算子，然后 TIK 编译器会编译为适配昇腾 AI 处理器应用程序的二进制文件。昇腾 AI 软件栈中提供了 CCEC 编译器进行 TBE 算子的编译，将 CodeGen 生成的类 C 代码文件（CCE）编译生成昇腾 AI 处理器可执行的文件。在图编译时，TBE 内部会自动调用 CCEC 编译器，无须手工调用。

11.4.4.1 TIK 编程模型

调用 TIK API 编写算子对应的 Python 程序后，TIK 会将其转化为 TIK DSL（TIK DSL 是一种 DSL 语言，它可以在比 CCE 更高的抽象层次上定义 CCEC 程序的行为），经过编译器编译后生成 CCEC 文件，再经过 CCE 编译器编译后生成可运行在昇腾 AI 处理器上的应用程序，如图 11-19 所示。

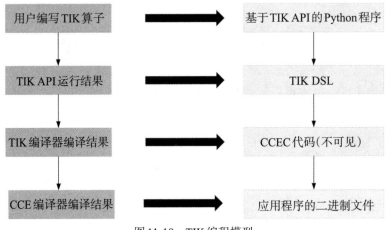

图 11-19　TIK 编程模型

11.4.4.2 TIK 编程步骤

使用基于 TIK API 编写 Python 程序的通用步骤如图 11-20 所示。

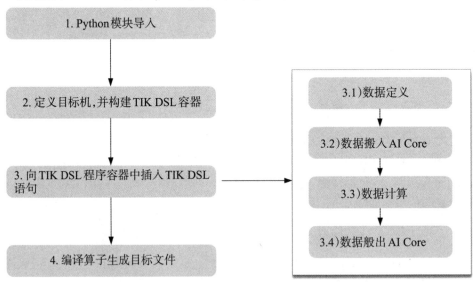

图 11-20　TIK API 编写 Python 程序的通用步骤

11.4.4.3 TIK 编程代码解析

● 步骤 1 Python 模块导入。

from tbe import tik

"tbe.tik"：提供了所有 TIK 相关的 python 函数，具体请参考 CANN 软件安装后文件存储路径的 "python/site-packages/tbe/tik"。

● 步骤 2 构建 TIK DSL 容器。

tik_instance = tik.Tik( )

● 步骤 3 向 TIK DSL 容器中，插入 TIK DSL 语句。

（1）在 AI Core 的外部存储和内部存储中定义输入数据、输出数据。

data_A = tik_instance.Tensor("float16",(128,),name="data_A",scope=tik.scope_gm)

data_B = tik_instance.Tensor("float16",(128,),name="data_B",scope=tik.scope_gm)

data_C = tik_instance.Tensor("float16",(128,),name="data_C",scope=tik.scope_gm)

data_A_ub = tik_instance.Tensor("float16",(128,),name="data_A_ub",scope=tik.scope_ubuf)

data_B_ub = tik_instance.Tensor("float16",(128,),name="data_B_ub",scope=tik.scope_ubuf)

data_C_ub = tik_instance.Tensor("float16",(128,),name="data_C_ub",scope=tik.scope_ubuf)

（2）将外部存储中的数据搬入 AI Core 内部存储（比如 Unified Buffer）中。

tik_instance.data_move(data_A_ub,data_A,0,1,128//16,0,0)

tik_instance.data_move(data_B_ub,data_B,0,1,128 //16,0,0)

（3）进行计算。

tik_instance.vec_add(128,data_C_ub[0],data_A_ub[0],data_B_ub[0],1,8,8,8)

（4）将结果搬到外部存储。

tik_instance.data_move(data_C,data_C_ub,0,1,128//16,0,0)

● 步骤 4 将 TIK DSL 容器中的语句，编译成昇腾 AI 处理器可执行的代码，即算子的.o 文件和算子描述.json 文件。

tik_instance.BuildCCE(kernel_name="simple_add",inputs=[data_A,data_B],outputs=[data_C])

kernel_name：指明编译产生的二进制代码中的 AI Core 核函数名称。

inputs：存放程序的输入 Tensor，为从外部存储中加载的数据，必须是 GlobalMemory 的存储类型。

outputs：存放程序的输出 Tensor，对应计算后搬运到外部存储中的数据，必须是 Global Memory 的存储类型。

编译产生文件的存储位置默认为 "./kernel_meta"，也可以通过 BuildCCE 中的 output_files_path 参数指定。

在上述TIK例子中，将data_A和data_B从外部存储分别搬运到Unified Buffer中，并通过TIK计算接口vec_add( )相加，存放到data_C_ub中，然后将data_C_ub中的数据搬到外部存储data_C中。运行该用例，如果输入data_A和data_B分别为128个float16类型的数字1的一维矩阵，则输出data_C为：

data_C:

[2. 2. 2. 2. 2. 2. 2. 2. 2. 2. 2. 2. 2. 2. 2. 2. 2. 2. 2. 2. 2. 2. 2. 2. 2.

2. 2. 2. 2. 2. 2. 2. 2. 2. 2. 2. 2. 2. 2. 2. 2. 2. 2. 2. 2. 2. 2. 2. 2.

2. 2. 2. 2. 2. 2. 2. 2. 2. 2. 2. 2. 2. 2. 2. 2. 2. 2. 2. 2. 2. 2. 2. 2.

2. 2. 2. 2. 2. 2. 2. 2. 2. 2. 2. 2. 2. 2. 2. 2. 2. 2. 2. 2. 2. 2. 2. 2.

2. 2. 2. 2. 2. 2. 2. 2. 2. 2. 2. 2. 2. 2. 2. 2. 2. 2. 2. 2. 2. 2. 2. 2.

2. 2. 2. 2. 2. 2. 2. 2.]

下面对上述实例中各接口、各参数的含义进行说明。

11.4.4.4　TIK面向的存储模型

TIK是基于AI Core架构研发出来的动态编程架构，其面向的存储模型即为AI Core架构的存储模块。

AI Core内的存储介质称为内部存储，对程序员可见的内部存储包括L1 Buffer、L0A Buffer、L0B Buffer、L0C Buffer、Unified Buffer、Scalar Buffer、GPR、SPR等，见表11-6所列。而AI Core外的存储介质称为外部存储，通常包括L2、HBM、DDR等。只有将存储在外部存储内的数据加载到内部存储中，AI Core才能完成相应的计算。

表11-6　AI Core内部存储

存储单元	描述	TIK标识符
L1 Buffer	通用内部存储，AI Core内比较大的一块数据中转区，可暂存AI Core中需要反复使用的一些数据从而减少从总线读写的次数。 某些MTE(Memory Transfer Engine)的数据格式转换功能，要求源数据必须位于L1 Buffer，例如3D图像转2D矩阵(Img2Col)操作	scope_cbuf
L0A Buffer / L0B Buffer	Cube指令的左/右矩阵输入	scope_ca/scope_cb
L0C Buffer	Cube指令的输出，但进行累加计算的时候，也是输入的一部分	scope_cc
Unified Buffer	向量和标量计算的输入和输出	scope_ubuf
Scalar Buffer	标量计算的通用Buffer，作为GPR不足时的补充	NA
GPR	General-Purpose Register，标量计算的输入和输出。 由系统内部实现封装，程序访问Scalar Buffer并执行标量计算的时候，系统内部自动实现Scalar Buffer和GPR之间的同步	NA
SPR	Special-Purpose Register，AI Core的一组配置寄存器。 通过修改SPR的内容可以修改AI Core的部分计算行为	NA

11.4.4.5　Tensor 张量数据定义

Tensor 数据对应于存储 Buffer 中的数据，一般只需关注张量定义的数据类型（dtype）、形状（shape）与数据存储空间（scope）。张量数据定义的函数原型为：

data = tik_instance.Tensor(dtype,shape,name = "",scope = tik.xxx)

张量数据定义参数见表 11-7 所列。

表 11-7　张量数据定义参数

参数名称	输入/输出	含义
dtype	输入	指定 Tensor 对象的数据类型,取值:uint8、int8、uint16、int16、float16、uint32、int32、float32、uint64、int64
shape	输入	shape 的大小需要注意以下约束: shape 的大小不能超过 8 维。 shape 大小根据实际需要设置,但不能超过 scope 指定的存储单元的大小
scope	输入	Tensor 内存类型范围,指定 Tensor 对象的所在 buffer 空间,取值: scope_cbuf:L1 Buffer scope_cbuf_out:L1OUT Buffer scope_ubuf:Unified Buffer scope_gm:Global Memory 其中,scope_gm 代表外部存储,其他为内部存储,只有将外部存储中的数据搬运到内部存储中,才能完成相应的计算
name	输入	Tensor 名字,string 类型。名字支持数字 0~9,A~Z,a~z 及下划线组成的字符串,不支持以数字开头

11.4.4.6　TIK 数据搬运

对于 Vector 计算，一般是用 Unified Buffer 去存放数据，再进行计算，所以整体数据流是从 Global Memory→Unified Buffer→Global Memory。TIK 提供了 data_move 接口实现 Global Memory 和 Unified Buffer 间的数据搬运，函数原型为：

data_move（dst, src, sid, nburst, burst, src_stride, dst_stride, *args, **argv)

在 data_move 的函数原型中，需要着重关注 dst、src、nburst、burst、src_stride、dst_stride 等 6 个参数。其中，dst、src 分别表示目的操作数与源操作数，也是数据搬运的起始地址；nburst、burst 分别表示待搬运数据包含的数据片段数与每个连续片段的长度（单位 32 bytes）；src_stride、dst_stride 则分别代表相邻数据片段的间隔（即前 burst 尾与后 burst 头的间隔）。通过以上 6 个参数，data_move 支持连续地址与间隔地址两种搬运模式，如图 11-21 所示。

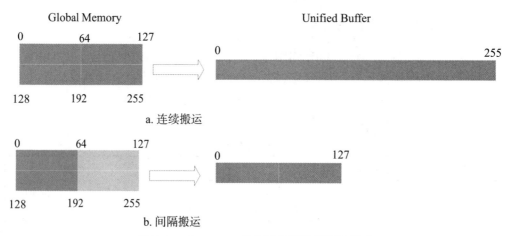

图11-21　data_move的连续/间隔地址搬运模式

在11.4.4.3的代码中实现连续地址搬运：

data_A = tik_instance.Tensor（"float16"，（128，），name="data_A"，scope=tik.scope_gm）

data_A_ub = tik_instance.Tensor（"float16"，（128，），name="data_A_ub"，scope=tik.scope_ubuf）

tik_instance.data_move（data_A_ub，data_A，0，1，128/16，0，0）

这里 tik_instance.data_move 几个参数的实际含义解释如下：

- 第1个参数 dst：因为数据从 gm 搬到 ub，所以目的 Tensor 就是 data_A_ub；
- 第2个参数 src：因为数据从 gm 搬到 ub，所以源 Tensor 就是 data_A；
- 第3个参数 sid：一般默认为0；
- 第4个参数 nburst：传输1段数据片段；
- 第5个参数 burst：128个 float16，每个 float16 大小为2B，一个 Block 是32B，所以总共需要 $128 \times 2 \div 32 = 8$ 个 Block；
- 第6个参数 src_stride：因为是连续搬运，所以相邻搬运的数据片段前尾后头不需要间隔，填0（实际上只有1个数据片段）
- 第7个参数 dst_stride：因为是连续搬运，所以相邻搬运的数据片段前尾后头不需要间隔，填0（实际上只有1个数据片段）

11.4.4.7　TIK　矢量计算

矢量双目运算 ADD 的函数原型如下所示：

vec_add(mask,dst,src0,src1,repeat_times,dst_rep_stride,src0_rep_stride,src1_rep_stride)

在11.4.4.3中的矢量 ADD 运算示例如下：

data_A_ub = tik_instance.Tensor("float16",(128,),name="data_A_ub",scope=tik.scope_ubuf)

data_B_ub = tik_instance.Tensor("float16",(128,),name="data_B_ub",scope=tik.

scope_ubuf）

data_C_ub　　　　=　　　　tik_instance.Tensor("float16",(128,),name="data_C_ub",scope=tik. scope_ubuf)

tik_instance.vec_add(128,data_C_ub[0],data_A_ub[0],data_B_ub[0],1,8,8,8)

● 第1个参数mask：共128bits，每一个bit位用来表示进行vector计算的向量中的每个元素是否参与操作，bit位的值为1表示参与计算，0表示不参与计算。可以使用数值来表示向量中从头连续多少个元素操作有效。Vector计算单元的并行度为256Bytes，所以可以同时计算128个16位数值（mask最大为128）或64个32位数值（mask最大为64），例如mask=16，表示前16个elements参与计算。mask应用于每个迭代的源操作数，这里因为数据类型是float16，又全都参与计算，所以mask填128。

● 第4个参数repeat_times：计算重复的次数，每次计算最多计算256B，这里因为要计算128个float16，即256B，所以需要重复迭代1次。

● 第5个参数dst_rep_stride：在相邻迭代间，迭代开始时目的操作数写入Block起始地址之间的步长，从每个迭代开始的第一个Block的起始地址开始算，如果连续，那相邻迭代就差256（Vector并行度）÷32（Block的大小）=8。

● 第6个参数src0_rep_stride：在相邻迭代间，如果连续，填8即可。

● 第7个参数src1_rep_stride：在相邻迭代间，如果连续，填8即可。

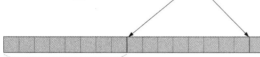

rep_stride：相邻迭代之间Block起始地址之间的步长，单位为1个Block

一次迭代计算256Byte的数据，共8个Block

图11-22　相邻迭代间的步长

11.4.4.8　TIK功能调试

在开发完TIK算子之后，可以使用TIK调试工具进行算子调试，这样通过模拟算子运行的过程，解决算子的绝大部分功能问题（例如数据越界）。

TIK功能调试用于调试TIK DSL的执行行为。该调试功能通过TIK模块的tik.tikdb对象提供。tik.tikdb对象通过tik.Tik对象的tik_instance.tikdb()方法获得，并针对这个TIK对象进行调试。

tikdb提供类似pdb（Python Debugger）的调试命令行界面。调试者通过tikdb.start_debug()函数启动一个调试过程，tikdb将根据TIK的Dprofile启动一个本地的模拟器，模拟执行TIK定义的执行过程。执行过程遇到断点，tikdb会进入调试命令行界面。

步骤1 在进行功能调试前，需要在定义TIK实例时保持disable_debug参数为False或不设置该参数值（该参数默认为False）。

debug调试中使用到的API接口主要包括：

● start_debug：启动调试并在调试结束后返回输出结果。

● debug_print：可选接口，方便打印算子运行过程中的数据。在 TIK DSL 中插入一个对表达式求值并打印结果的语句。当调试器执行到这行代码时，会对表达式求值并将结果打印在屏幕上。

步骤2 准备调试数据。

以 11.4.4.3 代码 simple_add 为例，参考如下。

```
if __name__ =='__main__':
    set_current_compile_soc_info("Ascend310") # 根据芯片实际版本设置
    tik_instance = simple_add( )
    data_x = np.ones((128,)).astype("float16") #通过 numpy 生成随机数
    data_y = np.ones((128,)).astype("float16")
    feed_dict = {'src0_gm': data_x,'src1_gm': data_y}
    model_data,=tik_instance.tikdb.start_debug(feed_dict=feed_dict,interactive=True)
    print(model_data)
```

步骤3 运行算子文件进入 TIK 调试器的交互命令行。

调用 tikdb.start_debug( )函数且 interactive 参数为 True 后，运行算子文件进入 TIK 调试器的交互命令行，此时调试器会停止在执行第一条 TIK DSL 之前。

此时可使用常见的调试命令：block、b(reak)、clear、disable、enable、n(ext)、c(ontinue)、l(ist) 或 w(here)、p(rint) expression、q(uit) 等进行调试。

11.4.5 算子信息库定义

算子开发者需要通过配置算子信息库文件，将算子在昇腾 AI 处理器上相关实现信息注册到算子信息库中。

算子信息库主要体现算子在昇腾 AI 处理器上的具体实现规格，包括算子支持输入/输出 dtype、format 以及输入 shape 等信息。在网络运行时，FE 会根据算子信息库中的算子信息做基本校验，选择 dtype，format 等信息，并根据算子信息库中信息找到对应的算子实现文件进行编译，用于生成算子二进制文件，见表 11-8 所列。

表 11-8 算子信息库配置说明

信息	可选/必选	说明
[OpType]	必选	算子 OpType,以英文半角方括号包裹,标识一个算子信息开始
input0.name	必选	第一个输入 Tensor 的名称,需要跟算子原型定义保持一致
input0.paramType	必选	定义第一个输入 Tensor 的类型。 dynamic:表示该输入是动态个数,可能是 1 个,也可能是多个。若取值为 dynamic,需要配合 input0.name 使用。 optional:表示该输入为可选,可以有 1 个,也可以不存在。 required:表示该输入有且仅有 1 个

信息	可选/必选	说明
input0.dtype	可选	定义输入Tensor支持的数据类型。若支持多种数据类型,以",",分隔。有如下取值范围:float16,float,float32,int8,int16,int32,uint8,uint16,uint32,bool等
input1.name	可选	若算子有多个输入Tensor,此处请参照input0.xx的参数配置增加对应的input1.××,input2.××的配置,序号分别从input1,input2,input3递增
output0.name	必选	定义第一个输出Tensor的名称
output0.paramType	可选	定义第一个输出Tensor的类型。 dynamic:表示该输出是动态个数,可能是1个,也可能是多个。当多个输出时,需要配合output0.name使用。 optional:表示该输出可选,可以有1个,也可以不存在。 required:表示该输出有且仅有1个
output0.dtype	可选	定义第一个输出Tensor的数据类型

add.ini算子信息库配置信息主要为:

dynamicShapeSupport.flag=true

input0.name=x1

input0.dtype=float16, float, int32

input0.paramType=required

input1.name=x2

input1.dtype=float16, float, int32

input1.paramType=required

output0.name=y

output0.dtype=float16, float, int32

output0.Shape=all

output0.paramType=required

slicePattern.value=elemwiseBroadcast

自定义算子信息库文件编译部署完成后,会将算子相关定义信息存入对应昇腾AI处理器版本的算子信息库中,默认存储路径为:

opp/op_impl/custom/ai_core/tbe/config/\${soc_version}/aic-\${soc_version}-opsinfo.json。

11.4.6 算子适配

算子适配插件将第三方框架的算子映射成适配昇腾AI处理器的算子。基于TensorFlow框架的网络运行时,首先会加载并调用GE中的插件信息,将原始框架网络中的算子进行解析并映射成适配昇腾AI处理器算子。下文将适配昇腾AI处理器的算子称为CANN算子。

算子插件的实现包含CANN算子类型的注册、原始框架中算子类型的注册以及原始框架中算子属性到CANN算子属性的映射，算子的映射通过Parser模块完成。

GE提供REGISTER_CUSTOM_OP宏，按照指定的算子名称完成算子的注册。原始框架为TensorFlow的自定义算子注册代码，如下所示：

```
#include "register/register.h"
#include "graph/operator.h"
namespace domi
{
    REGISTER_CUSTOM_OP("OpType")
    .FrameworkType(TENSORFLOW)
    .OriginOpType("OriginOpType")
    .ParseParamsFn(AutoMappingFn)
    .ImplyType(ImplyType::TVM);
}
```

● REGISTER_CUSTOM_OP：注册自定义算子，OpType为注册到GE中的算子类型，比如Add。

● FrameworkType：TENSORFLOW代表原始框架为TensorFlow。

● OriginOpType：算子在原始框架中的类型。

● ParseParamsFn：用来注册解析算子属性的函数。

● ImplyType：指定算子的实现方式。ImplyType：：TVM表示该算子是TBE算子；ImplyType：：AI_CPU表示该算子是AI CPU算子。

11.4.7　算子工程编译部署

自定义算子开发完成后，需要对算子工程进行编译，编译出可直接安装的自定义算子run包。然后进行run包的安装，将自定义算子部署到opp算子库。编译部署流程如图11-23所示，运行逻辑架构如图11-24所示。

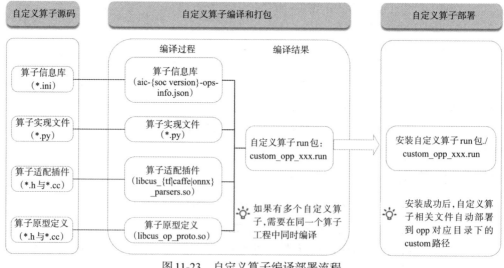

图11-23　自定义算子编译部署流程

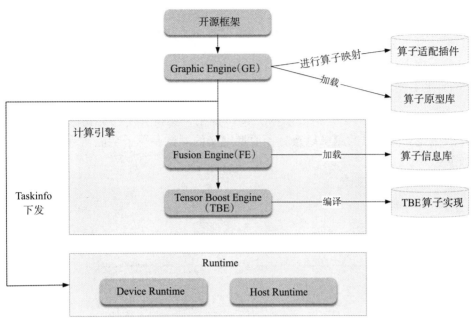

图11-24　算子编译运行逻辑架构

部署后目录结构示例如图11-25所示。

```
├── opp        //算子库目录
│   ├── op_impl
│   │   ├── built-in
│   │   ├── custom
│   │   │   ├── ai_core
│   │   │   │   ├── tbe
│   │   │   │   │   ├── config
│   │   │   │   │   │   ├── ${soc_version}    //昇腾AI处理器类型
│   │   │   │   │   │   ├── aic-${soc_Version}-ops-info.Json    //TBE自定义算子信息库文件
│   │   │   │   │   ├── custom_impl        //TBE自定义算子实现代码文件
│   │   │   │   │   │   ├── xx.py
│   │   │   ├── vector_core    //此目录预留，无须关注
│   │   │   ├── cpu         //AI CPU自定义算子实现库及算子信息库所在目录
│   │   │   │   ├── aicpu_kernel
│   │   │   │   │   ├── custom_impl
│   │   │   │   │   │   ├── libcust_aicpu_kernels.so    //AI CPU自定义算子实现库文件
│   │   │   │   ├── config
│   │   │   │   │   ├── cust_aicpu_kernel.json        //AI CPU自定义算子信息库文件
│   ├── framework
│   │   ├── built-in
│   │   ├── custom
│   │   │   ├── caffe    //存放Caffe框架的自定义算子插件库
│   │   │   │   ├── libcust_caffe_parsers.so    //算子插件库文件，包含了自定义算子的插件解析函数
│   │   │   │   ├── custom.proto    //自定义算子的原始定义，算子编译过程中会读取此文件自动解析算子原始定义
│   │   │   ├── onnx    //存放ONNX框架的自定义算子插件库
│   │   │   │   ├── libcust_onnx_parsers.so    //算子插件库文件，包含了自定义算子的插件解析函数
│   │   │   ├── tensorflow        //存放TensorFlow框架的自定义算子插件库及npu对相关自定义算子支持度的配置文件
│   │   │   │   ├── libcust_tf_parsers.so    //算子插件库文件
│   │   │   │   ├── libcust_tf_scope_fusion.so    //scope融合规则定义库文件
│   │   │   │   ├── npu_supported_ops.json    //Ascend 910场景下使用的文件
│   ├── op_proto
│   │   ├── built-in
│   │   ├── custom
│   │   │   ├── libcust_op_proto.so    //自定义算子原型库文件
```

图11-25　算子部署后目录结构

11.5 算子测试

11.5.1 UT测试

MindStudio集成了UT（Unit Test）测试框架，支持算子功能仿真验证，当前支持算子功能实现代码的测试以及算子原型定义的测试。算子功能实现代码的测试过程如下：

（1）安装相关依赖包

pip install absl-py

pip install coverage

（2）运行UT测试算子实现代码（如图11-26所示）

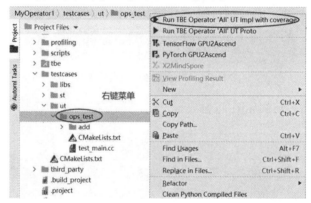

图11-26 运行UT测试文件

（3）随后设置运行参数（如图11-27所示）

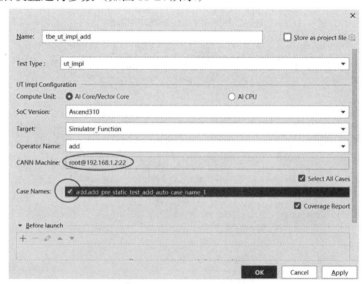

图11-27 设置运行参数

（4）代码运行过程（如图11-28所示）

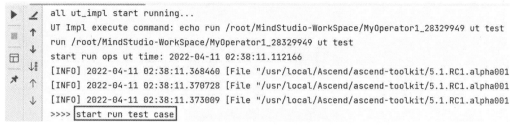

```
all ut_impl start running...
UT Impl execute command: echo run /root/MindStudio-WorkSpace/MyOperator1_28329949 ut test
run /root/MindStudio-WorkSpace/MyOperator1_28329949 ut test
start run ops ut time: 2022-04-11 02:38:11.112166
[INFO] 2022-04-11 02:38:11.368460 [File "/usr/local/Ascend/ascend-toolkit/5.1.RC1.alpha001
[INFO] 2022-04-11 02:38:11.370728 [File "/usr/local/Ascend/ascend-toolkit/5.1.RC1.alpha001
[INFO] 2022-04-11 02:38:11.373009 [File "/usr/local/Ascend/ascend-toolkit/5.1.RC1.alpha001
>>>> start run test case
```

图11-28　UT测试运行过程

（5）测试运行结果（如图11-29所示）

Coverage report: 2%　　　　　　　　　　　　　　　　　　　　　　filter...

Module	statements	missing	excluded	coverage
/root/MindStudio-WorkSpace/MyOperator1_28329949/tbe/impl/add.py	100	29	0	71%
/root/MindStudio-WorkSpace/MyOperator1_28329949/tbe/impl/common_util.py	56	56	0	0%
/root/MindStudio-WorkSpace/MyOperator1_28329949/tbe/impl/constant_util.py	39	39	0	0%
/root/MindStudio-WorkSpace/MyOperator1_28329949/tbe/impl/dynamic/__init__.py	4	4	0	0%
/root/MindStudio-WorkSpace/MyOperator1_28329949/tbe/impl/dynamic/pad.py	677	677	0	0%
/root/MindStudio-WorkSpace/MyOperator1_28329949/tbe/impl/dynamic/slice.py	20	20	0	0%
/root/MindStudio-WorkSpace/MyOperator1_28329949/tbe/impl/dynamic/space_to_depth.py	32	32	0	0%
/root/MindStudio-WorkSpace/MyOperator1_28329949/tbe/impl/dynamic/strided_slice.py	438	438	0	0%
/root/MindStudio-WorkSpace/MyOperator1_28329949/tbe/impl/dynamic/transpose.py	2223	2223	0	0%
/root/MindStudio-WorkSpace/MyOperator1_28329949/tbe/impl/dynamic/unsorted_segment.py	579	579	0	0%
/root/MindStudio-WorkSpace/MyOperator1_28329949/tbe/impl/dynamic/unsorted_segment_max.py	22	22	0	0%
/root/MindStudio-WorkSpace/MyOperator1_28329949/tbe/impl/strided_slice.py	391	391	0	0%
/root/MindStudio-WorkSpace/MyOperator1_28329949/tbe/impl/unsorted_segment_min.py	85	85	0	0%
Total	4666	4595	0	2%

图11-29　UT测试运行结果

11.5.2　ST测试

自定义算子部署到算子库（OPP）后，可进行ST（System Test）测试，在真实的硬件环境中，验证算子功能的正确性。

ST测试的主要功能是：基于算子测试用例定义文件*.json生成单算子的om文件；使用AscendCL接口加载并执行单算子om文件，验证算子执行结果的正确性。ST测试会覆盖算子实现文件，算子原型定义与算子信息库，不会对算子适配插件进行测试。

在命令行场景下，可以直接基于Ascend开源社区中提供的算子测试样例代码进行修改，适配自己的算子测试代码。样例获取方法为：Gitee进入Ascend samples开源仓，参见README中的"版本说明"下载配套版本的sample包，从"cplusplus/level1_single_api/4_op_dev/ 2_verify_op"目录中获取样例。

ST测试用例的实现思路为：进行算子测试用例json文件的定义，将自定义算子转换成单个算子的离线模型文件（*.om），然后使用AscendCL提供的单算子模型加载接口加载离线模型，并传入算子输入数据，进行算子执行，通过查看输出结果验证算子功能是否正确，如图11-30所示。

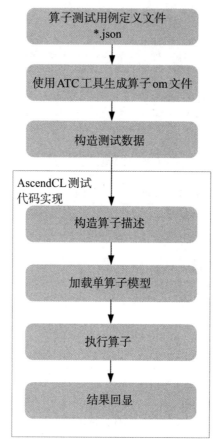

图11-30 算子ST测试流程

习题11

11.1 什么是算子？列举六种常见的人工神经网络算子，并说明其作用。

11.2 什么是张量（Tensor）？它和标量、矢量的区别是什么？

11.3 张量进行广播和降维的目的是什么？

11.4 NCHW和NHWC数据排布格式有什么不同？

11.5 TBE算子包含哪四部分？各部分的作用是什么？

11.6 通过TBE进行算子开发有哪两种方式？它们的应用场景分别是什么？

11.7 算子原型定义的作用是什么？如果没有这部分，会出现什么问题？

11.8 设计一个矢量减法的算子，并进行相应的算子测试。

第12章 昇腾AI应用开发

昇腾AI应用开发主要通过CANN，基于已经训练好的模型，使用AscendCL提供的C语言API库开发深度神经网络应用，用于实现目标识别、图像分类等功能。本章主要内容包括了解昇腾AI应用的开发流程、视频处理的基本概念以及模型处理的典型方式。在此基础上通过创建一个新项目来分析代码逻辑，并完成一个无人驾驶小车的应用开发，进而扩展进行其他应用的开发。

12.1 开发流程简介

CANN对上支持多种AI框架，对下服务AI处理器与编程，是提升昇腾AI处理器计算效率的关键开发平台。同时，CANN具有开放易用的ACL编程接口，提供了网络模型的图级和算子级的编译优化、自动调优等功能。其完整开发流程如图12-1所示。

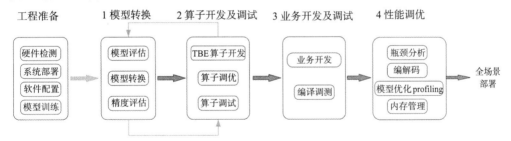

图12-1　CANN应用开发流程

首先做好工程准备。在硬件方面，需要host服务器及device推理模块准备就绪，安装操作系统，配置好网络；在软件方面，需确定训练好的模型，目前支持Caffe、MindSpore、TensorFlow等模型。如图12-1所示，完整开发流程主要有下面四个步骤。

（1）模型转换

获取离线模型，涉及ATC转换工具、Ascend310算子等。

（2）算子开发及调试

在某些情况下，需完成自定义算子开发，涉及TBE DSL、TBE TIK等算子开发工具。

（3）业务开发及调试

使用CANN的ACL接口进行业务开发，涉及资源初始化、数据传输、数据预处理、模型推理、数据后处理等。

（4）性能调优

性能优化涉及瓶颈分析、内存优化、模型优化等。

12.2　应用开发要点解析

12.2.1　ACL应用流程

对于嵌入式AI开发，模型训练不是重点。假定模型已经是昇腾AI处理器已经支持的模型（无须做算子开发），应用开发要做的就是理解模型，分析其前处理过程（给模型准备数据），后处理过程（结果展示），进行模型转换得到离线模型，最后进行代码开发，即调用CANN ACL的各种API完成模型加载和推理。ACL开发应用的编译和运行环境如图12-2所示。

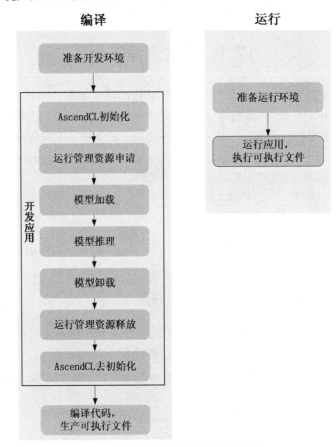

图12-2　ACL开发应用的编译和运行

（1）准备开发环境，开发环境需要部署编译器、AscendCL组件的头文件和库文件等，便于在完成应用的代码开发后，编译代码时使用。

（2）开发应用，使用AscendCL提供的接口编写应用的代码逻辑。

（3）编译代码，完成代码开发后，需要将代码编译成可执行文件，便于后续使用。

（4）准备运行环境，运行环境上需要部署应用的可执行文件需依赖的库文件，在运行应用时使用。

（5）运行应用，最后验证应用的运行结果。

12.2.2 创建新项目

1. 打开MindStudio，进入工程创建页面，如图12-3所示。

首次登录MindStudio：单击"New Project"。

非首次登录MindStudio：在顶部菜单栏中选择"File > New > Project..."。

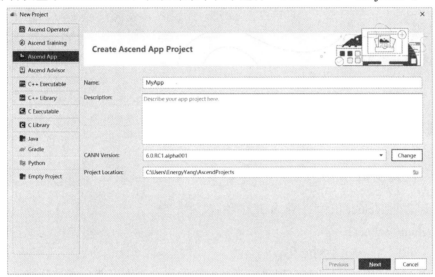

图12-3 工程创建

2. 单击"Next"，在"New Project"窗口中，选择工程类型，如图12-4所示。

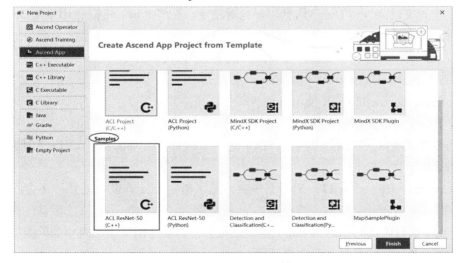

图12-4 ACL ResNet-50样例工程

　　3. 单击"Finish"，完成工程创建。成功创建工程后，工程源代码目录的主要结构如图12-5所示。

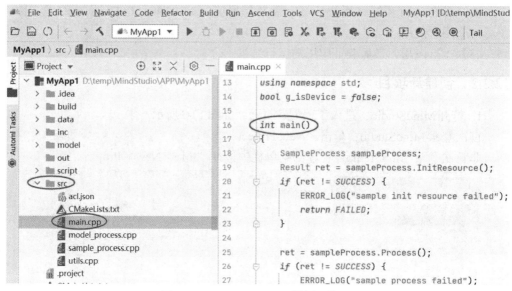

图12-5　ACL　ResNet-50样例源代码

12.2.3　代码逻辑分析

● 步骤1　include依赖的AscendCL的头文件。

#include "acl/acl.h"

● 步骤2　AscendCL初始化。

使用AscendCL接口开发应用时，必须先初始化，否则可能会导致后续系统内部资源初始化出错，进而导致其他业务异常。

aclInit接口的aclConfigPath参数是指在初始化时加载的配置文件的路径，可以通过这个配置文件来配置Dump信息用于比对精度、配置Profiling信息用于调试性能、配置算子缓存信息老化功能用于节约内存和平衡调用性能。如果当前的默认配置已满足需求，或不关注这些配置，可向aclInit接口中传入NULL。

const char *aclConfigPath = "../src/acl.json";

aclError ret = aclInit(aclConfigPath);

● 步骤3　运行管理资源申请。

需要按顺序依次申请如下资源：Device、Context、Stream，确保可以使用这些资源执行运算、管理任务。

aclrtSetDevice这个接口，调用完毕后，除了指定了计算设备之外，还会同时创建1个默认的Context；而这个默认的Context还附赠了2个Stream，1个默认的Stream和1个用于执行内部同步的Stream。这也意味着，如果是编写非常简单的单线程同步推理应用，在运行资源这里只需要调用aclrtSetDevice。

///(1)指定运算的 Device

ret = aclrtSetDevice(deviceId_);

///(2)显式创建一个 Context,用于管理 Stream 对象

ret = aclrtCreateContext(&context_, deviceId_);

///(3)显式创建一个 Stream

//用于维护一些异步操作的执行顺序,确保按照应用程序中的代码调用顺序执行任务

ret = aclrtCreateStream(&stream_);

///(4)获取当前昇腾 AI 软件栈的运行模式,根据不同的运行模式,后续的接口调用方式会有不同

aclrtRunMode runMode;

extern bool g_isDevice;

ret = aclrtGetRunMode(&runMode);

g_isDevice =(runMode == ACL_DEVICE);

- 步骤 4　模型加载,并获取模型描述信息。

基于网络模型开发推理应用,那就必须得先有模型。AscendCL 只认识适配昇腾 AI 处理器的离线模型（*.om 文件）,因此,模型加载前,需要将第三方网络（例如, Caffe ResNet-50 网络）转换为适配昇腾 AI 处理器的离线模型（*.om 文件）。

///(1)初始化模型路径变量

const char* omModelPath = "../model/resnet50.om"

///(2)根据模型文件获取模型执行时所需的权值内存大小、工作内存大小.

ret=aclmdlQuerySize(omModelPath,&modelMemSize_,&modelWeightSize_);

///(3)根据工作内存大小,申请 Device 上模型执行的工作内存.

ret=aclrtMalloc(&modelMemPtr_,modelMemSize_,ACL_MEM_MALLOC_NOR-MAL_ONLY);

///(4)根据权值内存的大小,申请 Device 上模型执行的权值内存.

ret=aclrtMalloc(&modelWeightPtr_,modelWeightSize_,ACL_MEM_MAL-LOC_NORMAL_ONLY);

///(5)加载离线模型文件,

//模型加载成功,返回标识模型的 ID.

ret = aclmdlLoadFromFileWithMem(modelPath, &modelId_, modelMemPtr_, mod-elMemSize_,modelWeightPtr_, modelWeightSize_);

///(6)根据加载成功的模型的 ID,获取该模型的描述信息,从模型的描述信息里可以获取模型的输入/输出个数等信息.

//modelDesc_ 为 aclmdlDesc 类型.

modelDesc_ = aclmdlCreateDesc( );

ret = aclmdlGetDesc(modelDesc_, modelId_);

- 步骤 5　执行模型推理,并处理推理结果,打印出推理结果中置信度前五的标签及其对应置信度。

1. 准备模型推理的输入、输出数据结构，用于描述模型的输入、输出数据。

（1）准备模型推理的输入数据结构

（a）申请输入内存

size_t modelInputSize;

void *modelInputBuffer = nullptr;

modelInputSize = aclmdlGetInputSizeByIndex(modelDesc_, 0);

aclRet = aclrtMalloc(&modelInputBuffer, modelInputSize, ACL_MEM_MALLOC_NORMAL_ONLY);

（b）准备模型的输入数据结构

创建 aclmdlDataset 类型的数据,描述模型推理的输入,input_ 为 aclmdlDataset 类型

input_ = aclmdlCreateDataset( );

aclDataBuffer *inputData = aclCreateDataBuffer(modelInputBuffer, modelInputSize);

ret = aclmdlAddDatasetBuffer(input_, inputData);

（2）准备模型推理的输出数据结构

（a）创建 aclmdlDataset 类型的数据，描述模型推理的输出，output_ 为 aclmdlDataset 类型

output_ = aclmdlCreateDataset( );

（b）获取模型的输出个数.

size_t outputSize = aclmdlGetNumOutputs（modelDesc_）;

（c）循环为每个输出申请内存，并将每个输出添加到 aclmdlDataset 类型的数据中

```
for(size_t i = 0; i < outputSize; ++i){
    size_t buffer_size = aclmdlGetOutputSizeByIndex(modelDesc_, i);
    void *outputBuffer = nullptr;
    aclError ret = aclrtMalloc(&outputBuffer, buffer_size, ACL_MEM_MAL-
                              LOC_NORMAL_ONLY);
    aclDataBuffer* outputData = aclCreateDataBuffer(outputBuffer, buffer_size);
    ret = aclmdlAddDatasetBuffer(output_, outputData);
}
```

2. 准备模型推理的输入数据，进行推理，推理结束后，处理推理结果。

向内存中读入模型推理的输入图片数据，再进行推理。在推理结束后，处理推理结果，打印出推理结果中置信度前五的标签及其对应置信度。在处理结果后，需释放模型推理的输入、输出资源，防止内存泄漏。

（1）读取图片数据

string picturePath = "../data/dog1_1024_683.bin";

auto ret = Utils::ReadBinFile(picturePath, inputBuff, inputBuffSize);

（2）准备模型推理的输入图片数据

在申请运行管理资源时，调用 aclrtGetRunMode 接口获取软件栈的运行模式 g_is-Device，参数值为 true，表示软件栈运行在 Device 侧，无须传输图片数据或在 Device

内传输数据；否则，需要调用内存复制接口将数据从 host 传输到 Device 侧。

```
if (!g_isDevice) {
    // if app is running in host, need copy data from host to device
    aclError aclRet = aclrtMemcpy(modelInputBuffer, modelInputSize,
                inputBuff, inputBuffSize, ACL_MEMCPY_HOST_TO_DEVICE);
    aclrtFreeHost(inputBuff);
} else { // app is running in device
    aclError aclRet = aclrtMemcpy(modelInputBuffer, modelInputSize,
             inputBuff, inputBuffSize, ACL_MEMCPY_DEVICE_TO_DEVICE);
    aclrtFree(inputBuff);
}
```

（3）执行模型推理

参数 input_、output_ 分别表示模型推理的输入、输出数据，在准备模型推理的输入、输出数据结构时已定义。

```
aclError ret = aclmdlExecute(modelId_, input_, output_)
```

（4）处理模型推理的输出数据，输出 top5 置信度的类别编号

```
for (size_t i = 0; i < aclmdlGetDatasetNumBuffers(output_); ++i) {
    //获取每个输出的内存地址和内存大小
    aclDataBuffer* dataBuffer = aclmdlGetDatasetBuffer(output_, i);
    void* data = aclGetDataBufferAddr(dataBuffer);
    size_t len = aclGetDataBufferSizeV2(dataBuffer);
    //将内存中的数据转换为 float 类型
    float *outData = NULL;
    outData = reinterpret_cast<float*>(data);
    //屏显每张图片的 top5 置信度的类别编号
    map<float, int, greater<float> > resultMap;
    for (int j = 0; j < len / sizeof(float); ++j) {
        resultMap[*outData] = j;
        outData++;
    }
    int cnt = 0;
    for (auto it = resultMap.begin(); it != resultMap.end(); ++it) {
        //print top 5
        if (++cnt > 5) {
            break;
        }
        INFO_LOG("top %d: index[%d] value[%lf]", cnt, it->second, it->first);
    }
```

（5）释放模型推理的输入、输出资源

（a）释放输入资源，包括数据结构和内存

for（size_t i = 0；i < aclmdlGetDatasetNumBuffers（input_）；++i）{

    aclDataBuffer *dataBuffer = aclmdlGetDatasetBuffer（input_，i）；

    aclDestroyDataBuffer（dataBuffer）；

}

aclmdlDestroyDataset（input_）；

input_ = nullptr；

aclrtFree（modelInputBuffer）；

（b）释放输出资源，包括数据结构和内存

for（size_t i = 0；i < aclmdlGetDatasetNumBuffers（output_）；++i）{

    aclDataBuffer* dataBuffer = aclmdlGetDatasetBuffer（output_，i）；

    void* data = aclGetDataBufferAddr（dataBuffer）；

    aclrtFree（data）；

    aclDestroyDataBuffer（dataBuffer）；

}

（void）aclmdlDestroyDataset（output_）；

output_ = nullptr；

● 步骤6　卸载模型，并释放模型描述信息。

推理结束，需及时卸载模型，并释放相关的工作内存、权值内存。

（1）卸载模型

aclError ret = aclmdlUnload（modelId_）；

（2）释放模型描述信息

if（modelDesc_ != nullptr）{

    （void）aclmdlDestroyDesc（modelDesc_）；

    modelDesc_ = nullptr；

}

（3）释放模型运行的工作内存

if（modelWorkPtr_ != nullptr）{

    （void）aclrtFree（modelWorkPtr_）；

    modelWorkSize_ = 0；

}

（4）释放模型运行的权值内存

if（modelWeightPtr_ != nullptr）{

    （void）aclrtFree（modelWeightPtr_）；

    modelWeightPtr_ = nullptr；

```
    modelWeightSize_ = 0;
}
```

● 步骤7 运行管理资源释放。

注意只能销毁由aclrtCreateContext接口显式创建的Context、销毁由aclrtCreateStream接口显式创建的Stream。默认Context、默认Stream会由系统自行销毁，无须调用者关注。

（1）释放Stream

aclError ret = aclrtDestroyStream(stream_);

（2）释放Context

ret = aclrtDestroyContext(context_);

（3）释放Device

ret = aclrtResetDevice(deviceId_);

● 步骤8 AscendCL去初始化。

在确定完成了AscendCL的所有调用之后，或者进程退出之前，需调用如下接口实现AscendCL去初始化。

aclError ret = aclFinalize( );

12.3 无人驾驶小车开发实现

无人驾驶车是指车辆能够依据自身对周围环境条件的感知、理解，自行进行运动控制，从而达到驾驶员正常驾驶的水平。

12.3.1 项目简介

无人驾驶系统包含的技术范畴很广，是一门交叉学科，包含多传感器融合技术、信号处理技术、通信技术、人工智能技术，计算机技术等。若用一句话来概述无人驾驶系统技术，即"通过多种车载传感器（如摄像头、激光雷达、毫米波雷达、GPS、惯性传感器等）来识别车辆所处的周边环境和状态，并根据所获得的环境信息（包括道路信息、交通信息、车辆位置和障碍物信息等）自主做出分析和判断，从而自主地控制车辆运动，最终实现无人驾驶"。

AscendBot是一款面向人工智能及机器人爱好者的开源智能机器人小车，同时也是一个开放的人工智能及机器人开发平台。通过Atlas200 DK来加载模型，从摄像头获取输入，实现图像推理等操作，随后通过杜邦线把推理结果传递给电机驱动板，实现小车控制。整个项目的代码流程如图12-6所示。

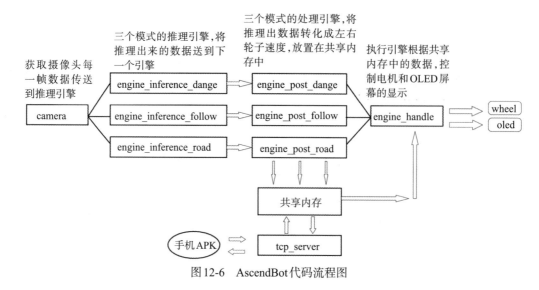

图 12-6 AscendBot 代码流程图

该智能小车的功能包括:

● 循线行驶模式:智能小车可以沿着车道线行驶。如:把小车放在一个带有车道的运行区域,小车能够寻找到跑道,并沿着车道行驶。

● 防碰撞和防跌落模式:智能小车自由行驶,可以防碰撞和防跌落。如:小车在桌子上自由行驶,当遇到障碍物和桌子边缘时,会自动调整行驶方向,躲避危险,并继续行驶。

● 物体跟随模式:智能小车可以跟随特定的目标物行进。如:指定瓶子为目标物,小车会跟随瓶子行进,瓶子可在摄像头监测范围内随意变换位置,若未检测到目标物,小车会停止行进。

● 手机控制小车移动:可以通过手机控制智能小车前进、后退、左转、右转。

● 远程观看功能:在手机上能实时看到小车摄像头传来的视频。

12.3.2 算法开发

智能小车的算法包含:车道线检测算法,防跌落算法,目标检测算法等。

(1)车道线检测算法开发

车道线检测算法的目的,是让小车自动循道行驶,即自动检测道路中间的虚线,并沿着直道和弯道准确行驶。算法模型采用 ResNet-18-Caffemodel-on-ImageNet。通过在绘制有车道的桌布上进行数据采集和数据标注,划分出训练集和验证集。然后使用训练集训练,在训练过程中,会生成多个模型权重文件。在所有保存的模型中,根据训练过程中打印的日志,选择验证损失最小的模型作为最优模型。该模型推理输出的是预测位置的 x、y 坐标值,然后小车根据 x 坐标值进行行进方向和角度的调整。

(2)防跌落算法开发

在智能小车自由行驶模式中,需要检测前方是否有跌落危险。跌落(危险)检测使用的是二分类算法,类别为安全、危险,用来区分前方是否为桌子边缘,即是否有跌落的危险。算法模型采用 ResNet-18 网络。防跌落数据采集分为 "危险" 和 "安全" 数据，其中小车前方距离桌子边缘小于 13cm 时，判定为 "危险" 数据，反之则为 "安全" 数据。

首先将小车镜头朝向桌子边缘摆放，横向推动小车在桌子四周距离边缘 13cm 处移动，录制分类为 "危险" 和 "安全" 的数据集。然后将数据集分割为训练集文件夹与测试集文件夹，并且生成训练集数据列表和测试集数据列表。最后对 ResNet-18 分类模型进行训练并选取验证损失最小的模型。该模型推理输出的第一项代表危险，第二项代表安全，范围都是在 0 和 1 之间，小车根据这两个值的范围确定是行进还是停止。

（3）目标检测算法开发

小车的物体跟随模式：检测跟随目标和位置，为小车跟随目标提供数据。目标检测算法模型采用 VGG16-SSD 网络。目标检测模型重点识别 13 种物体：1 cup、2 car、3 box、4 person、5 hand、6 bottle、7 phone、8 book、9 line、10 left_round、11 right_round、12 edge、13 light。

数据采集的方式是：

● 将障碍物放在桌面或地面上，小车车头正对障碍物，以障碍物为圆心，5～13cm 为半径，令小车做圆周运动，环绕拍摄障碍物的各个角度；

● 将障碍物放在桌面或地面上，让小车车头正对障碍物，然后令车头向左右各摆动大概 60 度，拍摄障碍物出现在镜头不同位置的数据；

● 将多种障碍物组合进行拍摄，当两个障碍物相互重叠时，标记前面的障碍物。

目标检测模型采用 VGG16 网络作为前向网络，结合 SSD 网络形成完整的目标检测神经网络。在基本不降低准确率的前提下，为了提高识别效率，训练网络的输入采用 220×220 尺寸，相对于 300×300 的输入，识别速度提高 2 倍。训练在 caffe 平台上，训练的类别一共 14 类（包含背景类，背景类对应的 label 默认为 0）。该模型输出的是一个有 7 个值的向量，0 是图片编号，1 是预测类别，2 是置信度，3/4 是检测框左上角坐标，5/6 是右下角坐标。小车根据 1、2 项的信息确定是否该跟随，根据 3、5 项的信息进行行进方向和角度的调整。

有关更多智能小车算法开发的内容请参考链接：

https：//gitee.com/ascend/samples/wikis/% E6% 99% BA% E8% 83% BD% E5% B0% 8F% E8% BD% A6% E7% AE% 97% E6% B3% 95% E5% BC% 80% E5% 8F% 91?sort_id=3925198

在上述模型训练达到理想精度后，将训练得出的 caffemodel 文件和 deploy.protortxt 文件用 ATC 工具转换为 OM 模型，并放入项目代码的/model 文件夹下，如图 12-7 所示。

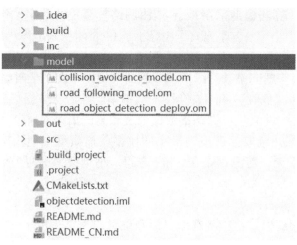

图 12-7　OM模型位置

如果只是项目验证也可以不用上面的算法开发的训练过程，直接下载表12-1所列的模型使用。

表12-1　智能小车使用模型

模型名称	模型说明	模型下载路径
road_following _model	检测车道线，实现循道行驶	https://gitee.com/ascend/ModelZoo-TensorFlow/tree/master/TensorFlow/contrib/cv/ascbot/ATC_LaneDetection_caffe_AE/
colli- sion_avoidance _model	检测小车前方是否有跌落危险	https://gitee.com/ascend/ModelZoo-TensorFlow/tree/master/TensorFlow/contrib/cv/ascbot/ATC_CollisionAntiDrop_caffe_AE/
road_object_de tection_deploy	检测小车前方物体	https://gitee.com/ascend/ModelZoo-TensorFlow/tree/master/TensorFlow/contrib/cv/ascbot/ATC_Object_detection_caffe_AE/

12.3.3　数据预处理

昇腾CANN软件栈提供了两套专门用于数据预处理的工具，其中一套叫作DVPP（Digital Vision Preprocessing），另一套叫作AIPP（AI Preprocessing）。

在推理过程中，一个必要的步骤是将视频转换成一张张的图片。为了使用昇腾310的硬件解码功能，通常需要选择使用FFMPEG库配合DVPP完成这个相关的功能。在一般情况下，视频处理主要分为下面四层：

协议层：HTTP、RTMP、RTSP、文件等

格式层：MP4、AVI、MKV等

编码层：H264、H265等

像素层：YUV420、RGB等

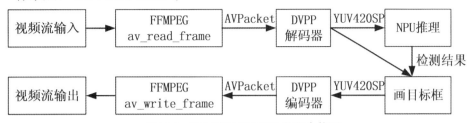

图12-8　FFMPEG和DVPP的配合使用

如图12-8所示，在目标检测推理应用中，摄像头的数据采集一般使用FFMPEG处理协议层和格式层，DVPP完成编解码，NPU在像素层做推理。

DVPP是CANN软件栈中的数字视觉预处理模块，昇腾310 AI处理器支持抠图缩放、JPEG编解码、视频编解码、PNG解码等功能。项目中DVPP主要实现图像缩放，即使用DVPP的VPC接口将图像缩放为模型要求的大小（224，224）或（224，220），以及图像预览要求的（256，256），同时根据需要进行宽16，高2对齐。

DVPP各组件基于处理速度和内存占用量的考虑，对输出图片有诸多限制，如输出图片需要长宽对齐，输出格式必须为YUV420SP等，但模型输入通常为RGB或BGR，且输入图片尺寸各异。因此，Ascend310芯片提供AIPP用于在AI Core上完成图像预处理，包括色域转换（转换图像格式）、图像归一化（减均值/乘系数）和抠图（指定抠图起始点，抠出神经网络需要大小的图片）等。DVPP+AIPP的处理流程如图12-9所示，AIPP在ATC模型转换时通过设置参数完成，本项目中AIPP实现：

- 改变图像大小，即crop操作
- 色域转换，即由YUV420SP_U8转换到RGB
- 图像归一化，配置mean_chn、min_chn和var_reci_chn后，计算：
  $$pixel\_out\_ch\,x(i)=[pixel\_in\_ch\,x(i)-mean\_chn\_i-min\_chn\_i]* var\_reci\_chn$$

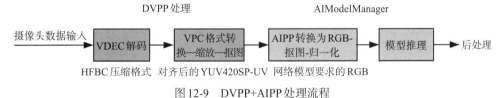

图12-9　DVPP+AIPP处理流程

12.3.4　数据后处理

模型推理的输出数据需要经过后处理才能控制小车进行相应的运动。

（1）巡线运动

模型推理输出的是预测位置的 x、y 坐标值，然后小车根据 x 坐标值进行行进方向和角度的调整。因为自组装小车的机械性能（自重、车轮扭矩、转速上下限等）与示例中提供的参考版本不一定相同，小车运行环境的地面摩擦力也不相同，所以需要根据具体情况调整小车不同决策的转速输出。修改内容包括：

- 源码 src 文件夹中 wheel.cpp 文件，可以修改左右轮的速度的放大倍数；
- engine_post_road.cpp 中可以修改不同决策下，左右轮的输出值。在摩擦力较大的地面，建议采用左右轮一个正转另一个反转的策略来使小车转弯，在摩擦力较小，相对比较光滑的地面根据情况设置相应的输出值。

（2）跟随运动

模型输出的是一个有 7 个值的向量，0 是图片编号，1 是预测类别，2 是置信度，3/4 是检测框左上角坐标，5/6 是右下角坐标。小车根据 1、2 项的信息确定是否该跟随，根据 3、5 项的信息进行行进方向和角度的调整。与巡线运动类似，由于机械性能、地面摩擦力的不同，需要根据具体情况调整小车不同决策的转速输出。修改内容包括：

- 源码 src 文件夹中 wheel.cpp 文件，可以修改左右轮的速度放大倍数。
- engine_post_follow.cpp 中可以修改不同决策下，左右轮的输出值。同时，需要根据调试结果，修改物体检测使小车停止的阈值。源代码中默认为检测框大于图片 90% 即停止，这需要根据摄像头安装角度、小车速度等进行调整。

- 防跌落

模型推理输出的第一项代表危险，第二项代表安全，范围都是在 0 和 1 之间，小车根据这两个值的范围确定是行进还是停止。对应的小车控制简单，即在危险时停止轮子转动，安全时保持原运动即可。

12.3.5　硬件组装

小车硬件组装需要购买表 12-2 所列配件，然后根据链接：https：//www.hiascend.com/zh/developer/courses/detail/387264598548287488 的视频演示进行配件组装。组装好的完整小车如图 12-10 所示。

表 12-2　小车配件名称和型号

配件名称	描述	推荐型号
Atlas200DK 开发者板套件	Atlas 200 DK 开发者套件是以 Atlas 200 AI 加速模块为核心的开发者板形态的终端类产品	IT21VDMB
树莓派摄像头	用于与 Atlas 200 DK 连接获取视频	型号：RASPBERRY PI V2.1
Atlas 200DK 黄色排线	Atlas 200 DK 开发者套件里自带黄色排线	IT21CFLB VER.A 03013WRY
摄像头支架(可选)	用于固定摄像头	树莓派透明摄像头支架
电机的驱动板(I^2C)	支持 I^2C 协议	

续表

配件名称	描述	推荐型号
小车底盘(含电机)	没有特殊要求	
DC电源线公头两根、Micro USB线一根、网线一根、杜邦线若干	给小车供电,联网	
一块小OLED显示屏	支持I²C协议,用于显示IP地址	
一个支持移动电源供电的小型路由器	可以接收电源模块的5V供电,有一个网口即可	
一块12V/5V的电池(需要含USB电源输出口)	需要可以同时通过USB接口和电源接口供电	

　　小车各部件的摆放位置没有要求，但需要确保接线正确。特别注意电机驱动板上的四个接口（3V3、GND、SDA、SCL）分别与AI主板上的对应接口相连。AI主板的40PIN扩展接口参见： https：//support.huaweicloud.com/productdesc-Atlas200DK1010/atlas200_DK_pdes_19_0020.html。

图 12-10　小车整车图

12.3.6　软件运行

12.3.6.1　样例编译和部署

（1）获取源码包

打开 https：//gitee.com/ascend/samples，在源码仓右上角选择"克隆/下载"下拉框并选择"下载 ZIP"。将 ZIP 包解压后拷贝项目文件 samples-master\cplusplus\contrib\Ascbot 到本地。

（2）在 MindStudio 中打开 Ascbot project（如图 12-11 所示）

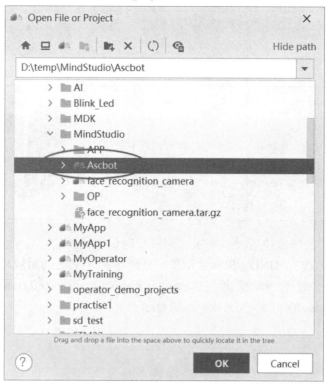

图 12-11　Ascbot 项目

（3）编辑"Build Configuration"（如图 12-12 所示）

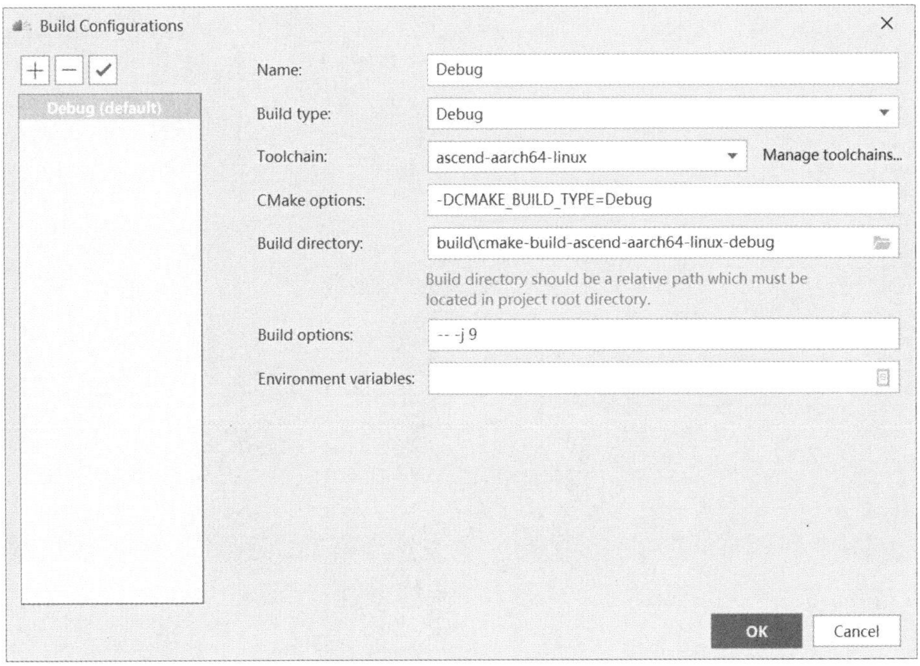

图 12-12　Build　Configuration

（4）在 CANN 6.0.RC1 和 MindStudio 5.0.RC2 环境下的文件准备和路径配置

● 拷贝 peripheral_api.h 头文件

在开发板上执行：

cd /usr/local/Ascend/include

mkdir driver

cp peripheral_api.h ./driver/

● 拷贝 libmedia_mini.so 库文件

在开发板上执行：

cp /usr/lib64/libmedia_mini.so /usr/local/Ascend/driver/lib64

● 在项目文件 src\Cmakelists.txt 中添加包含路径和链接路径

include_directories（

　　……

　　/usr/local/Ascend/ascend-toolkit/latest/aarch64-Linux/include/

　　/usr/local/Ascend/include/

）

link_directories（

　　……

　　/usr/local/Ascend/driver/lib64

）

（5）执行编译（如图12-13所示）

图12-13　编译结果

12.3.6.2　设置开机自启动

当项目编译调试没问题之后，需要设置程序自启，在开发板内切换至root用户，编辑/etc/rc.local目录

vim /etc/rc.local

按"i"进入编辑模式，添加以下指令，增加开机自动启动Ascbot程序功能。

```
# By default this script does nothing.
echo 504 >/sys/class/gpio/export
echo 444 >/sys/class/gpio/export
chown -R root /sys/class/gpio/gpio444
chown -R root /sys/class/gpio/gpio504
chown -R root /sys/class/gpio/gpio444/direction
chown -R root /sys/class/gpio/gpio504/direction
chown -R root /sys/class/gpio/gpio444/value
chown -R root /sys/class/gpio/gpio504/value
chown -R root /dev/i2c-1
chown -R root /dev/i2c-2
chown -R root /dev/ttyAMA0
chown -R root /dev/ttyAMA1
usermod -aG root root
cd /root/.../out  #这里的路径根据实际情况修改
./main Channel-0
```

按"Esc"退出编辑，输入"：wq!"退出并保存，之后输入"exit"退出root用户。

Atlas 200DK 断电，拔掉 Type-C 连接线，重新上电。

12.3.6.3　手机控制

下载手机端控制应用 NetRemote.apk，这是一款通用 TCP 网络遥控软件，供学习测试使用。手机端软件下载地址：

https：//share.weiyun.com/5lsbfzF

手机安装好 NetRemote.apk 之后，通过 Wi-Fi 连接路由器的网络，如 TP-LINK *****，打开 NetRemote，通过小车显示屏上的 IP 地址进行远程连接到 Atlas200DK 上。

连接成功之后即可操控小车巡线、防跌落、物体跟随等功能。图 12-14 是操作界面，上方是模式切换，有远程控制、跟随、巡线、防跌落四种模式，下方只有在远程控制模式下生效，用来控制车辆运动方向。

图 12-14　手机控制

习题 12

12.1　使用 ACL 进行应用开发的流程包含哪些步骤？

12.2　为什么要准备模型推理的输入和输出数据结构？这两种数据结构各有什么特点？

12.3　什么是 AI 推理应用的后处理？其作用是什么？

12.4　下载智能小车项目代码，运行验证整个项目，然后进行如下优化处理：

（1）通过 Profiling 分析系统性能瓶颈；

（2）对于模型瓶颈，使用精简网络替换原有网络进行优化；

（3）对于算子瓶颈，开发昇腾 AI 算子进行替换或者融合；

（4）对于程序流程，采用第 5～8 章的相关方法进行优化。

参 考 文 献

[1] 何立民. 嵌入式人工智能悄然而至[J]. 单片机与嵌入式系统应用, 2019, 19(2):

[2] 梁晓峣. 昇腾 AI 处理器架构与编程: 深入理解 CANN 技术原理及应用[M]. 清华大学出版社,
2019.

[3] 苏统华, 杜鹏, 周斌. 昇腾 AI 处理器 CANN 架构与编程[M]. 北京: 清华大学出版社, 2022.

[4] 苏统华, 杜鹏. 昇腾 AI 处理器 CANN 应用与实战[M]. 北京: 清华大学出版社, 2021.

[5] 周志华. 机器学习[M]. 北京: 清华大学出版社, 2016.

[6] 安宝磊. AI 芯片发展现状及前景分析[J]. 微纳电子与智能制造, 2020, 2(1): 91-94.

[7] 尹首一, 郭珩, 魏少军. 人工智能芯片发展的现状及趋势[J]. 科技导报, 2018, 36(17): 45-51.

[8] 刘京运. 地平线: 新基建时代, 以 AI 芯片填补算力需求[J]. 机器人产业, 2020 (3): 48-51.

[9] 孙永杰. 寒武纪: 独创 AI 指令集云、端战略并行[J]. 通信世界, 2018 (13): 27-27.

[10] 杨兴华, 杨子翼, 苏海津, 等. 基于 SRAM 的感存算一体化技术综述[J]. 电子与信息学报, 2022,
45: 1-11.

[11] Warden P, Situnayake D. Tinyml: Machine learning with tensorflow lite on arduino and ul-
tra-low-power microcontrollers[M]. O'Reilly Media, 2019.

[12] Dutta L, Bharali S. Tinyml meets iot: A comprehensive survey[J]. Internet of Things, 2021, 16:
100461.

[13] 吕钊凤, 田野. 分级更清晰中国版自动驾驶分级标准公示[J]. 智能网联汽车, 2020 (2): 13-15.

[14] Liao S H. Expert system methodologies and applications—a decade review from 1995 to 2004[J]. Ex-
pert systems with applications, 2005, 28(1): 93-103.

[15] Rumelhart D E, Hinton G E, Williams R J. Learning representations by back-propagating errors[J].
nature, 1986, 323(6088): 533-536.

[16] HORNIC, K. Multilayer feedforward networks are universal approximators[J]. neural networks,
1989, 2(5): 359-366.

[17] Jakkula V. Tutorial on support vector machine (svm)[J]. School of EECS, Washington State Universi-
ty, 2006, 37(2.5): 3.

[18] Chauhan V K, Dahiya K, Sharma A. Problem formulations and solvers in linear SVM: a review[J].
Artificial Intelligence Review, 2019, 52(2): 803-855.

[19] Baek K, Draper B A, Beveridge J R, et al. PCA vs. ICA: A Comparison on the FERET Data Set[C]//
JCIS. 2002: 824-827.

[20] Van Otterlo M, Wiering M. Reinforcement learning and markov decision processes[J]. Reinforce-
ment learning: State-of-the-art, 2012: 3-42.

[21] Alzubaidi L, Zhang J, Humaidi A J, et al. Review of deep learning: Concepts, CNN architectures,
challenges, applications, future directions[J]. Journal of big Data, 2021, 8: 1-74.

[22] Jamin A，Humeau-Heurtier A.（Multiscale）cross-entropy methods：A review[J]. Entropy，2019，22（1）：45.

[23] 赵亚培. 面向边缘计算平台的神经网络压缩方法研究[D]. 天津工业大学，2020.

[24] Denil M，Shakibi B，Dinh L，et al. Predicting parameters in deep learning[J]. Advances in neural information processing systems，2013，26.

[25] Li H，Kadav A，Durdanovic I，et al. Pruning filters for efficient convnets[J]. arXiv preprint arXiv：1608.08710，2016.

[26] Hassibi B，Stork D. Second order derivatives for network pruning：Optimal brain surgeon[J]. Advances in neural information processing systems，1992，5：164-171.

[27] He Y，Zhang X，Sun J. Channel pruning for accelerating very deep neural networks[C]//Proceedings of the IEEE international conference on computer vision. 2017：1389-1397.

[28] Wen W，Wu C，Wang Y，et al. Learning structured sparsity in deep neural networks[J]. Advances in neural information processing systems，2016，29.

[29] He Y，Lin J，Liu Z，et al. Amc：Automl for model compression and acceleration on mobile devices[C]//Proceedings of the European conference on computer vision（ECCV）. 2018：784-800.

[30] Han S，Mao H，Dally W J. Deep compression：Compressing deep neural networks with pruning, trained quantization and huffman coding[J]. arXiv preprint arXiv：1510.00149，2015.

[31] Jacob B，Kligys S，Chen B，et al. Quantization and training of neural networks for efficient integer-arithmetic-only inference[C]//Proceedings of the IEEE conference on computer vision and pattern recognition. 2018：2704-2713.

[32] Bengio Y，Léonard N，Courville A. Estimating or propagating gradients through stochastic neurons for conditional computation[J]. arXiv preprint arXiv：1308.3432，2013.

[33] Cao Z，Long M，Wang J，et al. Hashnet：Deep learning to hash by continuation[C]//Proceedings of the IEEE international conference on computer vision. 2017：5608-5617.

[34] Leng C，Dou Z，Li H，et al. Extremely low bit neural network：Squeeze the last bit out with admm[C]//Proceedings of the AAAI conference on artificial intelligence. 2018，32（1）.

[35] Choukroun Y，Kravchik E，Yang F，et al. Low-bit quantization of neural networks for efficient inference[C]//2019 IEEE/CVF International Conference on Computer Vision Workshop（ICCVW）. IEEE，2019：3009-3018.

[36] Hinton G，Vinyals O，Dean J. Distilling the knowledge in a neural network[J]. arXiv preprint arXiv：1503.02531，2015.

[37] Romero A，Ballas N，Kahou S E，et al. Fitnets：Hints for thin deep nets[J]. arXiv preprint arXiv：1412.6550，2014.

[38] Yim J，Joo D，Bae J，et al. A gift from knowledge distillation：Fast optimization, network minimization and transfer learning[C]//Proceedings of the IEEE conference on computer vision and pattern recognition. 2017：4133-4141.

[39] Howard A，Sandler M，Chu G，et al. Searching for mobilenetv3[C]//Proceedings of the IEEE/CVF international conference on computer vision. 2019：1314-1324.

[40] Tan M，Le Q. Efficientnet：Rethinking model scaling for convolutional neural networks[C]//International conference on machine learning. PMLR，2019：6105-6114.

[41] Zhang X, Zhou X, Lin M, et al. Shufflenet: An extremely efficient convolutional neural network for mobile devices[C]//Proceedings of the IEEE conference on computer vision and pattern recognition. 2018: 6848-6856.

[42] Iandola F N, Han S, Moskewicz M W, et al. SqueezeNet: AlexNet-level accuracy with 50x fewer parameters and< 0.5 MB model size[J]. arXiv preprint arXiv:1602.07360, 2016.

[43] Zuberek W M. Analysis of pipeline stall effects in block multithreaded multiprocessors[C]//Proc. 16-th Performance Engineering Workshop, Durham, UK. 2000: 187-198.

[44] Martina V, Garetto M, Leonardi E. A unified approach to the performance analysis of caching systems[C]//IEEE INFOCOM 2014-IEEE Conference on Computer Communications. IEEE, 2014: 2040-2048.

[45] 陈石坤. 多核处理器中 CACHE 一致性协议研究和实现[D]. 国防科学技术大学, 2005.

[46] Kim W H, Seo J, Kim J, et al. clfB-tree: Cacheline friendly persistent B-tree for NVRAM[J]. ACM Transactions on Storage (TOS), 2018, 14(1): 1-17.

[47] Gorman M. Understanding the Linux virtual memory manager[M]. Upper Saddle River: Prentice Hall, 2004.

[48] 刘壮, 金益民, 朱雄辉, 等. Linux 虚存机制在嵌入式系统背景下的分析[J]. 计算机工程与设计, 2003, 24(9): 57-60.

[49] Chen X. An improved method of zero-copy data transmission in the high speed network environment [C]//2009 International Conference on Multimedia Information Networking and Security. IEEE, 2009, 2: 281-284.

[50] Schelten N, Steinert F, Knapheide J, et al. A High-Throughput, Resource-Efficient Implementation of the RoCEv2 Remote DMA Protocol and its Application[J]. ACM Transactions on Reconfigurable Technology and Systems, 2022, 16(1): 1-23.

[51] Gammo L, Brecht T, Shukla A, et al. Comparing and evaluating epoll, select, and poll event mechanisms[C]//Linux Symposium. 2004, 1.

[52] Shahid A, Mushtaq M. A survey comparing specialized hardware and evolution in TPUs for neural networks[C]//2020 IEEE 23rd International Multitopic Conference (INMIC). IEEE, 2020: 1-6.

[53] Liao H, Tu J, Xia J, et al. DaVinci: A Scalable Architecture for Neural Network Computing[C]//Hot Chips Symposium. 2019: 1-44.

[54] Liao H, Tu J, Xia J, et al. Ascend: a scalable and unified architecture for ubiquitous deep neural network computing: Industry track paper[C]//2021 IEEE International Symposium on High-Performance Computer Architecture (HPCA). IEEE, 2021: 789-801.

[55] 鲁蔚征, 张峰, 贺寅烜, 等. 华为昇腾神经网络加速器性能评测与优化[J]. 计算机学报, 2022.

[56] Tang Y, Wang C. Performance Modeling on DaVinci AI Core[J]. Journal of Parallel and Distributed Computing, 2023.

[57] Huawei Technologies Co., Ltd. Huawei Atlas AI Computing Solution[M]//Artificial Intelligence Technology. Singapore: Springer Nature Singapore, 2022.